JN205707

ガスクロ自由自在 Q&A

GC/MS 編

日本分析化学会 ガスクロマトグラフィー研究懇談会 編
代島 茂樹, 古野 正浩, 前田 恒昭 監修

丸善出版

はじめに

本シリーズの初版にあたる『ガスクロ自由自在 Q&A 準備・試料導入編 / 分離・検出編』を上梓してから 15 年以上が経ち，この間に簡便な手法の普及，技術の進歩に伴う装置の進化，周辺装置の発展，コンピューター技術の急速な進歩やアプリケーションの充実などから，ガスクロマトグラフ，ガスクロマトグラフ質量分析計を利用する分野は拡大し，利便性も大いに向上した．さらに，高度な機能を備えた高性能の装置でも，必ずしも原理を理解していなくてもそれなりの結果が得られるようになり，分析機器のブラックボックス化が進んだことで，機器を提供するメーカーのオペレーション教育を受ければただちに利用可能な環境が整ってきた．このような時代の流れのなかで，分離分析手法としてガスクロマトグラフィー（GC），ガスクロマトグラフィー質量分析法（GC/MS）の利用が増える一方，トータルソリューションを得る手段の一部となり，使用者は GC，GC/MS 分野の専門能力が問われなくなっている．

これらの変化に対し，(公社)日本分析化学会のガスクロマトグラフィー研究懇談会（GC 懇）では，GC，GC/MS の基礎から実用までを幅広く学び，知識と技能を習得する助けとなる教科書として，姉妹本の『ガスクロ自由自在 GC，GC/MS の基礎と実用』を 2021 年に出版した．だが紙数等の理由から書ききれなかった分野や十分に説明しきれていないことも多く，『ガスクロ自由自在 Q&A』の改訂も必要とのこととなった．そこで，ガスクロマトグラフィー生誕 70 周年記念事業として，GC 懇の運営委員が中心となり改訂作業を開始した．

初版では，GC/MS に特有の問いが少なかったことをふまえて，準備・試料導入編，分離・検出編に新たに GC/MS 編（データ解析含む）を加えた 3 部構成とすることとした．これに伴い，既刊の問いの構成の見直しと追加を行い，既刊二編は第 2 版として大幅に改訂し，分離・検出編に掲載されていた GC/MS に関する部分は GC/MS 編に移した．また，初版の執筆者の多くが引退されたため，執筆は GC 懇会員をはじめメーカー各社のエンジニアなど運営委員以外にも新しい方々に加わっていただいた．執筆にあたっては，ユーザーが抱く素朴な問い（Q）に対して明快な答え（A）を用意し，実際に利用している現場で生じる様々な疑問に答え，即，問題解決に役立つよう配慮した内容にしていただいた．今回は，前述の教科書を補完し，できるだけ基礎的な知識を深める内容も盛り込んだが，さらに理解を深めるための手掛かりとして原論文，専門書や専門分野の教科書などを参考文献として掲載し，分野によっては他の入門書へのガイドとしての役割ももたせている．装置メーカーも使用時に生じる疑問やトラブル解決に役立つ多くの Q&A を提供しているが，様々な器具・装置類は基礎となる理論・原理の上に構築されているので，本書では理論や基本的な原理等に沿って丁寧に説明し，理解を助けるよう配慮した．

本書とその姉妹本が，GC や GC/MS を用いて結果を得る過程を理解し，正しい結果が得られていることを確認するための一助となれば幸いである．そしてゆくゆくは，この優れた分離分析法を自由自在に使いこなせるようになることを願っている．

GC 懇のホームページに問合せ欄を設けているので，収録した Q では解決できない疑問や有益な情報があればこちらも活用いただきたい．また，丸善出版のホームページ（https://www.maruzen-publishing.co.jp/info/n20869.html）では，本書の内容を補完する内容や，有用なリンクがまとめられているので，あわせて活用いただきたい．

最後に，本書を出版するにあたり尽力いただいた，関係するメーカー，執筆者各位，丸善出版（株）企画・編集部の方々に厚く御礼申し上げたい．

2024 年 7 月

監修者一同

監修者・執筆者一覧

監　修　者

代島茂樹	元 アジレント・テクノロジー株式会社
古野正浩	大阪大学大学院工学研究科（元 ジーエルサイエンス株式会社）
前田恒昭	元 産業技術総合研究所

執　筆　者

秋山賢一	東京工芸大学工学部
姉川　彩	アジレント・テクノロジー株式会社
内海　貝	株式会社エービー・サイエックス
生方正章	日本電子株式会社
加賀美智史	アジレント・テクノロジー株式会社
川上　肇	アジレント・テクノロジー株式会社
河村和広	株式会社島津製作所，大阪大学大学院工学研究科
神田広興	ゲステル株式会社
小木曽　舜	株式会社島津製作所
笹本喜久男	ゲステル株式会社
杉立久仁代	アジレント・テクノロジー株式会社
関口　桂	アジレント・テクノロジー株式会社
代島茂樹	元 アジレント・テクノロジー株式会社
高桑裕史	アジレント・テクノロジー株式会社
谷口百優	株式会社島津製作所
津川裕司	東京農工大学工学研究院
土屋文彦	サーモフィッシャーサイエンティフィック株式会社
中村貞夫	アジレント・テクノロジー株式会社
野原健太	アジレント・テクノロジー株式会社
秦　一博	サーモフィッシャーサイエンティフィック株式会社
羽田三奈子	玄川リサーチ
古野正浩	大阪大学大学院工学研究科（元 ジーエルサイエンス株式会社）

前　田　恒　昭　　元 産業技術総合研究所
松　尾　俊　介　　株式会社アイスティサイエンス
宿　里　ひとみ　　大阪大学大学院工学研究科
山　上　　　仰　　西川計測株式会社
渡　辺　　　壱　　フロンティア・ラボ株式会社
Jaap de Zeeuw　　CreaVisions（元 Restek corporation）

（所属は 2024 年 8 月現在・五十音順）

目　次

1章　GC/MS 入門編

2章　GC/MS 実践編

3章 データ解析編

本書で用いる用語について

本書で使用する用語は原則として下記の日本産業規格（JIS），とくに JIS K 0114 と JIS K 0123 に沿って整理した．なお，通則は相互に参照しているが，作成年次や見直し年次での改訂にずれがあり，必ずしも一致していないことがある．

JIS K 0114(2012)：ガスクロマトグラフィー通則
JIS K 0123(2018)：ガスクロマトグラフィー質量分析通則
JIS K 0211(2013)：分析化学用語（基礎部門）
JIS K 0214(2013)：分析化学用語（クロマトグラフィー部門）
JIS K 0215(2016)：分析化学用語（機器分析部門）

また，一部の用語は下記の方針に沿って整理を行った．

・和名とカタカナ表記の両方がある場合は和名表記で整理したが，一般的に通用しているカタカナ表記も使用した．
・慣用的に用いられている用語は，個別の Q の中の初出で適宜併記をした．
・最新技術に関わるメーカー独自の用語はそのまま使用した．
・慣用的な表記が複数ある用語は，姉妹本の『ガスクロ自由自在　GC, GC/MS の基礎と実用』に合わせて整理した．
・GC/MS については日本質量分析学会 用語委員会 編の『マススペクトロメトリー関係用語集第 4 版（WWW 版）』（https://mssj.jp/publications/books/glossary_01.html）も参考にした．この用語集は質量分析関連用語についての IUPAC 勧告（2013）に準拠している．
・本書では製品も多数紹介しているが，個別には商標の記号を付記しない整理とした．

以下，とくに留意いただきたい用語について，本書における方針を示す．

(1)　GC/MS と GC-MS の使い分け（K 0214）

ガスクロマトグラフィー質量分析，GC/MS：ガスクロマトグラフと質量分析計とを接続した装置で行う分析方法

ガスクロマトグラフ-質量分析計，GC-MS：ガスクロマトグラフと質量分析計とをインターフェースを介して直結した装置

基本，個々の Q の中では GC/MS の略号を手法と装置に同時に用いず混在させないこととした．明確に装置を示すときは，GC-MS または GC/MS 装置（システム）とした．また，GC/MS/MS は基本的に手法を表すとし，装置を示す際は GC-MS/MS または GC/MS/MS 装置とした．これらについての整理と各分野での状況は「GC/MS 編」のワンポイント 1 で紹介している．

(2) 試料成分，成分，化合物，化学種，分析種などの使い分け（K 0211，K 0114）

分析種，分析対象成分：分析試料又は試料溶液中の被検成分（K 0211）

ガスクロマトグラフィーの理論を取り扱う部分では，分離する対象がすべて分析する対象ではないため，“分析種”は使用せず，試料成分または成分，化合物とした．分析種は分析対象に関する記述でのみ用いている．

化学種：物質を構成している元素又は化合物の集合体（K 0211）．物質を構成している元素又は化合物の構造的若しくは組織的形態（K 0050：化学分析方法通則）

ガスクロマトグラフィーでは多くの化合物で構成される試料が分析対象となり，JIS K 0114 では，「ガスクロマトグラフィーによって無機物及び有機物の定性及び定量分析を行う場合の通則について規定する」とし，ガスクロマトグラフ分析は，「ガスクロマトグラフを用いた化合物の定性及び定量分析．ガスクロマトグラフィーと同義で使用することができる」としている．化学種は元素または化合物の集合体を表し，ガスクロマトグラフィーで対象としないイオンや塩なども含むので，本書では分析対象に合わせて化合物，試料成分，成分を用いている．

(3) キャピラリーガスクロマトグラフィー（CGC）

略号の GC と合わせた“キャピラリー GC”という語がよく用いられるが，装置と手法に紛れがないよう，JIS K 0214 での定義である「キャピラリーカラムを用いるガスクロマトグラフィー」という表現を用いた．キャピラリー GC/MS についても同様の整理とした．

(4) 分離カラム，分析カラム

カラムはそもそも分離，分析に用いるので単にカラムとした．プレカラムとメインカラムのように役割が明確なものはその役割を示した．

(5) ヘリウムキャリヤー，水素キャリヤー，窒素キャリヤー

慣用で用いられているが，正式な書き方としてキャリヤーガス（He）のように（　）内にガスの種類を記述するか，“ヘリウムをキャリヤーガスとして”，“水素のキャリヤーガスを用い”，“キャリヤーガスとして水素を用い”，“キャリヤーガスに窒素を用い”という表現とした．

(6) 質量分析計のアナライザー表記，形と型など

本書では冒頭にあるように原則 JIS K 0114 と JIS K 0123 に沿っているので“形”と“型”では“形”を用いた．GC の検出器は“形”を付けず，質量分析計のアナライザーの表記はすべて“形”を付けた．

質量分析計では様々なアナライザーが利用されている．学会や論文誌などで表記は必ずしも統一されておらず，メーカーの表記も様々である．このような状況が整理されることが望ましいが，どれか一つの分野の見解に沿うより当面はガスクロマトグラフィーおよびガスクロマトグラフィー質量分析の通則に沿うことが適当であるとした．

GC/MS 入門編

Question 1

GC/MS の特徴やメリット，デメリットを教えてください．GC とどのように使い分けすればよいですか？

Answer

ガスクロマトグラフィー質量分析法（GC/MS）は，ガスクロマトグラフと質量分析計を連結したガスクロマトグラフ質量分析計（GC-MS）を用いる分析手法です．GC-MS の模式図を図 1 に示します．

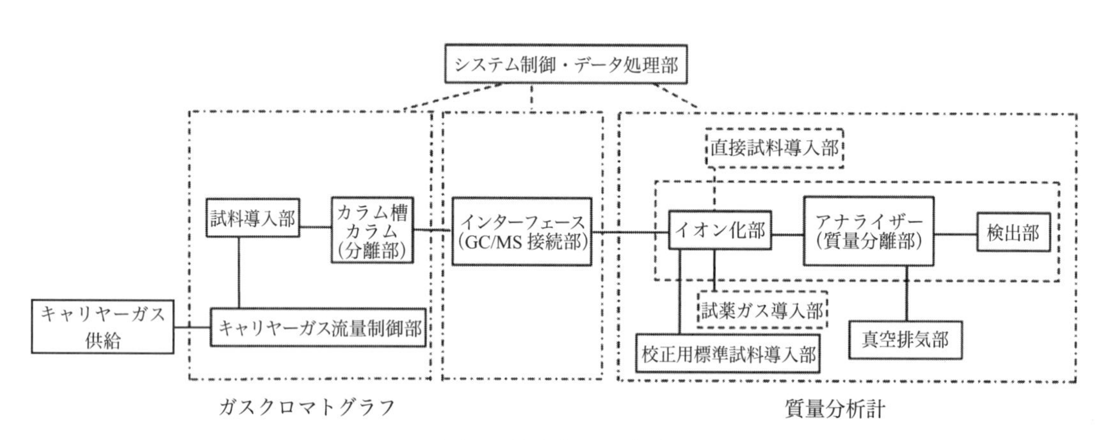

図 1　GC-MS の模式図

［JIS K 0123（2018）：ガスクロマトグラフィー質量分析通則，図 1 を一部改変］

GC/MS の特徴としては種々のとらえ方がありますが，実用面から考えると，

① キャピラリーカラムを用いる GC の条件がほぼそのまま GC/MS へ移植可能なため，測定条件の作成が容易で，クロマトグラフィーの知識が役立つ．

② 高感度・高選択性であり，定性，定量のための強力なツールになる．

③ 広く普及しており，幅広い分野での法的規制の分析法（レギュレーション）やルーチン分析に組み込まれている．

④ 品揃えが豊富で用途に合わせた選択が可能．

⑤ 多様な前処理・導入装置に対応し種々の形態，特性の試料が測定可能．

などが挙げられます．一方，性能面から見ると，GC/MS からは質量スペクトル情報と各種クロマトグラム情報の両者が得られ，ライブラリー検索などで測定成分の同定がしやすいという特徴があります．構造情報や保持時間情報をほかの定性に利用することも可能です．またマスクロマトグラフィーやデコンボリューションソフトを用い，全イオン電流クロマトグラム（TICC）上で重なった成分を分離できる機能もあり，定性にきわめて有用です．とくに NIST が開発した AMDIS のようなデコンボリューションソフトが利用可能というのは分析化学的に大きなメリットです（Q95,

96 参照).

定量に際しては，全イオンモニタリングでのマスクロマトグラムの利用でも感度的に十分なときも多いですが，選択イオンモニタリング（SIM）や選択反応モニタリング（SRM）を用いればさらに高感度で高選択的な検出，定量が可能となります．なお全イオンモニタリングは，ほぼ例外なく試料成分をイオン化して検出するため，汎用性はありますが選択性はありませんので測定によってはデメリットになります．また，GC/MS での定量精度は，感度が十分であれば相対標準偏差（RSD）が 5 % 以下での再現性で測定が可能なため，実用的には十分なことが多いです．しかし，より高い精度が要求される場合は，GC（FID）などの方が有利で RSD が 1 % 以内の測定が可能ですので使い分けが必要な場合があります．なお，一般に GC の方が GC/MS よりも測定の安定性に優れています（GC の検出器にもよります）．とくに，長時間連続して測定する際の GC/MS の感度の経時変化については留意する必要があります．

GC/MS の装置は種々の形があり，四重極（Q）形などの普及形は廉価で入手しやすい，小型で設置面積が少ない，操作性がよく専任者不要，保守管理が容易などのメリットがあります．一方，低分解能での測定のためイオンの精密質量が不明でその元素組成が判明しない，ターゲットとなるイオンと *m/z* 値が一つ違う隣のイオンの影響を受けて，いわゆるケミカルノイズを拾いやすくなるなどのデメリットもあります．GC/MS/MS などの高機能な装置は，現在使用されている種類は限られていますが（Q5，16 参照），精密質量測定から分子イオンを含めたイオンの元素組成まで求められる，普及形よりもさらに高選択・高感度の測定が可能などのメリットがあります．一方，高価，操作には専門性や経験が必要などのデメリットもあります．なお，GC/MS の場合，使用可能なキャリヤーガスはヘリウムや特定の条件下での水素にほぼ限定されます．窒素の使用も可能ですが，装置によっては高分離・高感度の測定には適さないことがあります．一方，GC ではこれらのキャリヤーガスは GC/MS ほど制限を受けずに使用可能です．この点は GC/MS のデメリットともいえます．また，MS 装置は真空装置であるため，常に状態を把握し，停電時や真空が破れたときには適宜処置をする必要があります．さらに，MS 法は破壊分析であるため，厳密には同一の試料は測定できない（使用せずにバイアルに残った試料は別），といった点を留意する必要もあります．

上述のように GC/MS の全イオンモニタリングは汎用性の高い検出のため，得られる TICC も選択性がなく，試料中の成分数が多いと目的成分（とくに微量成分）が見つけにくいことが多々あります．そのようなときは GC の選択形検出器を用いると特定成分を検出しやすくなります．例えば石油製品中の硫黄成分は FPD や SCD の方がはるかに検出しやすいので，これらを用いた GC での測定が望ましいといえます．また，選択形検出器を用いると定量性や安定性が向上することがよくあります．なお品質管理等の分野では，従来の GC メソッドの見直しや，充塡カラムでの測定を，キャピラリーカラムを用いた GC/MS で行うと，分離能が上がることにより以前は確認できなかった不純物等が見えてくる場合や，GC/MS の感度が高いため微量成分が新たに見出されることがよくあります．その際は，それらの結果をふまえ，メソッドの変更，充塡カラムからキャピラリーカラムへの移行が行われます．また，最近は GC のメソッドを新たに開発する場合，まずは GC/MS で条件検討し，成分間の分離，微量成分の確認等をしてから GC メソッドに落とし込むという作業を行うことがよくあります．GC と GC/MS の使い分けの一例です．GC の検出器と MS との使い分けについては「分離・検出編」Q53，81 が参考になります．

［代島茂樹］

Question 2

論文や報告書における**GC/MSの測定条件の記載例**を教えてください.

Answer

GC/MSに限らず機器分析における測定条件の記載は，その論文または報告書の読み手がその実験をトレースする際，“いつ”，“誰が”，“どこで”，“何回やっても”同じ結果が得られるために必要です．GC/MSではデータの再現性や感度，ピーク形状などのデータの質に影響する項目の種類はGC部，MS部でほぼ決まっているため，以下にそれらの項目を示します．なお，論文であればその掲載場所は一般に実験（experimental）に列挙する形が多いですが，論文の書式等によっては実際のデータ（例えばクロマトグラム）のタイトルの下に補足として記入する場合や，一覧表の形式で表記する場合もあります．

a．記載する項目

GC部とMS部は一体化した形で条件を掲載する場合もありますが，ここでは便宜上分けて掲載する形とします．

(1)　GC部（「分離・検出編」Q88参照）（キャピラリーカラムの使用を前提とします）

① ガスクロマトグラフ装置名(メーカー名と装置の型式)(通常はGCとMSの型式名は違います)

② カラム情報（カラムの名称，長さ(m)× 内径(mm i.d.)，膜厚 d_f(μm))

③ 注入口温度

④ カラム槽温度（恒温の場合はその温度，昇温の場合はそのプログラム条件)

⑤ キャリヤーガス（種類，流量・線速度，制御方式（定流量モード，定圧モード等)，必要に応じ注入口圧力)

⑥ 注入法（スプリット注入であればスプリット比，その他の場合は必要に応じた特記条件，インサートが特殊な場合は記載した方がよい)

⑦ 注入量（液体試料はμL，気体試料はmL)

なお，試料名については項目として記載してもよいですが，通常は本文やデータの図等に記載するようにします．溶媒の種類でクロマトグラムが変化するので，メスアップや希釈に用いた溶媒名も記載しましょう．

(2)　MS部

① 質量分析計装置名（メーカー名と装置の型式)

② イオン化モード（EIの場合はイオン化エネルギー，エミッション電流，CIの場合は試薬ガス名，正負のモード名，イオン源圧力（試薬ガス流量))

③ イオン源温度

④ インターフェース温度

⑤ 測定モード

⑥ 測定条件

がありますが，シングル MS と MS/MS に分けると以下のようになります（シングル MS は四重極形，MS/MS は三連四重極形を想定）.

シングル MS では，

- 測定モード（Scan（TIM），SIM，Scan/SIM（SIM/Scan））
- 測定条件（Scan の場合は測定質量範囲（*m/z*）と走査速度（データ取込み速度），SIM の場合は選択イオン（*m/z*））

が必要です.

MS/MS では，衝突ガス名，衝突エネルギー（eV）が必要です．また，

- 測定モード（プロダクトイオン走査，プリカーサーイオン走査，コンスタントニュートラルロス走査，SRM，Scan/SRM）
- 測定条件（プロダクトイオン走査と SRM について記述，プロダクトイオン走査の場合はプリカーサーイオン（*m/z*）と測定質量範囲（*m/z*），SRM の場合はトランジション）

が必要になります.

なお，GC 部と MS 部の各項目については必ずしも全部を記載する必要がない場合もありますが，必要に応じさらに詳しい条件等（例えば SIM や SRM の場合のドゥエルタイム）を記載する場合もあります.

(3) その他

特有のクリーンアップや誘導体化等の処理を行った場合は，その方法を記載するようにします．また，ヘッドスペース，SPME など液体注入とは異なる試料採取・導入方式を行った場合は，その試料採取・導入方法と条件（加熱温度，抽出時間など）を記載するようにします.

簡単な例になりますが表の形での記載例を表 1，2 に示します.

表 1　測定条件の記載例（GC/MS）

装　置	SHIMADZU QP-2020 NX
カラム	SH-Rxi-5 MS（30 m×0.25 mm i.d., d_f=0.25 µm
カラム槽温度	80 ℃(2 min) —20 ℃ min^{-1}—180 ℃ —5 ℃ min^{-1}—300 ℃（5 min）
キャリヤーガス	He, 44.5 cm s^{-1}（線速度一定）
注入法	スプリットレス（高圧注入 250 kPa, 1 min)，250 ℃
注入量	2 µL
インターフェース温度	250 ℃
イオン化	EI（70 eV）
イオン源温度	230 ℃
測定モード	Scan, *m/z* 70〜500

表 2　測定条件の記載例（Py-GC/MS）

［パイロライザー(Py)］	
装　置	Frontier Lab EGA/PY-3030D
加熱炉	200 ℃ —20 ℃ min^{-1}—300 ℃ —5 ℃ min^{-1}—340 ℃(1 min)（加熱時間 14 min）
［GC-MS］	
装　置	Agilent 7890B/5977A
カラム	Frontier Lab UA-PBDE（15 m×0.25 mm i.d., d_f=0.05 µm
カラム槽温度	40 ℃(1 min) —50 ℃ min^{-1}—200 ℃—15 ℃ min^{-1}—330 ℃（3 min）
キャリヤーガス	He, 1.5 mL min^{-1}（定流量）
注入法	スプリット，スプリット比 50：1, 320 ℃
インターフェース温度	310 ℃
イオン化	EI（70 eV）
イオン源温度	300 ℃
アナライザー温度	150 ℃
測定モード	SIM/Scan, *m/z* 50〜1000
SIM モニターイオン（*m/z*）	DIBP&DBP 223, 149, 205, BBP 206, 149, 91, DEHP 279, 149, 167, DecaBDE 799.5, 959.4

* SIM モニターイオンの成分名略称は図と同じにする.

* 単独のクロマトグラムに測定条件を記載する例．論文・技術資料では装置名は本文中の使用装置の所に記載する．測定条件や付属装置の操作条件が一つしかない場合は本文中の実験欄に記載でよい.

b. 表記について

単位については，国際単位系（SI）[1,2] を用いることが推奨されています．実際の設定値を記載する場合の単位の表記について，GC/MS に関係する部分を以下に示します．

- 単位記号はローマン体(直立体)で記載します[3]．数値と単位の間には半角スペースを入れます[3]．
- 百分率を意味する記号である％は無次元量であり SI 単位ではないものの，半角スペースを入れて表記されます．同じように使用される略号（ppm，ppb 等）は，不明瞭な表現とされるため，単独での使用はできるだけ避けた方がよいです[3,4]．
- 質量分析で使用される記号“*m*/*z*”は斜体（イタリック）で記載します．　［土屋文彦］

ワンポイント 1

GC/MS と GC-MS，どのように使い分けるのですか？

JIS では“ガスクロマトグラフィー質量分析（法）”という“手法”は“GC/MS”，“ガスクロマトグラフ質量分析計”という“装置”は“GC-MS”と表記すると定めています．

一方，IUPAC やその勧告に沿った形での用語を推奨している日本質量分析学会では，“ガスクロマトグラフィー質量分析”という手法は“gas chromatography/mass spectrometry(GC/MS)”として表記することが基本であるが，“gas chromatography-mass spectrometry(GC-MS)”と表記が可能，とあります．また，“ガスクロマトグラフ質量分析計”という装置は“gas chromatograph-mass spectrometer (GC-MS)”のように表記することが基本であるが，“gas chromatograph/mass spectrometer(GC/MS)”との表記も可能，とあります．ただし，GC/MS と GC-MS のどちらか一方を手法と装置の略語として同時に用いるのは適切ではないと定めています．これらの背景には，歴史的に“手法”と“装置”の両方で“GC/MS”が使用されてきたという事実や，GC-MS を“装置”ではなく“手法”の意味として使用しているケースもあり，GC/MS と GC-MS の使い分けが必ずしも十分に浸透しなかった経緯があると考えられます．

ではどうしたらよいのでしょう？　まずは，それぞれをきちんと定義したうえで，できる限り“GC/MS”と“GC-MS”を使い分けることです．また別の方法としては，GC/MS を手法として定義し（あるいは“GC/MS 法”として表記），GC-MS をそのまま使用せず，“GC/MS 装置”，“GC/MS システム”などと表記する，適宜“ガスクロマトグラフィー質量分析（GC/MS）”，“ガスクロマトグラフ質量分析計（GC/MS）”と表記すること，などが考えられます．便宜上，GC/MS を両者の意味で使用する必要があるときは，その旨を明記し，使用されるときの文意を汲むような注意喚起が必要と思われます．なお，文章等でとくに定義がなく，GC/MS や GC-MS が出てきたときには，手法なのか装置なのかを意識して読み込む必要があります．　［代島茂樹］

【引用文献】

1）“The International System of Units（SI），8th ed.”，Bureau International des Poids et Mesures(2006)．
2）産業技術総合研究所 計量標準総合センター 訳・監修，“国際単位系(SI) 第 9 版（2019）日本語版”．
3）JIS Z 8000-1(2014)：量及び単位－第 1 部．
4）日本適合性認定協会，“単位や学名等の記載方法について”，JAB NL512:2019．

Question 3

GC-MS の性能評価について教えてください．

Answer

GC-MS の性能は通常，メーカーのデータシートや仕様に記載されています．GC の部分やデータシステム部の記載もありますが，ほとんどが MS 部分に関するものです．重要な項目は以下の通りです．

- 測定可能イオン化モード
- 各部の設定温度範囲
- 測定質量範囲（通常，統一原子質量（u）単位）
- 走査速度（Scan 速度）（u s^{-1}）
- 質量分解能
- 質量軸の安定性
- 質量軸の精度
- 測定の感度
- 装置検出下限（instrument detection limit：IDL）
- ダイナミックレンジ
- 真空排気速度

ここではおもに，装置の感度について解説します．なお，質量分解能の表示方法は Q4 を参照してください．

GC-MS の感度の表記は，シグナル対ノイズ比（SN 比）が従来から用いられてきました．例えば，オクタフルオロナフタレン（OFN）の一定濃度の溶液（1 pg μL^{-1}）をスプリットレス注入して，TIM（Scan）測定して得られる分子イオン（*m*/*z* 272）のピークにおけるマスクロマトグラム（抽出イオンクロマトグラム）の SN 比がデータシートに記載されています．図 1 はバックグラウンドが非常に低いクリーンなシステムにおける OFN 標準試料の GC/MS による *m*/*z* 272 の抽出イオンクロマトグラムで，(a), (b) および (c) というラベルのついたバックグラウンド領域における RMS（根二乗平均）ノイズはそれぞれ 54，6，120 です．この例では，ノイズを測定した場所が変わっただけで，SN 比が 20 倍ほど変わってしまいます．このように，SN 比は感度を表す指標として曖昧さを含んでいます．さらに，三連四重極形では MS の選択性が非常に高く，バックグラウンドノイズがゼロの場合には，SN 比は無限大となり感度の指標としては適切ではありません．

そこで，最近では検出下限に近い濃度の同一試料を繰り返し測定した結果から統計学的処理をして求める機器の検出下限（IDL）が感度指標としてよく用いられるようになっています．IDL のイメージを図 2 に示します．ブランクの強度（シグナルシステムノイズ）と定量下限の試料のシグナルの強度が正規分布であると仮定し，複数回の試料測定で試料とブランクが危険率 α % の統計的有意差で同一でないと推定される濃度を計算します．このように，IDL はランダムなブランクに

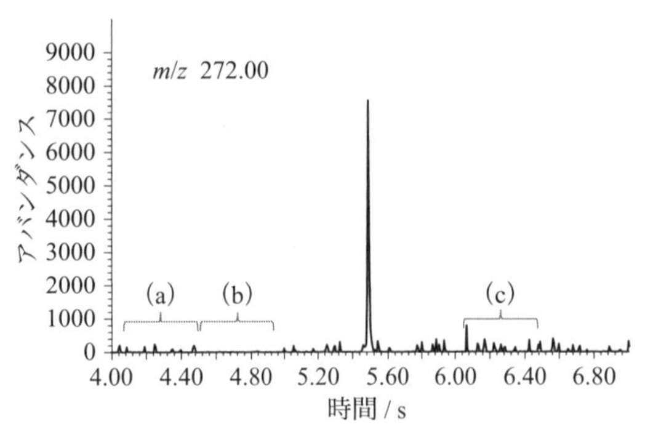

図1　SN比計算のために測定されたOFNの抽出イオンクロマトグラム
［アジレント・テクノロジー テクニカルノート 5990-7651 JAJP］

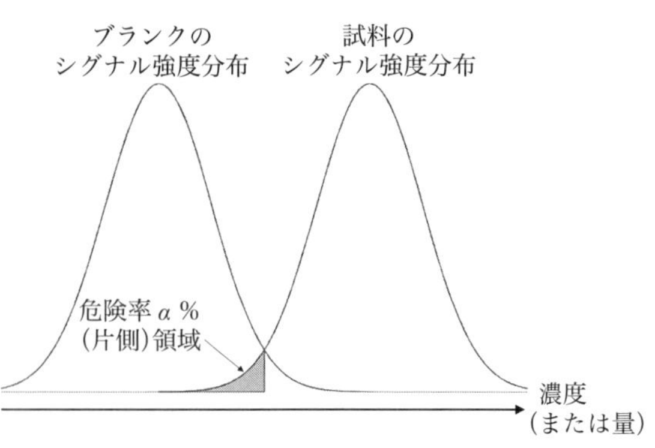

図2　IDL計算のイメージ図
［芹野 武，ぶんせき，**2021**，166］

よるものではなく統計的に推定される濃度を計算するため，SN比のように曖昧な指標ではないことがわかります．そして，出荷時や設置時の装置の性能確認として，このIDLが使われることが一般的になっています．

一方，装置を使用していると，測定の感度に関わる性能は経時変化が必ず起こります．これはGC/MSでの測定結果には，① 試料の採取，前処理，② 試料導入（注入）条件，③ GCの状態（とくに注入口，カラム），設定条件，④ MSの状態（イオン源，アナライザー，検出器，真空排気部，データ処理部など），設定条件のすべてが関わってくるためです．そのためGC/MSの基本性能や特定条件下での測定データだけでそのときのGC/MS，とくにMSの感度や性能を論ずるのはあまり意味がありません．普段から分析者が扱う標準的な試料と測定条件下でどのような感度などが得られるかを把握しておくべきです．

実際の分析では分析の全手順を考慮した検出限界である分析法上の検出下限（method detection limit：MDL）も重要です．ただしIDLはMDLに関与しているもののMDLにはほかの要素も多く，直接の関連づけは難しいといえます．

［高桑裕史］

QUESTION 4

MSの分解能表記の種類と定義を教えてください．

ANSWER

質量分析計の分解能は一般に以下のように定義されます．すなわちJISによれば分解能とは*m/z*の異なる質量*M*のピークを区別できる尺度となる数値で，質量スペクトルの任意の質量ピーク$m/z=M$および$m/z=M+\Delta M$の2本のピークは区別できるが*m/z*の差がΔMより小さく2本のピークは区別できないとき，$R=M/\Delta M$をこの装置の分解能とする，とあります．分解能$R=1000$とは，*m/z* 1000の質量ピークと*m/z* 1001の質量ピークを分離できることを意味しています．分解能の定義には2種類あり，一つは10 %谷（10 % vallely definition of resolution）によるもので，もう一つはピークの半値幅（full width at half maximum：FWHM）によるものです．前者は二つのピークを隔てる谷の信号強度がピーク高さの10 %にまで減少した場合，二つのピークは十分に分離したと見なせることによるもので，10 %谷の状態はピーク高さに対して5 %に相当する高さでのピーク幅に対応します（両方のピークからの5 %の寄与が加算され10 %となる）．FWHMでは一つの質量ピークに対して50 %ピーク高さのときのピーク幅をΔMとして用います．なお，最近の装置では実用上一つの質量ピークから分解能を求めることが多く，これらを模式的に図1に示しました．

10 %谷定義の分解能は，磁場形，四重極形，イオントラップ形などで用います．また，FWHMによる定義は四重極形，イオントラップ形，飛行時間形などで用います．四重極形，イオントラップ形では両方の定義が混在しており，適宜使い分けされています．どちらの定義で分解能が示されているか注意を払う必要があります．また磁場形は10 %谷定義，飛行時間形はFWHM定義のみなので，こちらも注意が必要です．通常，四重極形では測定する質量範囲でΔMが一定になるように，また，磁場形では分解能$M/\Delta M$が一定になるように走査されます．いわゆる，ユニットマス分解能は5 %ピーク高さ幅が1 u（u：統一原子質量単位）の場合です．このとき，*m/z*値が1だけ異なる隣り合う質量ピークを10 %谷の分解能で分離できます．四重極形などで全測定質量範

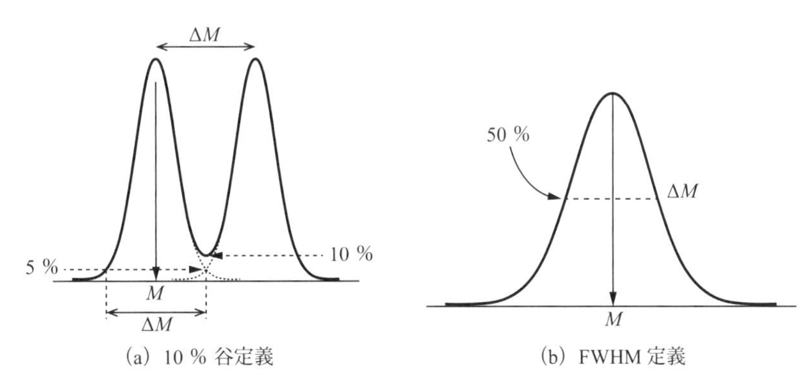

図1　質量分析計における10 %谷定義，FWHM定義による分解能の模式図

囲にわたってピーク幅が一定のとき，分解能を aM（a は各ピーク幅の逆数）として表すこともあります．このとき，ユニットマスの分解能なら分解能表示としては M となります．また，四重極形の場合，50 % ピーク高さ幅は，通常 0.4～0.6 u なので，FWHM 表示では，分解能はピーク幅が 0.4 u なら 2.5 M，0.5 u なら 2 M となります（質量ピーク形状がまったく同じでも FWHM 定義の方が 10 % 谷定義よりも 2 倍前後，分解能の数値が大きくなります）．

JIS では質量分解能として mass resolution および mass resolving power の両者を規定していますが，質量分析学会では前者を質量分解度，後者を質量分解能とし，質量分解能は特定の質量分解度を得るための質量分析計の能力としています（IUPAC も同じ分類）．これに従えば質量スペクトル等に対して慣用的に用いられている質量分解能 R は，本来は質量分解度とすべきですが，通常は分解能として表記することがほとんどであるため本書でもとくに断りがない場合は“分解度”ではなく“分解能”を用語として用いています．ただ，本来はきちんと使い分けすべきかと思います．

なお，明確な定義は存在せず，規定するものによって異なりますが，いわゆる“低分解能”（low resolution）という表記は $R = 500$～2000，“高分解能”（high resolution）という表記は $R > 5000$ に対して用いられることが多いです．

［代島茂樹］

【参考文献】

・JIS K 0214(2013)：全分析化学用語（クロマトグラフィー部門）．

・K. K. Murray, R. K. Boyd, M. N. Eberlin, G. J. Langley, L. Li, Y. Naito, *Pure Appl. Chem.*, **85**, 1515(2013).

Question 5

GC-MS で使用される，**四重極形，磁場形，イオントラップ形，飛行時間形**などの質量分析計の特徴を教えてください．また使い分けはどのようにすればよいですか？

Answer

GC-MS で用いられる質量分析計（質量分離部）は大きく四つに分類され，その特徴は様々です．四重極形は小型で安価なものが多く，GC-MS の中でもっとも広く普及しています．三連四重極形 GC-MS/MS は，夾雑成分が多い複雑な組成の試料に対し目的成分をきわめて高感度・高選択的に検出できることから，残留農薬分析などで活用されています．磁場形は，高分解能下での選択イオンモニタリング（selected ion monitoring：SIM）測定が可能であり，現在もダイオキシンなどの環境汚染物質の定量分析で使用されています．飛行時間形は，飛行距離によって分解能が変化し，小型で低分解能な装置から，大型で高分解能な装置まで様々です．Fast GC 法や，包括的二次元ガスクロマトグラフィーなどと組み合わせる場合にも使用されています．イオントラップ形は，イオンを電場や磁場などを用いて場に捕らえ，その後逐次的もしくは一斉に測定する装置です．イオンをトラップする方法により様々な装置があり，その特徴も異なります．

各質量分析計は用途（定性，定量など），目的（高感度，高分解能，選択性，未知物質解析など），試料（農薬，ダイオキシン，香気成分，ポリマー，添加剤など）に応じて使い分ける必要があります．表 1 に四つの質量分析計（質量分離部）の GC-MS における特徴の概要を示します．

各質量分析計で得られる質量スペクトルの大きな違いは，分解能と，観測できるイオンの質量が整数質量か小数点以下を有する精密質量かの 2 点にあります．分解能の異なる装置によって測定した質量スペクトル上の質量ピーク（プロファイルデータ）の形状については，Q70 の図 1 を参照してください．また分解能については Q4 を参照してください．

四重極形，イオントラップ形，一部の飛行時間形などの分解能が低い GC-MS では，得られる質量スペクトルは整数質量となります．定量分析においては，特定イオンだけを検出する SIM 測定，もしくは GC-MS/MS で可能な MS/MS 測定が用いられます．定性分析は，一般に生じたイオンを全域にわたって測定する Scan モードで得た実測の質量スペクトルと，市販のデータベース（ライブラリー）に収録された質量スペクトルとの比較分析（ライブラリー検索）にて実施します．

磁場形，飛行時間形（装置に依存），オービトラップ（イオントラップ形の一種）などの分解能が高い GC-MS では，得られる質量スペクトルのイオンは精密質量表示となります．定量分析においては夾雑成分と目的イオンの質量分離が可能なため，選択性向上に寄与し，その結果，定量対象成分のクロマトグラムピークの SN 比が向上します（Q71 参照）．とくに磁場形 GC-MS では高分解能 SIM 測定が可能であり，高分解能による選択性向上と，SIM 測定による感度向上を同時に達成することで，極微量成分の定量分析を実現しています．定性分析においては，同重体イオンの分離と高い質量精度により，精密質量による観測イオンの組成演算が可能となります（Q70 参照）．

表 1　GC-MS で使用される質量分析計の特徴

質量分析計	質量分離方式	特　徴
四重極形	高周波電圧	小型・軽量・安価で，GC-MS としてもっとも普及している．ダイナミックレンジが広く，定量性に優れる．三連四重極形 GC-MS/MS も市販されている
磁場形	磁場強度	大型装置．高分解能 SIM によるきわめて高感度の定量分析が特徴．ダイオキシン分析などで使用される
飛行時間形	飛行時間	データ採取時間が非常に短く，高速な測定が可能．高分解能形の装置は未知物質の定性分析などで活用されている
イオントラップ形	高周波電圧	イオンのトラップ方式により特徴は様々．トラップするイオン量が限られるため，ダイナミックレンジは四重極形よりも狭い．装置によっては MS/MS 測定も可能

そのため，市販のデータベースに登録された質量スペクトルとの比較分析による定性分析に加えて，データベース未登録の未知物質の解析を行うことも可能です（Q84 参照）．

各装置の特徴については表 1 に記しましたが，以下簡単にその質量分離の原理等を紹介します．本書では概要のみを紹介しますので，さらに詳細情報を知りたい場合は，文献や関連書籍を参照してください．

a．四重極形

円柱もしくは双極面をもつ 4 本のロッドを平行に配置した四重極ロッドからなります．向かい合うロッドには同一の電圧（直流電圧 U と高周波交流電圧（$V\cos\omega t$）を足したもの）を印加します．隣り合うロッドには正負逆の極性の電位を印加し，周期的に極性を変えることで，イオンは四重極ロッド間を振動しながら進みます．直流電圧 U，交流電圧振幅 V，周波数 ω の組み合わせに応じて，特定の m/z をもつイオンだけが安定的な軌道となり，四重極ロッドを通過して検出器に到達できます．U と V の比が一定となるようロッド電圧を変化させることで，各イオンを質量分離し，質量スペクトルを採取します．

b．磁場形

単収束の磁場形質量分析計から開発がスタートしていますが，磁場だけではなく電場を組み合わせることで，イオン軌道の方向収束のみならず，エネルギー収束も向上させることで高分解能化を達成しました．このように磁場と電場を組み合わせた装置は二重収束形と呼ばれ，今日磁場形質量分析計といえば二重収束形を指すことがほとんどです．二重収束形のうち，電場-磁場の順番に配置したものを正配置形，磁場-電場の順番のものを逆配置形といいます．

c．飛行時間形

イオン源で加速されたイオンは，軽いイオンと重いイオンとで検出器に到達する時間が異なります．軽いイオンほど早く到達し，重いイオンほど遅く到達します．飛行時間形では電場や磁場などは使わず，フィールドフリー領域におけるイオンの飛行時間を計測することによって，イオンの質量分離を行います．飛行時間形では，イオン源から検出器までを直線で結んだリニア形装置がはじめに開発されました．しかし，イオン化される位置の差異，運動エネルギーの差異，運動方向の差異を有するイオンは，フィールドフリー領域では収束できないため，リニア形装置の分解能はそれほど高くありませんでした．これに対し様々な工夫がなされてきましたが，とくに運動エネルギーの広がりを収束させるリフレクトロン形の開発により，分解能は飛躍的に向上しました．一般的に高分解能の飛行時間形 GC-MS ではリフレクトロン形が採用されています．リフレクトロンを重ねた多段リフレクトロン形の装置も市販されています．

d．イオントラップ形

通常，三次元の高周波四重極電場を用いたものをイオントラップ形とすることがほとんどです．このような形式を四重極イオントラップといい，エンドキャップ電極として 2 個の双極面電極と，1 個のリング電極から構成されます．エンドキャップ電極と，リング電極との間に，四重極形と同じく直流電圧と高周波交流電圧を合わせた電圧が印加されます．トラップしたい特定イオンに対しては安定軌道を取るように，またトラップしたくないイオンは不安定な軌道を取らせトラップから排除するように印加電圧を変化させて質量分離を行います．

イオントラップ形は，広義にはイオントラップの特性を利用した質量分析計を示すこともあります．紡錘形電極と中心電極で構成された静電形イオントラップ質量分析計（オービトラップ）や，フーリエ変換イオンサイクロトロン共鳴（FT-ICR）形質量分析計なども広義にはイオントラップ形といえます．オービトラップ GC-MS は，2015 年に市場導入された比較的新しい GC-MS であり，高分解能形として活用の場を広めています．［生方正章］

【参考文献】

・J. R. Chapman, “Practical Organic Mass Spectrometry, 2nd ed.”, Wiley (1993).
・J. H. Gross, “Mass Spectrometry: A textbook, 3rd ed.”, Springer (2017).
・日本質量分析学会用語委員会 編，“マススペクトロメトリー関係用語集第 4 版（WWW 版）”
・JIS K 0123(2018)：ガスクロマトグラフィー質量分析通則.

Question 6

GC-MS に使用される検出器の種類と特徴について教えてください．

Answer

質量分析計（MS）で用いられる検出器の種類はかなり多いですが，GC-MS で用いられる検出器はおもに四つに分類されます．① 二次電子増倍管（EM あるいは SEM とも呼ばれます），② 光電子増倍管（通称，PM（フォトマル），PMT とも表記されます），③ マイクロチャンネルプレート（MCP）および ④ ファラデーカップです．また，厳密には検出器として分類すべきではありませんが，ポストアクセル検出器と呼ばれるものがあります．これらの原理と特徴は以下の通りです．

a． 二次電子増倍管（secondary electron multiplier：SEM，EM）

二次電子増倍管（SEM）の検出器はチャンネル形とディスクリート形に大別されます．現在，主流になっているチャンネル形の概略図を図 1 に示します．チャンネル形はガラスまたはセラミックス製の曲がったパイプ状で，その内側表面は数十 MΩ の高抵抗をもつ連続体になっていて二次電子放出面を形成しています．まず入口部分に入射したイオンの衝突により数個の二次電子が放出され，これらはパイプ出口に向かう電位勾配に沿って加速されます．その後，近傍の内壁に衝突して再度二次電子が放出されます．この衝突と二次電子放出の繰り返しにより最終的に 10^6～10^8 倍に増倍された電子がアノードを通じて検出回路に入力されるような構造になっています．この形の検出器は構造も簡単で廉価であり使いやすいことから，四重極形をはじめ多くの MS で使用されています．ディスクリート形の場合は，通常 14～20 段連続して並べられたダイノードに二次電子放出面が取り付けられ，各ダイノード間の電位差（最大 200 V 程度）により，二次電子が次段の二次電子放出面に衝突して再度二次電子が放出される構造になっています．

なお，SEM は当初，単独で用いられていましたが，検出感度向上と高質量側のゲインの改善のため，最近の SEM 付きの装置では e 項で述べるポストアクセル検出器と呼ばれる高エネルギーダイノードが標準装備されています．

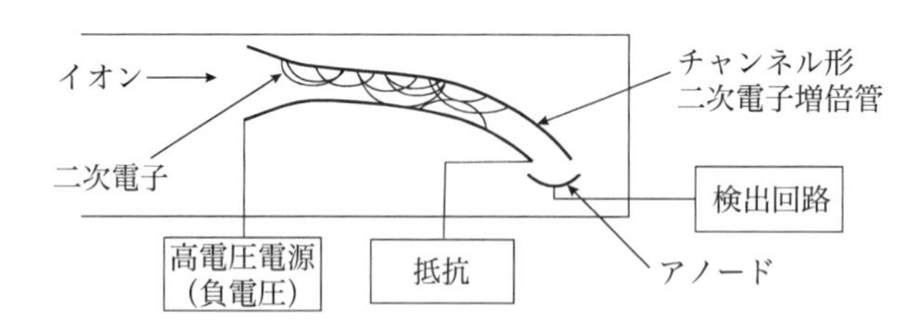

図 1　チャンネル形二次電子増倍管の例

［JIS K 0123（2018）：ガスクロマトグラフィー質量分析通則，図 15］

b． 光電子増倍管（photomultiplier：PM，PMT）

光電子増倍管（PM）の概略図を図 2 に示します．通常の SEM と異なり，密閉された構造をも

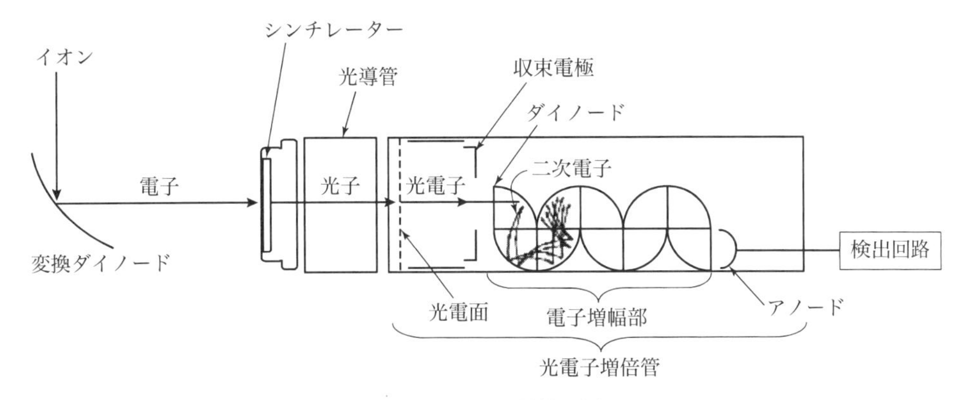

図２　光電子増倍管の例
［JIS K 0123（2018）：ガスクロマトグラフィー質量分析通則，図 17］

ち，図からわかるように，おもに変換ダイノード，シンチレーター，光電子増倍管により構成されています．まず，高電圧（最大 5 kV 程度）を印加された変換ダイノードに分離されたイオンが衝突すると電子が放出されます．この電子は高電圧（最大 10 kV 程度）を印加されたシンチレーターに衝突し，その結果，光子（フォトン）が放出されます．光子は光導管を通過して光電子増倍管に入射しますが，光電子増倍管では外部光電効果により光電面から光電子が放出されます．光電子は収束電極によって，電子増幅部の第一ダイノードに収束され，第一ダイノードからは二次電子が放出され，さらに次段のダイノードに衝突して二次電子が放出されます．この衝突と二次電子放出の繰り返しにより，最終的に 10^6～10^8 倍に増倍された電子がアノードを通じて検出回路に入ります．この形の検出器は比較的高価ですが，イオンが直接，電子増幅部に入らないことや密閉された状態のため劣化しにくく寿命が長いという特徴があります．

c．マイクロチャンネルプレート（micro channel plate：MCP）

マイクロチャンネルプレート（MCP）検出器の模式図と電子の増幅の概略図を図 3 に示します．図に示すように薄いガラス板に，チャンネルと呼ばれる内径約 10 μm の穴が蜂の巣状にあけられています．MCP の内面は金属コーティングされており電極となっていて，電極間に電圧を印加するとチャンネル内に電場勾配が生じます．この状態でチャンネル内壁の入力側に近い位置にイオンが衝突しますと，複数の二次電子が放出され，これらの二次電子はチャンネル内の電場勾配によって加速され，反対側の壁に衝突して再度二次電子を放出します．こうして電子はチャンネルの内壁

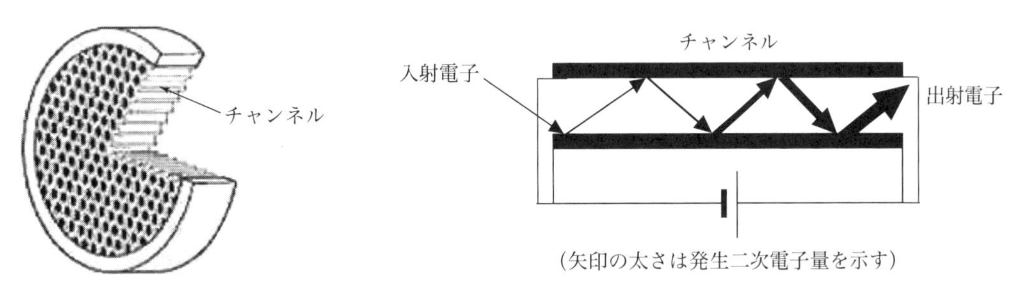

図３　マイクロチャンネルプレート（MCP）の模式図とチャンネル内の電子の増幅の概略図
［JIS K 0123（2018）：ガスクロマトグラフィー質量分析通則，図 18, 19］

に何度も衝突しながら出力側へ進んでいき，結果として指数関数的に増倍された電子流が取り出されます．すなわち1個1個のチャンネルがa項で述べたチャンネル形二次電子増倍管の役割を果たしています．MCP 1枚の増幅率（入力側に一つのイオンが入射したときに，出口側から放出される電子の数）は10^3程度であるため，複数枚を組み合わせる，あるいはMCPとSEMを組み合わせることで増幅率を向上させることができます．また，MCPは大きな面積をもつため，広がったイオンを同時に捕捉できるという特徴があります．このため，方向収束性のないTOF形質量分析計の検出器としておもに用いられています．

d．ファラデーカップ（faraday cup）

ファラデーカップ検出器は，カップ状の導電体で捕捉したイオンにより発生した電子電流を計測することによってイオンの数を決定します．SEMのような間接的に感度を増幅する機能はありませんが，捕捉したイオンと計測するイオン電流は直接的に比例するため，感度は高くないものの精度が高く，おもに同位体比質量分析（IRMS）に使用されます．最近はGC-IRMSでの用途が広がっていますが，装置的にはイオンごとに複数のファラデーカップを用いる構造になっています．図4にファラデーカップの模式図を示しました．

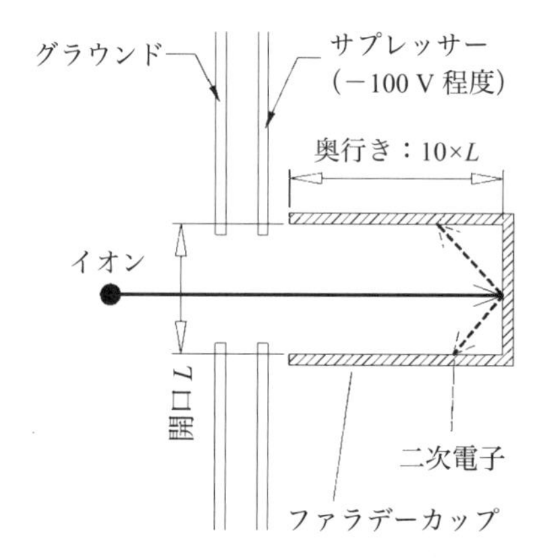

図4　ファラデーカップの模式図
［大村孝幸，山口晴久，真空，**50**，258（2007）］

e．ポストアクセル（後段加速）検出器（post-acceleration detector：PAD）

最近はポストアクセル検出器（PAD）と呼ばれるものが広く用いられています．これはSEMやPMの検出感度や高質量域の検出効率を高める機能をもったものです．背景にはイオンが二次電子増倍管などの検出器に衝突したときの二次電子の発生効率はイオンの速度に依存するため，イオンを一定電圧で加速した場合，低質量イオンと高質量イオンは同じ運動エネルギーをもちますが，低質量イオンに比べて高質量イオンのもつ速度は小さくなるため，高質量イオンの検出感度は低くなります．すなわち，高質量イオンの検出感度を向上させるためには，高い電圧を印加した変換ダイノード（高エネルギーダイノード（HED）ともいいます）を用いて二次電子などを発生させれば，これを再加速させてSEMなどに導けばよいので，上記二つの検出器に広く用いられ，最近の装置では標準装備になっています．この機能をもった検出器をポストアクセル検出器と呼ぶのですが，

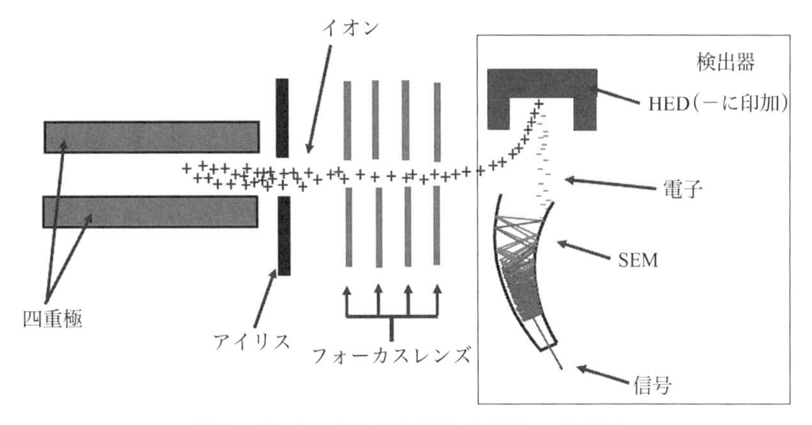

図5 ポストアクセル検出器（PAD）の模式図
［日本分析化学会ガスクロマトグラフィー研究懇談会 編，“ガスクロ自由自在 GC, GC/MS の基礎と実用”，丸善出版（2021），p.174］

単に変換ダイノード付きのSEMといった表現の方がわかりやすいと思います．図5にその模式図を示しました．これを装備することで低質量域の感度も向上しますが，とくに高質量イオンに対する感度が向上します．正イオン検出の場合は負の電圧を印加し，負イオン検出の場合は正の電圧を印加します．前者の場合は表面から電子が，後者の場合は正の金属イオンが放出され，加速されて検出器本体に到達します．一つのHEDで印加する電圧の極性を変えて，正および負のイオンを検出することも可能ですが，装置によってはあらかじめ正，負イオン用の二つのHEDを装備しているものもあります．なお，かなりの直流高電圧を印加しますので真空度が低いと放電が起こることがあり，検出器部の絶縁や真空度に対する注意が必要です．通常，四重極形などでは5〜10 kV，磁場形では30 kV程度を印加します．

なお，オービトラップなどのフーリエ変換によってイオンを検出する装置ではイメージ電流検出と呼ばれる方法でイオンの検出を行います．すなわちオービトラップ内のイオンの振動運動はその碗状電極に誘導電流を生じさせるので，その電流の周波数を記録することでイオンの *m/z* に関する情報を得ることができます．詳細は文献等[1]を参照してください．［代島茂樹］

【引用文献】
1） T. Möhring，ぶんせき，**2018**，526.

QUESTION 7

MS をほかの GC の検出器と複合的に用いる例を教えてください．

ANSWER

MS 以外の複数の検出器を用いることで，1 回の注入で GC 検出器に特有の情報を得ることが可能です．例えば選択形検出器を使用した場合には硫黄やリン，窒素といった特定の元素を含むことがわかるため，定性情報の信頼性向上に役立ちます．昨今では高分解能な質量分析計が開発されていますが，これらをもってしても化合物の構造を推定するためには C，H，O 以外の元素情報が得られることは重要です．また，FID のように安定性と定量性に優れた検出器を組み合わせることもあります．なお，複数のカラムを同時に用いることができるシステムと併用すると，測定対象の化合物が特定のカラムでしか分離できない，または特定の検出器でしか検出できない場合などにも有効です．そのため最近では積極的に複数の検出器を用いる場合が増加しています．

a．使用する検出器と分析例

測定する対象成分やそれらの濃度，また分析の目的に応じて GC 検出器の種類を選択することが重要です．例えば図 1 のように野菜や果物に含まれる農薬の分析ではハロゲンなどを高感度に検出する電子捕獲検出器（ECD），硫黄やリンを選択的に検出する水素炎イオン化検出器（FPD）などを同時使用することで，誤同定や偽陰性を防ぐために活用される例があります．また大気中の低級炭化水素および揮発性有機化合物（VOC）のオンライン熱脱離分析では，エチレンやエタン，アセチレンなど，カラムによる分離が不十分で MS による検出が難しい成分を，分離の選択性が異なるカラムを使用して FID で検出する例があります．注入口で 2 種類のカラムに分岐を行い，それぞれのカラムを FID と MS に接続し一斉分析を行っています．

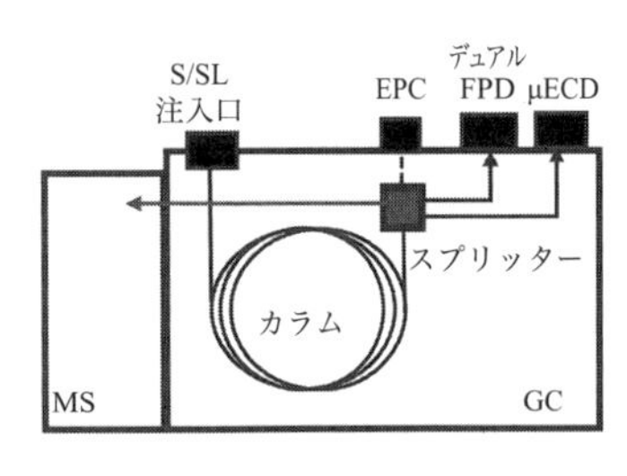

カラム：HP-5ms（30 m×0.25 mm i.d., d_f=0.25 μm）
カラム槽温度：70 ℃（2 min）−25 ℃ min^{-1} −150 ℃（0 min）−3 ℃ min^{-1} −200 ℃（0 min）−8 ℃ min^{-1} −280 ℃（15 min）
キャリヤーガス：He，186 kPa（27 psi）
注入法：スプリットレス注入
試料量：1 μL

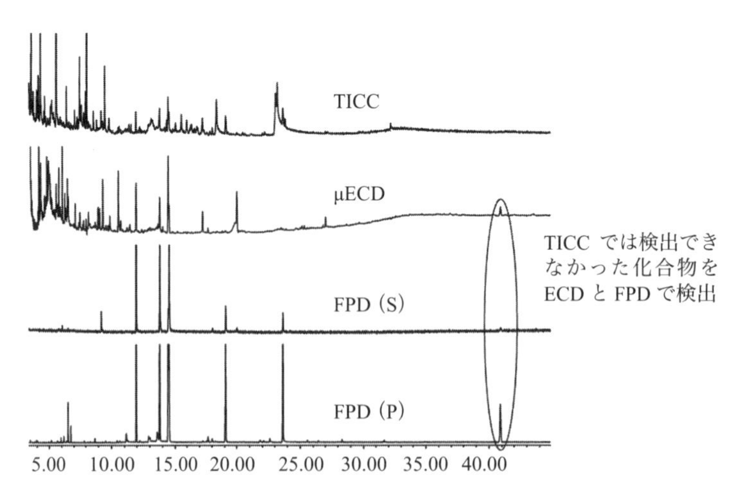

図 1　残留農薬分析：イチゴ抽出物のクロマトグラム（MS，ECD，FPD（S, P））
［Agilent Application Brief, Using RTL and 3-Way Splitter to Identify Unknown in Strawberry Extract, 5989-6007 EN（2006）］

b. MSとGC検出器を同時に使用するためのスプリッターデバイス

MSと同時に複数GCの検出器を使用する場合には，図1でスプリッターと表記したデバイスを活用し，カラムの出口を複数の検出器に接続します．このとき，MSとGCの検出器で同じ成分のピークが同じ保持時間になるように，注入口とは別の圧力制御モジュール（図1でEPCと表記）を使用してスプリッターデバイスにかかるガスの圧力をコントロールすることが一般的です．スプリッターデバイスは一般にカラム槽内に設置されますので，カラムから溶出した成分が吸着しないように低熱容量（カラム槽温度に追従する）であること，溶出後の各成分の拡散を防ぐよう低デッドボリュームであること，農薬や薬物など極性が高い化合物が吸着・分解しないよう不活性であることが求められます．これらを実現するために不活性化処理された金属素材のデバイスも登場しており，それに伴いガスリークが少ない金属製のナットやフェラルも開発されています．

c. 測定条件の作成や使用にあたっての注意点

測定条件の作成においては，① スプリッターデバイスに接続するガス制御モジュールのガス制御モードは圧力一定，② スプリッターデバイスと各検出器の抵抗管（リストリクター，通常は固定相がない不活性化処理した溶融シリカキャピラリー）の長さは専用の計算ツールを用いることが一般的です．GCの検出器を複合的に用いる場合はMSとGCの検出器における保持時間が一致していることが重要で，上記2点が密接に関わっています．スプリッターデバイスから各検出器に流れるキャリヤーガスの流量は抵抗管の内径，抵抗管の長さ，入口圧力（スプリッターデバイスにおける圧力，通常は固定圧力），出口圧力（検出器の出口圧力），キャリヤーガスの粘性，温度で算出されます．ここで重要な点は出口圧力で，MSが高真空であるのに対し，ほとんどのGCの検出器は大気圧で動作している点であり，これらを考慮して②の抵抗管の長さや内径を考える必要があります．またGCの検出器の中には化学発光検出器のように大気圧でも高真空でもないタイプもありますので注意が必要です．

［加賀美智史］

【参考文献】
・日本分析化学会ガスクロマトグラフィー研究懇談会 編，“ガスクロ自由自在 GC, GC/MSの基礎と実用”，丸善出版（2021）．

Question 8

GC-MS における真空排気システムについて教えてください．また，使用する各形式の真空ポンプの取り扱いを教えてください．

Answer

質量分析計内部のイオンの通り道は高真空となっています．イオンは，低真空から大気圧下ではキャリヤーガスや試料，空気，水分，CI 分析用の試薬ガスなどの残留分子と衝突してしまうと，軌道が逸れてしまったり，電荷を失ってしまったりして検出器まで到達できなくなります（イオンの平均自由行程が短くなります）．そのため，質量分析計の内部は真空ポンプを用いた排気システムによって障害となる残留分子を排気して高真空状態に保つ必要があります．

四重極形質量分析計では，真空排気システムは一般的に主ポンプと補助ポンプの 2 段構成となっています（図 1）．イオンが通る真空ハウジング内部を直接排気しているのが，主ポンプです．補助ポンプは主ポンプに接続され，主ポンプ内を排気します．主ポンプは大気圧下で動作できないため，補助ポンプが必要となります．真空排気システムはそのほかに装置内部の部品の保護の役割も果たします．加熱されるイオン源や真空計（ピラニゲージやイオンゲージなど）のフィラメントの保護や，高電圧を印加する四重極ロッド，検出器の放電を防ぐ役割をしています．以降では GC-MS に使用される主ポンプ，補助ポンプの形式や取り扱いについて説明します．

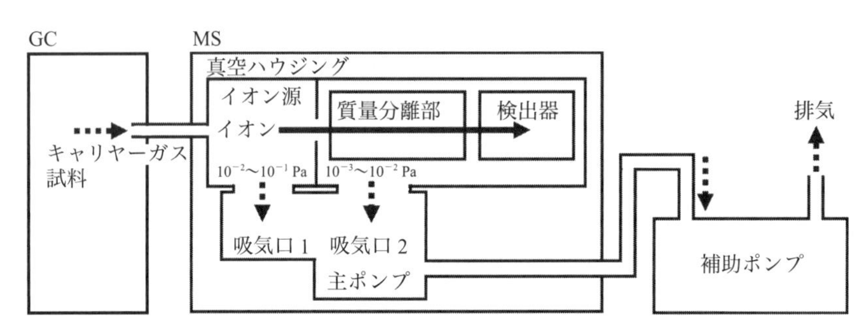

図 1　GC-MS の真空排気システム例

a．主ポンプ

主ポンプにはターボ分子ポンプ（turbomolecular pump：TMP）またはディフュージョンポンプ（油拡散ポンプ，oil diffusion pump：DP）が用いられます．いずれも 10^{-6}〜10^{-2} Pa の高真空度に到達させることができます．各ポンプの原理，特徴と取り扱いを表 1 に示します．

b．補助ポンプ

補助ポンプにはロータリーポンプ（油回転ポンプ）が使用される場合が多いですが，最近ではポンプ室にオイルを使用せず，よりクリーンな排気を行えるドライポンプ（スクロール式，多段ルー

表1　主ポンプの原理，特徴と取り扱い

ポンプの種類	原理，特徴と取り扱い
ターボ分子ポンプ	**排気原理** 高速で回転する羽（ローター）と固定した羽（ステーター）で構成されるポンプ．1分間に数万回程度回転（数万 rpm）するローターによって気体分子を吸気口から排気口側へ叩き落していくことで真空排気を行う（図2） **特徴と取り扱い** ・オイル由来の化学物質によるイオンノイズが比較的少ない ・排気にかかる時間が短い ・メンテナンス性がよく，特別必要な保守作業はない（長時間使用しない場合は故障の原因となるため，半年に1度は数時間運転させるのが望ましい）* ・駆動部の消耗による故障を防ぐため，3年程で点検，オーバーホールを行うことが推奨される
ディフュージョンポンプ（油拡散ポンプ）	**排気原理** 加熱したオイルを噴射させ，その蒸気流によって気体分子を排気口側へ捕捉・輸送することにより高真空を達成（図3） **特徴と取り扱い** ・オイル由来のケミカルノイズが発生する場合がある ・駆動部がないため，故障しにくく，故障時の修理も比較的容易 ・半年〜1年の頻度でオイル交換が必要となる

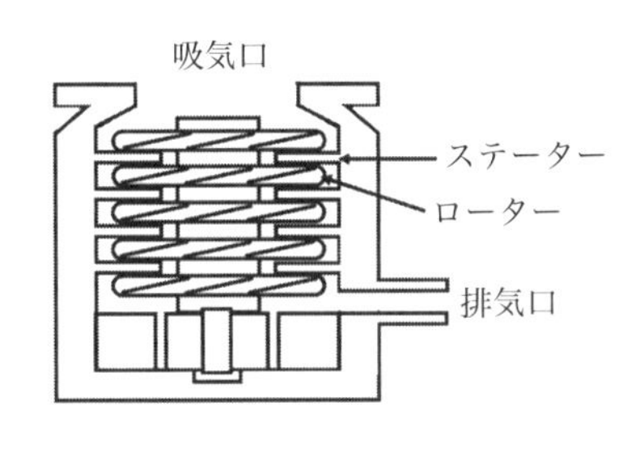

図2　ターボ分子ポンプ

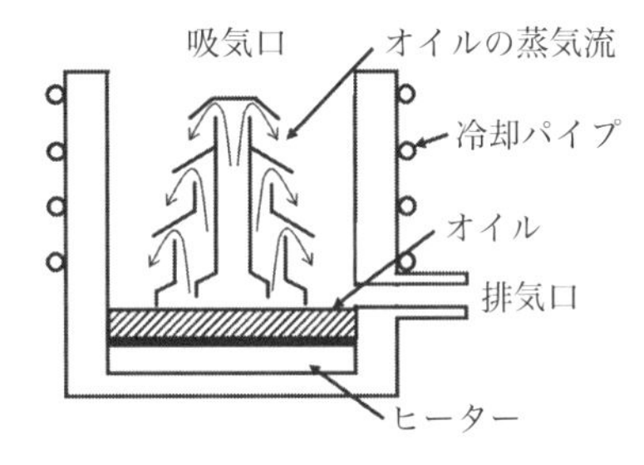

図3　ディフュージョンポンプ

ツ式などがあります）が使用される場合もあります．ポンプの種類にもよりますが，<1〜十数 Pa 程度の到達真空度で主ポンプを排気します．詳細は専門書を参照してください．　[小木曽舜]

* 高速で回転するターボ分子ポンプ（TMP）は，低真空で動作すると，ローター翼や軸受けに負荷がかかるのは間違いありません．ただ，最近のTMPの性能は向上していますので，あまり気にせず，“停止”—“立ち上げ”ができると思いますが，メーカーによってTMPの使用上の注意事項が異なる場合がありますので，メーカーにお問い合わせください．

QUESTION 9

GC/MS と LC/MS の使い分けについて教えてください．

ANSWER

a．GC, GC/MS と LC, LC/MS の適用範囲

GC の測定対象は，一般的にカラム槽の温度が〜350 ℃で気化してカラムから溶出できる熱的に安定な分析種です（「準備・試料導入編」Q2〜4 参照）．アンモニアやギ酸，酢酸などの高極性の分析種は低分子ですが，カラムに吸着しやすく取扱いに注意が必要です．水素結合や配位結合する極性基をもつ分析種は，誘導体化することによりカラムから綺麗に溶出させることができます．長い GC の歴史の中で，カラムやカラム槽の温度耐久性を上げて高温（おおよそ 400 ℃）まで使用できる GC も出現し，高沸点の添加剤や界面活性剤なども測定できるようになりました．分析種の適用範囲を広げる試みは古くから行われています．H.G.Janssen らは，利用できる戦略として，高分子をより小さな分析種に変換する熱分解と熱化学分解，分子の極性を低減する誘導体化，カラムを含めた高温 GC など四つの方法を解説しています（図 1）[1]．

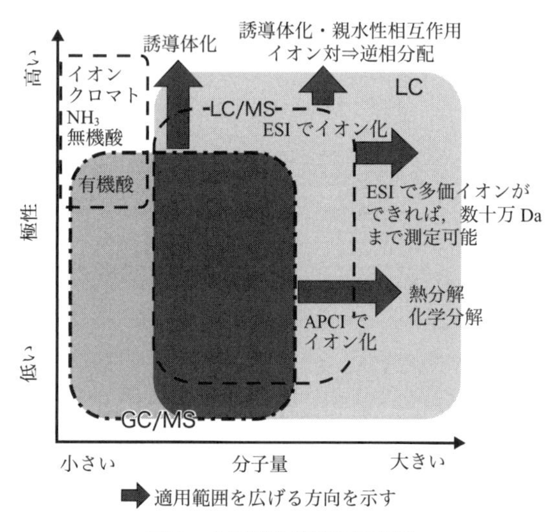

図 1　分析対象範囲の概念図

LC も LC/MS を含めて，様々な開発が行われています．LC は移動相に溶解し固定相に保持さえできれば，大気中のガス成分から合成ポリマーまでほぼすべての成分が分析可能です．ただし，LC/MS での高分子測定は，ペプチドやタンパク質などの多価イオンが得られる化合物は可能ですが，それ以外は，使用される MS の測定可能な質量範囲で制限されます．GC/MS 同様に前処理で化学分解するか，分取後に MALDI で測定するのが一般的です．

また LC はイオン性物質，高極性物質，疎水性物質などの分析種の特性により，固定相と移動相の組み合わせを変えられることが最大の特徴ですが，一方で，これら成分が共存する場合の一斉分析という観点では工夫が必要になります．さらに LC/MS は高極性と無極性の分析種でイオン源の ESI や APCI を使い分ける必要がありますし，移動相の pH や共溶出するマトリックスでイオン化効率が変化します．GC でカラムから溶出されるすべての化合物を再現性よくイオン化できる GC/MS の EI は，分析種の適用範囲は LC/MS に劣りますが，もっとも汎用性の高いイオン化法といえます．

b．GC/MSとLC/MSの使い分け

LC/MSもGC/MS同様に多くのラボに普及してきました．そして，どちらでも測定できる成分が，ほとんどではないでしょうか．分析装置や解析方法，また前処理が進化した現状では，どちらを使うかは非常に奥深い問いです．例えば，食品の官能に関わる味や香りの測定です．香りの測定には，GC/MSを使用するのが一般的ですが，酸化されやすいチオール基をもつ化合物などはLC/MSが使われるようになってきました．糖や有機酸，アミノ酸などの味に関わる分析種の測定は，シリル化によりアミノ基やカルボニル基の極性を軽減すればGC/MSでも難しくありません．除タンパク，脱脂後の抽出物の水溶性画分から水分を除去し，誘導体化（メトキシアミン＋MSTFA試薬）すれば，うま味のアミノ酸，酸味の有機酸，甘味の単糖や二糖，ポリアミンなどが同時にGC/MSで測定できます．注意点は，前処理です．シリル化するためには脱水が不可欠ですが，有機酸やアミンなどの揮発性化合物の一部が飛散するという問題が生じます．

食品中の有害物質，例えば残留農薬やカビ毒などは，高分解能のLC/MSを用いてスクリーニング（一斉分析）を行い，有害物質が検出されたら，GC，GC/MS，LC/MSを用いた個別分析法による精密測定を実施するのが分析のコストダウン戦略になってきています．農薬が使われていない作物を最初から個別の精密分析で検査するのは，処理できる検体数に限定されますし，コストがかかります．このように，どの装置を使用するか，どの分析法を採用するかを考えるときは，コストを含めて目的や検体数，前処理などの全体像を把握すると同時に，GC/MSやLC/MSの特性を加味して判断してください．

キャピラリーカラムは，内径0.25 mm，長さ30 mで，おおよそ10万段の理論段数Nが得られます．LCのカラムも高性能になり2 μmのゲルを充塡すると15 cmのカラムで3万段が得られます．分離性能は「分離・検出編」Q4にあるように，理論段数Nと保持係数kと分離係数（選択性）αによって決まります．GCの方が，Nは若干よいですが，LCでは用いるカラムと移動相によりαを大きくすることが可能ですから，分離能に関しては一長一短かもしれません．分析時間も，移動相の線速度はGCで300 mm s^{-1}，LCで2 mm s^{-1}ですから，カラム内の通過時間はそれぞれ100 s，75 sとなり保持係数kを合わせれば両者で大きな差がないこともわかります．未知成分の同定では，保持指標（RI）や質量スペクトルのライブラリーが充実しているGC/MSが有利かもしれませんが，異味異物の特定では，溶出できずに見落とす可能性の少ないLC/MSが利用される場合が多いでしょう．

公定法は各機関のホームページ上に公開されていますが，食品衛生であれば衛生試験法・注解（日本薬学会編）が役に立ちます．石油・石油化学製品の分析はJISまたはASTMに詳細が記載されています．また，分析対象ごとにGC/MS，LC/MSとその前処理からデータ解析までを詳細に解説した試料分析講座シリーズ（丸善出版）[2]が刊行されていますので参考にしてください．

［津川裕司，古野正浩］

【引用文献】

1）E. Kaal, H. G. Janssen, *J. Chromatogr. A*, **1184**, 43(2008).

2）日本分析化学会 編，試料分析講座シリーズ，丸善出版，https://www.maruzen-publishing.co.jp/info/n19333.html

QUESTION 10

GC-MS を設置する測定室(機器室)にはどのような要件が必要ですか？

ANSWER

装置を安全に正しく使用するためには，実験室の温度・湿度条件，所要電源，高圧ガス容器，ガス配管，配置スペースなどの設置環境を整える必要があります．測定室への設置要件として挙げられるおもな項目を表1で説明します．これらの要件は装置の性能や寿命への影響に対する考慮はもとより，オペレーターの安全を第一としてIEC（国際電気標準会議）規格などの標準規格に基づき製品設計および試験を行ったうえで設置要件を定めています．各メーカーの設置基準も確認してください．

［小木曽舜］

表1　設置要件の例

要件項目	要求例
温度・湿度	・換気がよく温度が安定した部屋に設置する必要があります ・動作保証温度・湿度，性能保証温度・湿度，停止時温度・湿度などの推奨範囲が指定されています．推奨範囲を逸脱すると感度，ベースライン変動の原因となる場合があります
周囲環境	・塵埃，振動，腐食性ガス，電磁ノイズができるだけ少ない環境が望ましいです（例えば腐食性ガスですと，同じ実験室で酸などを用いるその他の装置を使用している場合は注意が必要です） ・高圧ガスを使用するため，十分に換気された場所に設置する必要があります．とくに水素などの可燃性ガスを使用する場合は火気に注意する必要があります．また，可燃性ガス（水素），窒息性ガスを使用する場合や，有害物質を含む試料を測定する場合は安全のため補助ポンプの排気口やGC装置のスプリット/パージベントに排気用チューブを装着し，排気ダクトなどの設備へ接続する必要があります
電源環境	・電気容量（単相AC電圧，電流），電源周波数範囲，接地要件（アース抵抗），ブレーカーなどの電源設備環境について要件が規定されており，実験室によっては電気工事を行う必要があります
所要ガス(種類，圧力範囲，純度)	・例えばGC用のキャリヤーガスであれば通常はヘリウム，あるいは水素，窒素などが使用されますが，そのほかにはCI分析時は試薬ガス（メタン，イソブタンなど），GC/MS/MS装置では衝突ガス（アルゴンなど）が必要となりますし，使用する前処理装置によっては冷却用の窒素ガス，圧縮空気が必要な場合もあります．システム構成に応じて高圧ガス容器などの準備が必要となります
設置スペース，耐荷重，ガス配管と電気接続	・使用する装置の機種（例えばメーカーごと，GC-MSかGC/MS/MS装置かによっても異なります）や前処理装置などオプション類の構成により実験室のレイアウトを検討する必要があります．通常は各メーカーが用意したシステムの設置レイアウト例に基づいて必要なスペース，机の耐荷重を確保します（図1）．そのほかにも，必要な配管の図や電源との接続図などを参照してサービスマンが据付を行います ・メーカーによっては，環境振動（例えば工場の稼働に伴う振動や，周辺道路，鉄道で発生する振動）や地震などの揺れに対する装置の転倒防止策として，装置と設置机を固定するための金具を販売している場合もあります

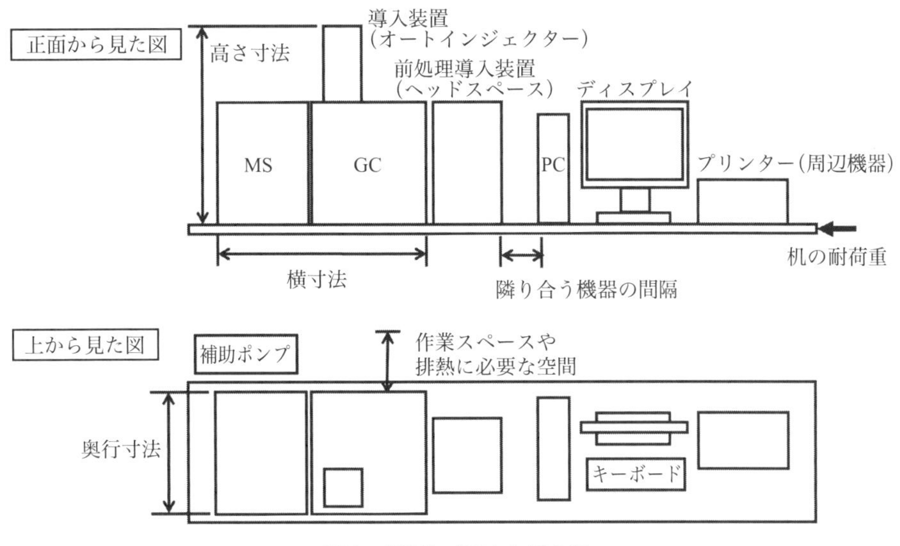

図１　設置レイアウト図の例

ワンポイント 2

GC/MS で用いるキャリヤーガスの純度やガスの各種トラップについて

GC/MS に使用するキャリヤーガスは，ヘリウムや水素の純ガスを使用します．ヘリウムや水素は，低温精製装置で不純物を除去しやすく（精製コストが安い），高純度なガスが入手できます．メーカーによって保証範囲や不純物測定付きなど，いくつかのグレードがあるので確認してから購入するとよいでしょう．純ガス中の不純物で有機物はブランクに，酸素，水はカラムの固定相の分解やバックグラウンドの上昇に影響します．

高純度ボンベを使用しても，室内配管，GC の流量制御部，注入口を経てカラムに導入されるまでの経路は，リークや汚染のリスクが増大する箇所です．室内配管を実施するのであれば，電解研磨（EP）管を用い突合せ溶接での配管をおすすめします．継手が必要な個所は VCR 接続がよいでしょう．装置の入口に付ける精製器やトラップ管，配管などは「準備・試料導入編」Q11〜17，「分離・検出編」の Q36 やメーカーのカタログを参照してください．

図 1 はクリックオンフィルターと呼ばれるトラップ管です．酸素，水，有機物を吸着します．取り付け時の空気の漏れ込みがないようにアルミシールをジョイントの先端で破って接続できる優れものです．しかしこの写真では，金具を斜めに挿入したために，O-リングが裂けてリークが発生しました．リークがないよう，またガスを汚染しないように注意深く配管してください．　［古野正浩］

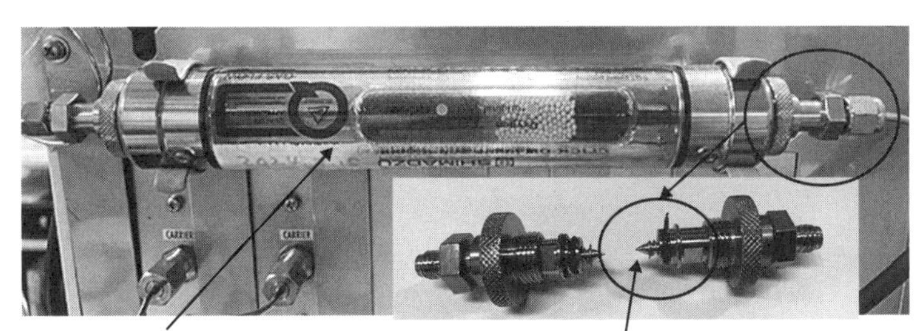

クリックオンフィルター（GC-MS背面に取り付け）　取り付けが悪いと O-リングが破損

図 1　GC-MS 用不純物トラップの例

Question 11

イオン源温度，トランスファーライン温度など，MS の各所温度設定のコツを教えてください．

Answer

GC-MS のインターフェース（トランスファーライン）部の温度設定は重要で，カラムで分離された成分を，吸着や熱による変化をさせることなくスムーズにイオン源に移送する目的で保温されています．トランスファーラインは GC とイオン源の間のインターフェース部に設置されています(図 1 に例を示します)．カラム槽は昇温分析を繰り返し行うと温度が上下しますが，トランスファーラインは一定温度で保温されます．インターフェースはイオン源とほぼ同じ真空になっているので成分の凝縮・吸着は抑制されるため，カラム槽温度とほぼ同じか少し低くても構いませんが，迅速な温度の上げ下げができないので，通常は 250 ℃ 前後（とくに無・微極性シロキサン系カラム）か，カラム最高使用可能温度より 20〜30 ℃ 低い温度に設定することが多いです．

イオン源の温度は，成分は真空下では凝縮・吸着が抑制され揮散しやすいため，クロマトグラムを確認のうえ，トランスファーラインの温度より 20〜30 ℃ 下げても構いません．またイオン源の温度は質量スペクトルに大きな影響を与えますのでフラグメンテーションを抑えたい場合は低めの温度，フラグメンテーションが進んでもよい場合は高めの温度設定になります．

トランスファーラインの温度がカラム槽温度より低いと，分離されてきた成分をカラムの固定相が強く保持してピークのブロードニングが生じることがあります．一方，トランスファーラインを常にカラムの使用可能な最高温度に設定すると，固定相にダメージを与えてバックグラウンドが高くなることがあります．固定相液体（液相）が熱分解すると，吸着活性点になることもあるので注意が必要です．また，繰り返しの昇温分析により，図 1 の破線で囲んだ部分が高温になりカラムのポリイミド層や固定相が劣化することもあるので，必要以上に高温に設定するのは避けた方がよいでしょう．

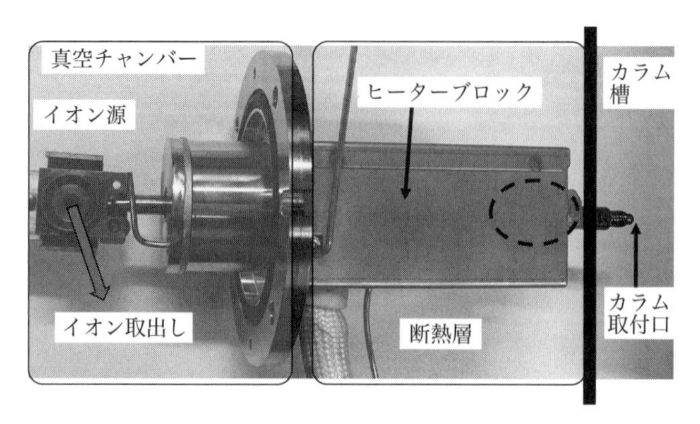

図 1　GC-MS のトランスファーラインの例

高沸点・高極性成分はとくに濃度が低い場合，程度の違いはあるもののカラム（トランスファーライン含む）やイオン源への吸着，高極性成分は場合によっては熱分解等を生じ，それに由来するピークのテーリングを起こします．そのため通常の設定温度よりも高い設定（例えば 300 ℃，場合によっては 350 ℃）を行っても吸着は改善するもののテーリングは完全にはなくならず，また熱分解等が進んで質量スペクトルに変化が生じることがありますので注意が必要です．

トランスファーラインに液相が塗布されていない不活性化溶融シリカキャピラリー管を使用すると，カラム槽温度よりトランスファーラインの温度を 20〜30 ℃ 低く設定することができます．長さ 1〜2 m，内径 0.1〜0.15 mm のカラムをブットコネクター等で接続しますが，最近はこれらが一体成型のカラムも市販されていますのでおすすめです．液相をコーティングしていない不活性化シリカキャピラリー管は，試料が吸着しないかを確認してから使用してください．

なお，質量分離部（四重極形 MS の場合は四重極）あるいはマニホールド*も加温する必要があります．通常はデフォルトの設定か 150 ℃ 前後に設定するとよいでしょう．水分や真空ポンプに吸引されずに残存している成分の排気を促進します．［宿里ひとみ］

* ここでは，質量分離部や検出器を格納している部分を指します．

QUESTION 12

真空を解除せずにカラムを交換する方法を教えてください．

ANSWER

GC-MS のカラムを交換する場合は，その都度各部の温度を下げてから真空を解除し，質量分析部を大気に開放した後にカラムを交換し，また質量分析部の真空引きを行い，温度を上げて，測定可能な状態に戻す必要があります．この一連の操作には短くとも 2〜3 時間かかります．装置によっては半日近くかかることもあり，非常に煩雑であるばかりか，測定業務の効率を著しく落としてしまいます．そこで，真空を解除せずにカラムを交換するいくつかの手法が考案されてきました．その手法はおおよそ以下の三つに分けられます．

① イオン源に直結しているカラムの代わりに，リストリクター（抵抗管）をイオン源につなぎ，抵抗管とカラムをコネクターで接続する単純な方法[1] があります．その例を図 1 に示します．装置のポンプの排気能にもよりますが，抵抗管には内径 0.15 mm，長さ 0.5 m 程度の不活性化した金属製キャピラリー管を用います．抵抗管を用いることで，カラムを取り外して別のカラムを取り付けるまではわずかな空気が MS に入りますが，真空を解除せずにカラムを交換することができます．

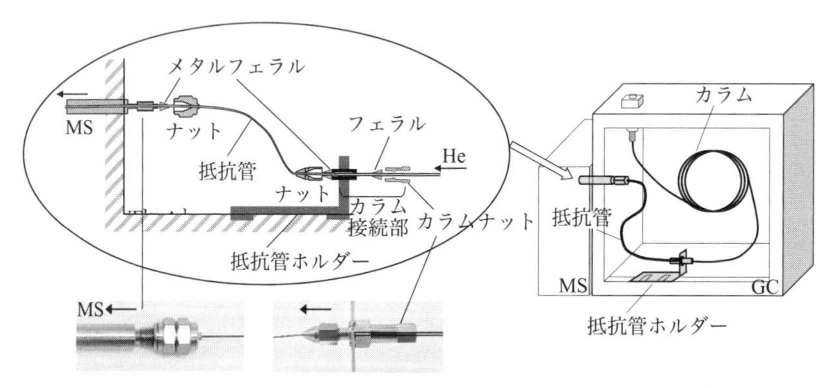

図 1　抵抗管とカラムをコネクターで接続する装置の例

［フロンティア・ラボ ホームページ　https://www.frontier-lab.com/assets/file/products/Vent-free_Adapter_J.pdf］

② 抵抗管をイオン源につなぐのは①と同じですが，カラムとの接続は単にコネクターを用いるのではなく，カラムと抵抗管の接続箇所に，別の流路から流量が電子制御されたヘリウムが供給される構造の装置を使用する方法[2] があります．その例を図 2 に示します．この構造により，カラムを取り外しているときに，その解放された接続口から空気が入り込まないように加圧したヘリウムを供給し，結果として少量のヘリウムが MS に流れるようになります．

③ MS の正面から専用のツールを差し込み，ツール先端に備えられた樹脂によりトランスファーライン先端の穴を内側から塞ぐことで，カラムを外しても空気が MS へ入らずリークを防ぐ方法[3] があります．この方法では，真空を解除せずにカラムの交換ができることに加えて，イオン源の洗

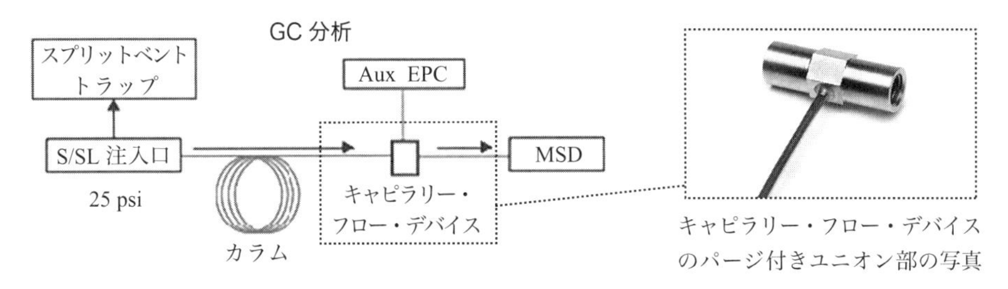

図２　外部流路が組み込まれた流路制御装置を含む GC/MS システム
［S/SL：スプリット / スプリットレス，Aux EPC：補助用電子式圧力調整器，MSD：質量分析計］

浄も行うことができます．

上記①，②の方法は抵抗管を用いる方式で接続箇所が増えるためリークに対する注意が必要です．また，構造由来のデッドボリュームや活性点のため，デリケートな成分に対してはカラムをイオン源に直結した場合と同じ結果が得られるとは限らないことを認識しておく必要があります．③の方法はカラム直結方式なので，この心配はありません．

GC/MS を使用し，カラム交換に対して不便を感じている人は大勢いると思いますが，これらの方式にはそれぞれ長所，欠点，注意すべき点があります．また，コストも異なりますし，手持ちの装置に必ずしも装着できるものばかりではありません．それぞれの事情に合わせて使用する方式を決める，あるいは使用しないことを決めるとよいと思います．　［渡辺 壱］

【引用文献】
1）フロンティア・ラボ ホームページ
https://www.frontier-lab.com/assets/file/products/Vent-free_Adapter_J.pdf
2）アジレント・テクノロジー ホームページ
https://www.chem-agilent.com/contents.php?id=7080
https://www.chem-agilent.com/contents.php?id=1000035
3）サーモフィッシャーサイエンティフィック ホームページ
https://www.thermofisher.com/document-connect/documentconnect.html?url=https://assets.thermofisher.com/TFS-Assets%2FCMD%2Fbrochures%2Fbr-000162-gc-ms-isq-7610-br000162-en.pdf

QUESTION 13

GC-MSのオペレーターにはどのような知識や技能が必要ですか？

ANSWER

GC-MSのオペレーターに求められる知識や技能は，

- GC-MSのオペレーションに必要な基本的な装置の原理と専門用語の理解
- 各メーカーが示している操作およびメンテナンスに関する手順の理解と技能
- 前処理方法に関する知識と技能

などが挙げられます．

一般的にGC-MSのオペレーターは，GC-MSを用いて試料を測定し，得られた結果を解析した後，レポートの作成までを担当します．日常のオペレーションについては，再現性が求められますので，定められた分析条件や手順に従って業務を遂行します．オートチューニング結果の合否判定および真空度を確認後，過去のデータに基づき，標準試料におけるピーク形状や検出感度，分析精度などから今回の分析結果に問題はないかを判断し，問題がある場合はGC部またはMS部の原因箇所を特定しなければいけません．これについては，各GC-MSメーカーは，ピーク形状の悪化や感度低下，空気の漏れ込みなどのトラブルに関する対処方法を取扱説明書などで示しています．オペレーターが対応可能な項目については，メーカーが推奨するメンテナンス手順に従ったGC-MSの保守を行い，日頃よりGC-MSの性能維持が求められます．

次に，研究開発の用途でGC-MSをオペレーションする場合は，上記の知識・技能に加えて，目的とする対象成分の感度や夾雑成分との分離，データの再現性の向上に関して，最適な前処理方法（装置）を選択し，分析カラムを含む詳細なGC/MS条件を設定できる知識・技能が求められます．前処理方法の選択やGC/MS条件検討の前には，① 試料の状態（気体・液体・固体），② 試料の量，③ 分析対象成分の沸点や化学的特性，④ 分析対象成分の濃度，⑤ 分析の妨害となる汚れ（夾雑）成分などを考慮します．ただいえることは，知識や情報が少ない中，やみくもに手探りで検討しても上手く進まない場合が多いということです．そのため，まず初めに，各GC-MSメーカーから発行されているアプリケーションを参考にすることをおすすめします．前処理については，まず手動で検討し，生産性や再現性の向上が必要になった場合にシステム化することも可能です．

オペレーターのスキルアップには，各メーカーや日本分析化学会 ガスクロマトグラフィー研究懇談会が開催するセミナーも有効です．セミナーの修了証書は，技能証明になりますので，保管してください．

［河村和広］

QUESTION 14

GC-MSを起動する場合の注意点を教えてください.

ANSWER

a. 起動前の注意点

GC-MSを起動する前に以下の点を確認しましょう. GCの起動時の注意点については「準備・試料導入編」Q23を参照してください.

- 起動する前に, 使用するガスを選択してください. 高圧ガス容器の元栓を開きキャリヤーガスを供給します. ガスは十分に残っているか確認します. 使用するガス流量×測定時間から消費量を予測しておくと安全です.
- 注入口のインサート, セプタムは推奨使用回数を超えていないか確認します. 超えていれば新しいものに交換します. 交換方法はメーカーのマニュアルに沿って行います.
- カラムが折れていないか, 注入口, MSへのカラム接続の長さは適切か確認します.
- 各接続部にガス漏れがないかリークディテクターを用いて確認をします. 漏れている箇所は, 接続部の増し締めを行います.
- イオン源が汚れていれば洗浄または交換します.
- フィラメントの使用時間を確認し, 消耗していれば交換します.

b. GC-MSの起動手順 (EIの場合)*

最近のGC-MSでは下記の図1の手順を自動で実施するようプログラムされています.

c. 非常停止した場合からの起動

突然の停電, キャリヤーガス供給不足などで装置が非常停止する場合があります. 装置が異常を検知した際は, イオン源の温度を下げ始めます. もしその場合に居合わせていれば, その原因にあわせて対応します. キャリヤーガス供給不足であれば, 高圧ガス容器の交換を行い, 供給が開始されて, 入口圧力が安定したのを確認した後に, イオン源の温度を上げます.

停電に対しては各メーカーで, “真空系の自動復帰” の機能がついており, 10分程度の停電に対しては, とくに対応しなくても電力の回復とともに自動的に装置が起動するようになっています. しかし, 使用しているキャリヤーガスが水素であれば, この “真空系の自動復帰” の機能はオフにしておく必要があるかもしれません. メーカーに確認してください. 非常停止した状態からGC-MSを立ち上げる際には, イオン化室内にロータリーポンプのオイルが逆流していないか, また, 起動する前のチェックポイントを一つずつ確認しながら, 真空系の起動を行ってください.

* CIの場合はマニュアルに従い適宜設定を変更してください.

真空系の起動

リーク弁を閉じ，ロータリーポンプ（予備排気）を起動し，所定の真空度に到達したらターボ分子ポンプを起動します（ディフュージョンポンプの場合はマニュアルを参照してください）.

↓

装置の安定化

安定化に必要な時間（装置のメーカーのマニュアルに記載）待機します．安定化時間は使用する機器，感度により異なります.

↓

真空漏れチェック

水(*m*/*z* 18)，窒素(*m*/*z* 28)，酸素(*m*/*z* 32)のピークをモニタリングし，窒素量，酸素量が十分に減少するまで待ちます．窒素，酸素量が多い場合は，接続部の漏れ込みの可能性があります．注入口，MS部のカラムとの接続箇所の増し締めを行ってください.

↓

分析条件の設定

注入口，検出器，カラム槽温度や，キャリヤーガス流量など分析に使用する条件を装置に設定します.

オートチューニング

島津製作所製 GC-MS では，“定性分析であれば，起動から約 2 時間，定量分析であれば約 4 時間待ってからオートチューニングを実行してください”と記載があります．メーカーのマニュアルに応じて，オートチューニングを行います．結果が良好なら分析を開始します.

図 1　GC-MS の起動手順

d.　その他注意点

- ガス漏れの検出にはリークディテクターを使用します．石鹸液などのガス漏れ検知液はおすすめできません．カラムや MS にその液が吸い込まれ汚染する可能性があります．石鹸液の代わりに，イソプロピルアルコールやアセトンを用いる場合はこれらを塗布して，MS のシグナルをモニタリングしながら漏れ箇所を探します.
- 自動起動の機能がついた装置でも，キャリヤーガスを流し始めたときに入口圧力が安定しない場合は，真空系の起動を行わずに停止します．真空系の起動が終わるまで装置のそばを離れず観察してください.
- キャリヤーガスに水素を使用する際は，各メーカーのマニュアルをよく読んでください．例えば，島津製作所の場合は，真空計が起動した後，MS の前扉のノブを完全に緩める必要があります.
- キャリヤーガスの水素供給源として水素発生装置を使用する場合は，ガス中に含まれる水があるため，真空漏れチェックの際に水のピークが大きく出ます．この場合は，水（*m*/*z* 18），窒素（*m*/*z* 28），校正用標準物質 PFTBA（*m*/*z* 69）のピークをモニタリングします．PFTBA（*m*/*z* 69）のピークより水（*m*/*z* 18）のピークが低くなるまで装置を安定化させます.　　［宿里ひとみ］

QUESTION 15

GC-MS を短期間停止する場合の注意点を教えてください.

ANSWER

a. GC-MS の停止手順

GC-MS の停止手順を下記の図 1 にまとめました.

加熱部の温度を下げる	イオン源，注入口，インターフェース，カラム槽温度を下げます．カラム槽温度が 40～100 °C（キャリヤーガスは止めない），注入口と MS のイオン源，トランスファーラインの温度がおよそ 100 °C 以下になるまで待ちます（イオン源の酸化防止）．

ターボ分子ポンプの停止	真空ポンプを停止します（ディフュージョンポンプの場合はマニュアルを参照してください）．

GC をオフ MS をオフ	キャリヤーガスを止めます．必要であれば高圧ガス容器の元栓を閉じます． GC，MS の電源を切ります． PC の電源を切ります．

図 1　GC-MS の停止手順

b. 注意点

- 注入口や検出器は断熱材に囲まれており，温度が下がるのにカラム槽より時間がかかります．
- カラム槽温度が高いときに決してキャリヤーガスを止めないでください．カラムは高温下で酸素にさらされると劣化の可能性が高まります．

c. 非常停止した場合

停電などによる非常停止が起きた場合，短時間であれば，GC-MS は自動復帰します．真空漏れチェック，オートチューニングを行い，問題なければ分析できます．キャリヤーガスに水素を使用していて，非常停止した場合は，装置の自動復帰は行わないように設定するべきです．水素が漏れている場合，不慮の事故につながる恐れがあるからです．非常停止した状態から GC-MS を立ち上げる際には，イオン化室内にロータリーポンプのオイルが逆流していないか装置の状態を確認してください．また，いつ，問題が起きたのかをソフト上のエラーログを参考にすると，原因をつきとめる手立てとなります．

［宿里ひとみ］

Question 16

GC/MS/MS にはどのような装置構成がありますか？ それぞれの特徴について教えてください.

Answer

GC/MS/MS は定性面でいえば，MS/MS によって得られる各種質量スペクトルから構造解析や化合物の同定にきわめて重要な情報を与え，また検出，定量の面からみればきわめて高選択的で，SN 比の高い検出を可能にします.

MS/MS には原理的にいくつかの測定モードがありますが，詳細は装置構成によって異なります（Q58 参照）. 基本となるのは特定のプリカーサーイオンのみを第一の質量分離部（MS1）で選択し，そのイオンを不活性ガスと衝突させて活性化しフラグメンテーションを起こさせた（衝突誘起解離（collision induced dissociation：CID）または衝突活性化解離（collisionally activated dissociation：CAD））後，生じたプロダクトイオンを第二の質量分離部（MS2）で分離検出する方式です. 装置の形式は空間的に分離した質量分離部（アナライザー）を用いて行われる空間形と，同一の質量分離部内で時間経過とともに連続的にプロダクトイオンの分離検出を行う時間形に分けることが可能です. また，種類の異なる質量分離部を組み合わせて用いる場合はハイブリッド形と呼ぶことがあります. これは空間形として三連四重極（QqQ）形（中央の q は CID を行う場所で四重極，六重極などが用いられるが便宜上 q と表記）が，時間形としては三次元四重極（イオントラップ，IT）形が代表的な形式として挙げられます. 空間形の GC/MS/MS 装置の構成例を図 1 に示します.

MS/MS 装置としてはこの 20〜30 年の間に種々のアナライザーの組み合わせのものが開発，市販され，多くは単独の MS/MS，LC/MS/MS などに用いられてきましたが，GC/MS/MS にも適用されてきました. 一方，GC/MS/MS の分野では最近は広範囲にわたる三連四重極形の普及，イオントラップを用いる時間形の激減，以前は使用例の少なかった異なるアナライザーを組み合わせたハイブリット形の使用の増大が顕著です. この原因はいくつかあるかと思いますが，操作性，定量性，測定精度がより重要視されるようになったことや，質量分離部，とくに飛行時間（TOF）形や各種トラップ形装置の開発・進歩が顕著だったことがあると思われます. GC/MS/MS の分野で現在，使用頻度が高いのは三連四重極形，四重極飛行時間（Q-TOF）形，四重極オービトラップ（Q-オービトラップ）形の 3 種類かと思われます. それぞれの特徴を表 1 にまとめました.

［代島茂樹］

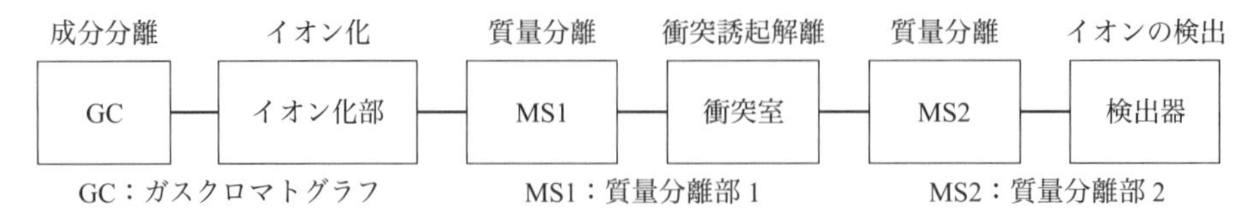

図 1　空間形の GC/MS/MS 装置の構成例

［JIS K 0123(2018)：ガスクロマトグラフィー質量分析通則］

表１　代表的な GC/MS/MS 装置の種類と特徴

MS/MS の種類	特　徴
QqQ	・定性はおもにプロダクトイオン走査，定量はおもに SRM ・シングル MS 相当の Scan も可能 ・プリカーサーイオン走査やコンスタントニュートラルロス走査は QqQ のみで可能 ・相対的に廉価，操作性がよい ・分解能はユニットマス分解能が基本（Q59 参照）
Q-TOF	・TOF は常にスペクトル測定モードで操作，短時間間隔での測定が可能 ・定性は TOF モードあるいはプロダクトイオン走査相当の Q-TOF モード，定量はおもに TOF モード（Q-TOF モードも可能） ・分解能は相対的に高い（FWHM 値），質量精度が高く精密質量が測定可能（Q62 参照）
Q-オービトラップ	・オービトラップは常にスペクトル測定モードで C-トラップと組み合わせて用いる ・定性はおもにオービトラップモード（Scan）あるいはプロダクトイオン走査相当の Q-オービトラップモード（PRM モード）あるいは dd-MS2 モード，定量の測定モードも基本的に定性と同じ，リニアイオントラップとの組み合わせも可 ・測定モードは試料や測定目的で使い分ける，高価 ・高分解能，質量精度が高く精密質量が測定可能（Q63 参照）

［JIS K 0123（2018）：ガスクロマトグラフィー質量分析通則より作成］

Question 17

四重極形 GC/MS と GC/MS/MS の使い分けについて教えてください．

Answer

シングル GC/MS とタンデム GC/MS/MS には種々の形式のアナライザーがあり，本来はそれぞれのもつ特性に合わせた使い分けや適用範囲等を示すことが必要ですが，紙面の制約上，ここではもっとも普及している四重極形，三連四重極形に限定し，また実際の測定頻度がもっとも高い定量分析を中心に説明します．

四重極形 GC/MS 装置では SIM 測定での質量選択性を利用して，選択性の高い検出が可能です．そのため相対的に単純な組成の試料やマトリックスがさほど多くない試料に対し適用されることが多く，感度も比較的高いことから定量分析に威力を発揮します．また，とくに高感度を要求しない測定であれば TIM 測定での定量も可能です．なお，TIM 測定で採取した質量スペクトルはライブラリー検索を利用しやすく定性分析にも有用です．一方，四重極形はユニットマス分解能の装置であり，整数値よりも小さな質量差のイオンを分離検出できません．そのため，試料によっては対象成分と近接した質量の夾雑成分により対象成分の検出が妨害される可能性があります．三連四重極形 GC/MS/MS 装置の SRM では，同じ四重極形で同様にユニットマス分解能であっても，SIM よりも高感度・高選択的な検出が期待できるため，感度や選択性の問題で GC/MS による測定が困難な場合においても適用が可能になります．とくに相対的に複雑な組成の試料やマトリックスを多く含む試料に対し有用で，食品中の残留農薬分析などの複雑な夾雑成分中の極微量分析に用いられます．またプロダクトイオンスペクトルをはじめ構造推定に役立つ情報も得ることが可能です．図 1 に SRM による検出例を示しました．　［野原健太］

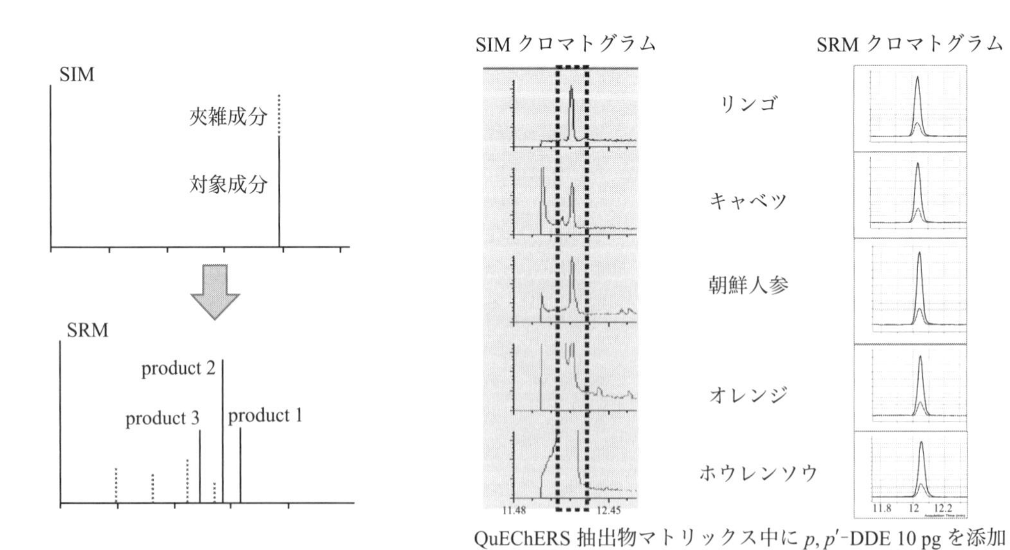

図 1　SRM による選択性向上のイメージ図と食品中残留農薬分析における SIM と SRM の比較

Question 18

高速GC/MSでは，なぜ分析時間を短縮できるのですか？

Answer

高速分析用のGC/MSの明確な定義はありません．一般的にはGC×GCや一秒間に数本以上のシャープなピークが溶出する，高速分析に対応できるGC/MSを指します．

昔は，スピードアップできない主たる理由は，磁場形や四重極形質量分析計のScanスピードに関係していました．最近では高速のデータ採取（サンプリング）が可能なTOF形や，四重極形でもヒステリシスの少ない四重極ロッドや電気回路の性能向上により，高速GC/MSが可能になっています．また，高流量のキャリヤーガスに対応した排気速度の速い真空系も高速化を可能にした要因でしょう[1〜3]．キャピラリーカラムの理論から導かれる分析時間の短縮は「分離・検出編」Q25を参照してください．

キャピラリーカラムを用いたGCの長い分析時間は，ハイスループット分析やリアルタイムモニタリングの制限になりますし，分析種がカラム内で分解したり変性する場合もあります．十分な分離を確保しつつ分析をスピードアップすることが大切です．分析時間は，どちらかといえばGCの昇温速度やキャリヤーガス流速，そしてカラムの課題です．ただし，共溶出する成分はFIDではカラムや温度などの測定条件を工夫して分離するしかありませんが，MSでは分析種固有の*m/z*値が異なれば，重なる成分を測定することが可能になります．また，共溶出するピークを分離するデコンボリューションソフトも，NISTのAMDISをはじめとして，無償（AMDIS，MS-DIAL）/有償（GC Analyzer，MassHunterなど）がリリースされていて（Q92，93，96参照），GC（FID）では得られない高速化が可能になってきました．いずれのソフトウェアも，様々なデータ解析機能がパッケージ化されていますので，目的に合わせて選定してください．

注意点は，分子イオンも同じスペクトルも酷似している分析種，例えばグルコースやマンノースなどの糖類等や，フレーバー・フレグランスの光学異性体などを分離定量するときはカラムでの分離が重要なことです．「分離・検出編」Q25では，分析のスピードと試料負荷容量，分離能はトライアングルの関係にあると解説されていますが，GC/MSではサンプリングスピード（data acquisition）も考慮してください（Q64参照）．また，カラムの試料負荷容量と使用されるMSの感度やダイナミックレンジを知っておくことも大切です．検出下限がMSで，導入できる試料量がカラムの内径で決まります．

ナローボアカラムを用いるGC/MSはQ19で，ワイドボアカラムを用いる低圧GC/MS（low pressure GC/MS，LPGC/MS）はQ20で解説します．

［古野正浩］

【引用文献】

1） J. T. Watson, G. A. Schultz, R. E. Tecklenburg, Jr., J. Allison, *J. Chromatogr.*, **518**, 283(1990).

2） K. Mastovska, S. J. Lehotay, *J. Chromatogr. A*, **1000**, 153(2003).

3） C. Leonard, R. Sacks, *Anal. Chem.*, **71**, 5177(1999).

QUESTION 19

ナローボアカラムを用いた高速 GC/MS の装置構成と特徴を教えてください.

ANSWER

一般的に高速 GC や高速 GC/MS と呼ぶ場合（現時点で“高速”の明確な定義はない）には，ある程度の高分離を維持した状態で高速化をはかることになります．高速 GC の歴史は古く，キャピラリー GC が登場した直後の 1962 年に Desty[1] らは内径をより細くしたキャピラリーカラムによる高速分離の可能性を示し，Giddings[2] はキャピラリーカラムの出口を真空にすることにより高速分離を行っています．高速 GC の原理および理論に関しては 1980 年代までにほぼ確立していましたが，その実用的な運用はナロー（マイクロ）ボアキャピラリーカラム，キャリヤーガスの電子制御，高速昇温が可能なカラム槽などの開発が行われた 1990 年代半ば以降となります．

短いナローボアキャピラリーカラム（長さ：3～10 m，内径：0.1～0.18 mm）を用い，速い線速度で高速昇温を行う手法は，試料負荷容量が減少するものの，分離能を維持したまま高速化することができます．Blumberg らが開発した理論[3] を用いれば，従来のクロマトグラムとほぼ同等の分離能，溶出パターンが得られる高速 GC の条件を容易に算出することができ，従来の分析条件から変換するソフトウェアも各メーカーから提供されています．この場合，GC には，高圧力設定可能（～1200 kPa）な注入口，キャリヤーガスの電子制御，高速昇温などが求められます．

内径 0.1 mm 以下のナローボアキャピラリーカラムは，試料負荷容量が極端に少ないため，複雑な組成の試料や微量成分の分析には向きません．そのため，環境試料中の微量成分分析などでは，内径 0.15～0.18 mm のカラムを用い，試料負荷容量と分離能のバランスを考えた適用例が増えてきています．さらに，キャリヤーガスとして水素を使用する際は，ナローボアキャピラリーカラムを用いた高速 GC/MS 分析が適しています．ナローボアキャピラリーカラムを用いることで，キャリヤーガス流量が少なくなり（1 mL min^{-1} 以下），水素による MS の真空度の低下やイオン化への影響を最小限にすることができます．また，水素のキャリヤーガスは 40 cm s^{-1} 以上の高い線速度においても分離能を維持します．図 1 に，ナローボアカラムと水素のキャリヤーガスを用いたスペアミントオイルの高速 GC/MS 分析例を示します．通常のスペアミントオイルの分析では長さ 30 m，内径 0.25 mm のカラムが使用されますが，長さ 20 m，内径 0.18 mm のナローボアキャピラリーカラムに変更し，さらにキャリヤーガスとして水素を使用することで，良好な分離を維持しながら分析時間を約 2 / 5 に短縮することができます．さらに，キャリヤーガス流量が少なくなることで，水素のキャリヤーガスに起因する感度低下を低減することができます．　［河村和広］

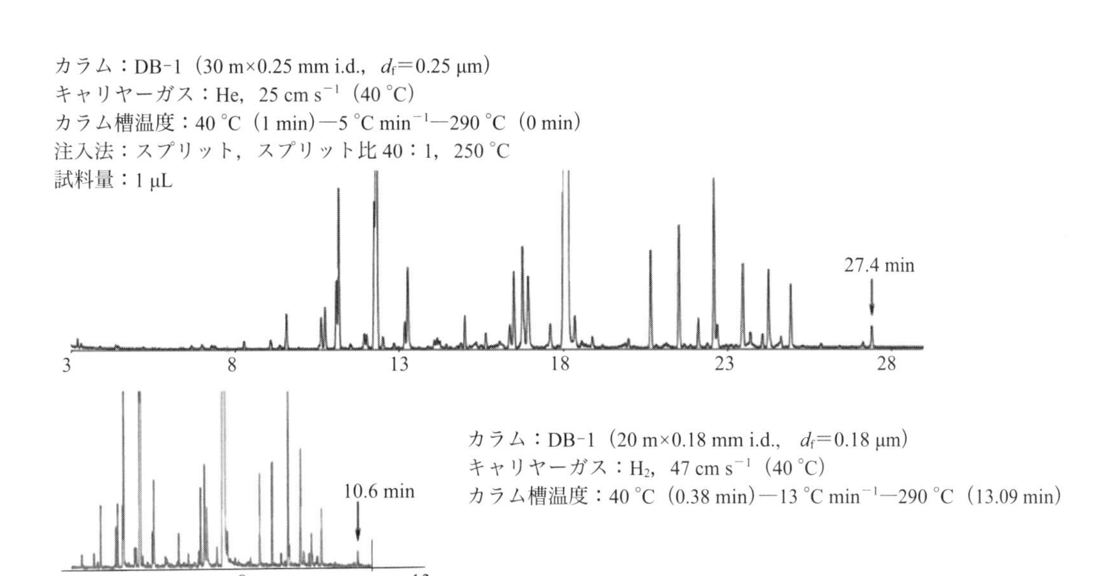

図１　ナローボアカラムと水素のキャリヤーガスを用いたスペアミントオイルの高速 GC/MS 分析例
［日本分析化学会ガスクロマトグラフィー研究懇談会 編，“ガスクロ自由自在 GC, GC/MS の基礎と実用”，丸善出版（2021），p.237 をもとに作成］

【引用文献】

1） N. Brenner, J. E. Callen, M. D. Weis eds., “Gas Chromatography”, Academic Press (1962).
2） J. C. Giddings, *Anal. Chem.*, **34**, 314 (1962).
3） L. M. Blumberg, M. S. Klee, *Anal. Chem.*, **70**, 3828 (1998).

Question 20

ワイドボアキャピラリーカラムを用いた**LPGC/MS（低圧GC/MS）の装置構成と特徴**を教えてください．

Answer

カラム出口を真空にして行うガスクロマトグラフィー（low pressure GC：LPGC，真空GC）のアプリケーションには，通常のガスクロマトグラフィーと比べていくつかの利点があります．その一つは，分析がきわめて高速になることです．これは，内径0.53 mmの短いカラムを標準的なMSで使用することで，線速度が高くなるために実現できます．この概念は，食品マトリックス中の農薬スクリーニングに非常に効果的であることが実証されています．典型的な分析時間は6〜7分で，一般的な条件よりも1/3〜1/4に短縮できます．GC/MSでLPGCを実現するためには，カラムの注入口側に抵抗（リストリクター）を設ける必要があります．さらに，LPGC用に設計された内径0.53 mmのカラムは，液相が塗布された部分と，塗布されていない部分からなり，イオン源までのトランスファーラインは固定相のない部分（integrated transfer line：ITL）が使用されます．固定相がないためシステムの安定化が速くバックグラウンドを低減できます．この最適化されたカラム構成を用いることにより，多くのMSメソッドを高速化できます．

図1は，真空条件がvan Deemter曲線に与える影響を示しています．キャピラリーカラム内の圧力を下げると，気相中の分析種の拡散が速くなるため，van Deemter曲線全体が右にシフトします．この効果は，キャピラリーカラム全体の圧力を下げるとより強くなります．そのため，一般的な内径0.25 mmのカラムより0.53 mmのカラムでこの効果が最も大きくなります．この短いカラム長のワイドボアカラムと高い最適線速度の組み合わせは，分析時間の短縮につながり，高速スクリーニングに適しMSアプリケーションに大きなメリットを提供できます．内径0.53 mm，膜厚5 µmまでのカラムを使用することができ，試料負荷容量に問題はありません．また，線速度が速いた

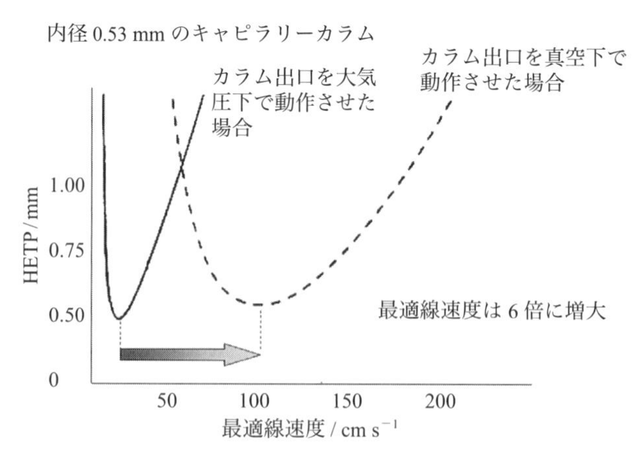

図1　0.53 mm内径カラムを大気圧下および真空条件下においた場合のvan Deemterプロット

め，溶出温度が低くでき，熱に弱い化合物を溶出するのに適しています．さらに溶出温度が低いと固定相のブリードが少ないため，高いSN比を得ることもできます．

10〜15 m×0.53 mm i.d.のキャピラリーカラムを用いたLPGC分離で得られるピーク幅は約2秒で，これはほとんどの質量分析計のデータ採取速度に十分な幅です．LPGCでは，ある程度の効率低下は分析速度と引き換えになっています．15 m×0.53 mm i.d.のキャピラリーカラムは，理論上の理論段数は約3万段となるため，複雑な試料では共溶出が発生します．共溶出する成分が異なるフラグメンテーションを示す限り，それらはMSで分離することができます．異性体化合物が一緒に溶出する場合，固定相の選択性が重要です．Restek社はS. Lehotay（米国農務省）と共同で，LPGC用に最適化したカラムを開発しました．このカラムは，工場出荷時にRtx-5MSをSilTite μ-ユニオン（Trajan Scientific社）でリストリクターと接続しており，トランスファーラインは一体化されています．前述したカラムの入口側に設ける抵抗（リストリクター）は，ここでは標準的な質量分析計もしくは三連四重極形質量分析計で最速の農薬スクリーニングができるように最適化したものについて紹介します．

リストリクターには5 m×0.18 mmのHydroguardチューブを使用しています．流量を制限するだけでなく，この部分はガードカラムとしても機能し，スプリットレス注入を使用する際には適切なフォーカッシングが可能となります．リストリクターが汚染された場合は，最大3 mまでカットできます．それ以上カットすると，電子制御による適切な制御ができなくなります．2 m以下になった場合，SilTite μ-ユニオンと5 m×0.18 mmのHydroguardガードチューブを購入して接続することも可能です．このリストリクターによって流量が決まるので，GCのワークステーションでカラムサイズを設定する際には，5 m×0.18 mmを入力します．

内径の細いリストリクターには，カラムのMS側には固定相がない一体型トランスファーライン（ITL）を有する内径0.53 mmのカラムが接続されます．LPGCでは，内径0.53 mmのカラム内は減圧下となるため，接続部のない一体型トランスファーラインはリークの可能性を軽減します．さらに固定相がない一体型トランスファーラインが存在することで，先に述べた膜厚5 μmまでのカラムの使用が可能となります．カラムの固定相に化学結合形を用い，さらに膜厚を厚くすることは，高い試料負荷容量，不活性，そして堅牢性をもたらします．液相が塗布されたカラムをMSに直接取り付け，カラムをMSイオン源へのトランスファーラインとして使用することは可能ですが，その場合には固定相の膜厚についての条件は異なったものとなります．

基本的に，LPGCという手法は，あらゆるGC/MSアプリケーションの高速化に使用できます．LPGCの重要なアプリケーションは，食品マトリックス中の農薬分析で見出されました．図2は，通常のGC/MSとLPGC/MSを使用した63種類の農薬分析の比較を示しています．30 mカラムで26 minの標準的な実行時間が，LPGC/MSでは3分の1に短縮されました[1]．

高速GC/MSでは各ピークが非常にシャープになることから，十分な感度を保ちながら1ピークあたりに必要なデータ採取点数を得るには，データ取込み時間の速いMSを使用すると有効です．LPGC/MSは，GC/MS/MSにも適応することができます．

GC/MS/MSのSRM（MRM）モードを用いることで，高速化によりGCでピークが重なった場合でも，トランジションで質量分離することができます．

LPGCカラムシステムは堅牢です．ホウレンソウのQuEChERS抽出液を500回スプリットレス

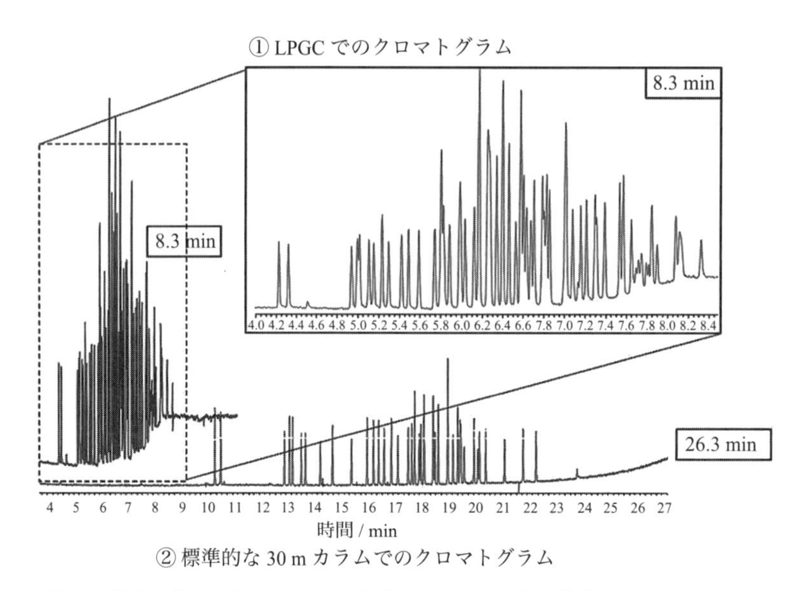

図２　従来のカラムと LPGC/MS を使用した 63 種類の農薬のクロマトグラム

注入し，分離効率に与えた影響を確認しました．この 500 回の注入中にメンテナンスは実施されませんでしたが，*cis*-, *trans*-ペルメトリン間の分離度は，1.00 から 0.96 に低下しただけでした[2]．

最後に，分析時間を最短にするためには，高速昇温プログラムの使用を推奨します．通常は 40〜50 ℃ min^{-1} ですが，昇温速度は使用する装置によって異なりますので注意してください．

［Jaap de Zeeuw，内海 貝，河村和広］

【引用文献】
1） https://www.restek.com/row/pages/chromatogram-view/GC_FS0573
2） https://www.restek.com/row/pages/chromatogram-view/GC_FS0574

QUESTION 21

GC-GC/MSシステムとはなんですか？ どのような特徴がありますか？

ANSWER

1980年代後半に登場したGCの圧力や流量を電子的に制御する技術に加えて，1990年代後半のマイクロフルイディクス技術の進歩により，キャピラリーカラムの2分岐や3分岐コネクター，Deansスイッチ[1)]を行うための各種小型デバイスが開発されたことについては「分離・検出編」ワンポイント10で説明した通りです．このデバイスを用いたハートカット二次元GC/MS（GC-GC/MS）システムの例を三つ紹介します．

a．単一カラム槽のGC-GC/MSシステム

図1にアジレント・テクノロジーが開発したDeansスイッチ用のデバイスであるCFT（Capillary Flow Technology,「分離・検出編」ワンポイント10参照）を使用したGC-GC/MSシステムの概略図を示します．一次元目カラムと二次元目カラムは同一のカラム槽に収納され，カラム1の出口とカラム2の入口の間にDeansスイッチのCFTが入ります．初期状態ではカラム1を出た成分はFIDへと導かれますが，対象のフラクションが溶出する直前でカラム2へ導入し，対象のフラクションが溶出した後にもとの状態に戻すことでハートカット二次元GCを実現します．

図2にこのシステムを用いて二次元GC分析を行った例を示します．この例では3.0〜3.2 minのフラクションを二次元目カラムに導入し，MSで灯油成分中のクマリンを測定しています．

b．LTM-GCを用いたGC-GC/MSシステム

キャピラリーカラムを用いたGC分析では昇温分析を行いますが，単一カラム槽のGC-GC/MSシステムでは二次元目カラムに対象フラクションが導入された時点ではすでにカラム槽温度が高くなっているため，十分な分離を得られないケースがあります．二次元目GCにおいても低温からの昇温分析を行うためには，「分離・検出編」Q47に示したような2台のGCを用いたGC-GC/MS

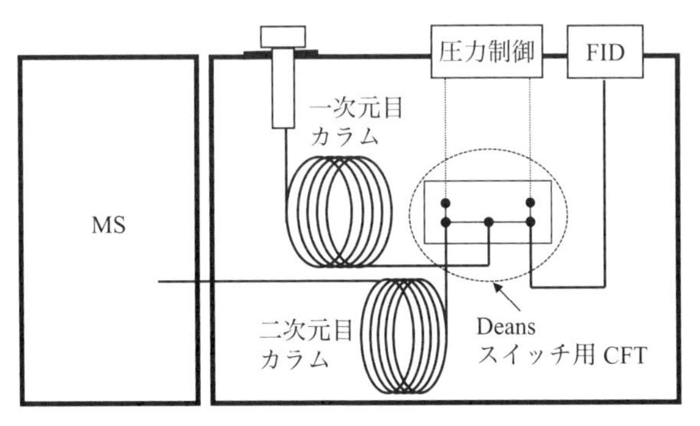

図1　単一カラム槽GC-GC/MSシステムの概略図
［ゲステル 分析展 新技術説明会資料（2008）］

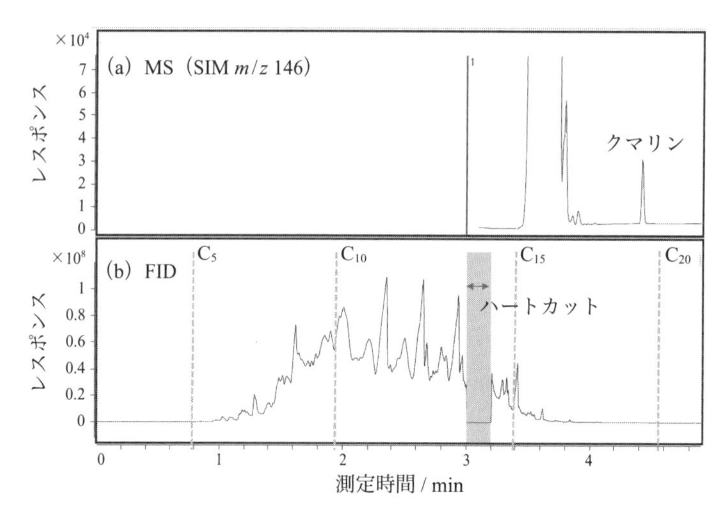

図２　GC-GC/MS システムを用いた灯油中のクマリンの分析例
［アジレント・テクノロジー アプリケーションノート GC-MS-2017020S-001］

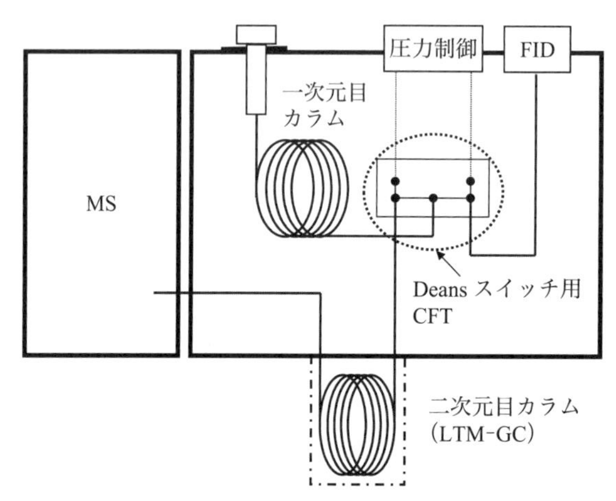

図３　LTM-GC を用いた GC-GC/MS システムの概略図
［ゲステル 分析展 新技術説明会資料（2008）］

システムが必要となり，大がかりで広いスペースを要する専用機が必要になるという課題がありました．

2000 年代に登場した LTM（low thermal mass）-GC 技術を用いることで，1 台の GC においても二次元目 GC の独立温度制御が可能になりました．LTM-GC は専用のスロットに収納されカラム槽の外側に設置されるため，GC-GC/MS システムにおける二次元目 GC として使用することができます．また，カラム初期温度を 40 ℃ 程度の低温に設定可能なため，二次元目 GC においても一次元目 GC とは独立した低温からの昇温分析を行うことができ高分離が期待できます．

一次元目 GC のカラムをカラム槽内に入れ，二次元目 GC に LTM-GC を用いた GC-GC/MS システムの概略図を図 3 に示します．図 4 には，軽油の分析において一次元目 GC の 16.45〜17.0 min のフラクションをハートカットし二次元目のカラム（LTM-GC）に導入し MS で検出した例を示します．二次元目 GC を 40 ℃ からの昇温分析を行うことで，高分離が得られていることがわかります．

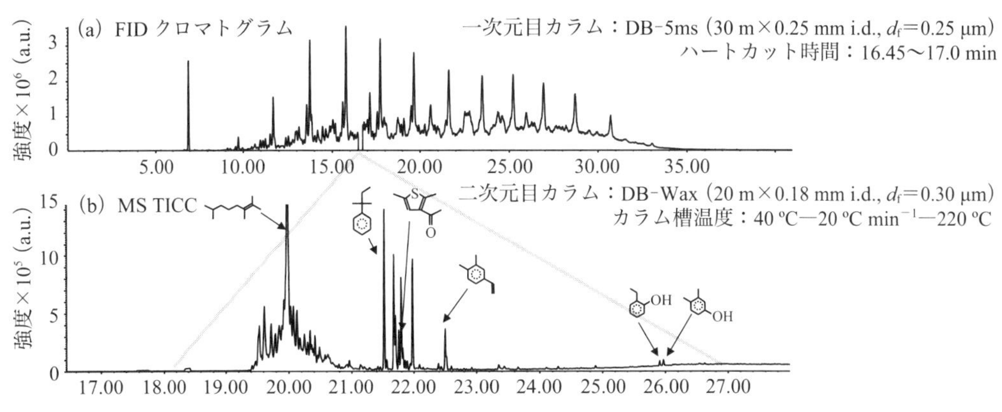

図4　LTM-GCを用いたGC-GC/MSシステムによる軽油の分析例

［ゲステル 分析展 新技術説明会資料 (2008)］

c．LTM-GCを用いた一次元二次元切替GC/MSシステム

Deansスイッチ方式のGC-GC/MS分析においては，通常モニター用の検出器にFIDを用い，目的のフラクションのみを二次元目カラムに導入してMSで検出することが一般的です．2011年に落合らは，一次元目GCのモニター用の検出器と，二次元目GCの検出器に同一のMSを用いて，分析条件の変更のみで一次元GCと二次元GCを切り替える手法を開発しました[2]．この手法では，一次元目カラム，二次元目カラム共にLTM-GCを用いDeansスイッチを応用した特許技術を用いているのが特徴です．

図5に一次元二次元切替GC-O（匂い嗅ぎ）/MSシステムの概略図を示します．また，図6にはビール中の香気成分を分析した例[3]を示します．一次元目GCの9.85〜10.02 minをハートカットし，13 minより二次元目GCの全イオン電流クロマトグラム（TICC）が得られ，10成分以上のピークが分離，検出されています．一次元二次元切替GC/MSシステムにおいては，同一クロマトグラムの前半に一次元目GC/MSシステムのTICC，ハートカット後の後半に二次元目GC/MSシステムのTICCが得られる点が特徴です．

［神田広興］

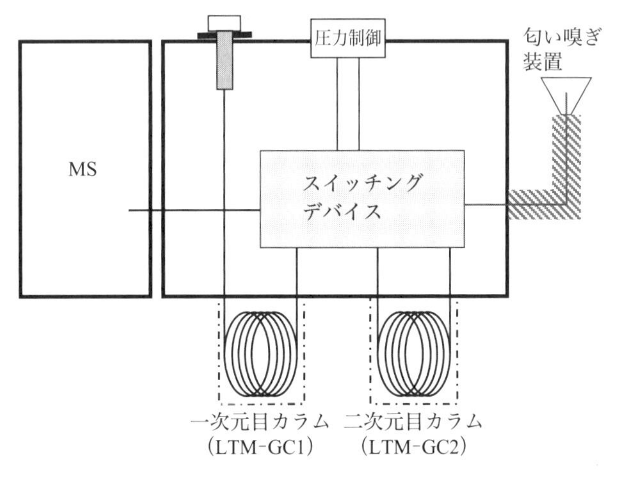

図5　LTM-GCを用いた一次元二次元切替GC-O/MSシステムの概略図

［ゲステル 分析展 新技術説明会資料 (2009)］

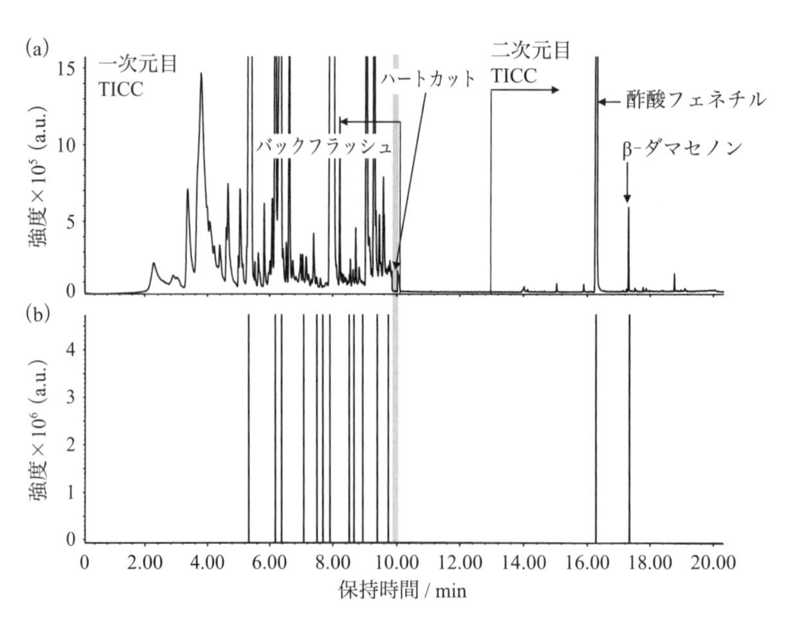

図 6　SBSE-TD 一次元二次元切替 GC-O/MS によるビール中の香気成分分析例

(a) 一次元目，二次元目の全イオン電流クロマトグラム，(b) 一次元目，二次元目の GC-O シグナル，試料量：10 mL，GERSTEL Twister：1 cm×500 μm，SBSE：120 min，一次元目カラム：DB-Wax，二次元目カラム：DB-1，二次元目カラム昇温速度：20 ℃ min^{-1}

［落合伸夫，ジャパンフードサイエンス，**48**，68（2009）］

【引用文献】

1） D. R. Deans, *Chromatographia*, **1**, 19(1968).

2） N. Ochiai, K. Sasamoto, *J. Chromatogr. A*, **1218**, 3180(2011).

3） 落合伸夫，ジャパンフードサイエンス，**48**，64（2009）.

QUESTION 22

GC×GC/MS システムとはなんですか？ どのような特徴がありますか？

ANSWER

GC×GC/MS は，包括的二次元ガスクロマトグラフィー（GC×GC）と質量分析法（MS）を組み合わせた分析手法です．GC×GC は，モジュレーターを介して 2 種類の異なる極性のキャピラリーカラムが直列に接続されたシステムで，溶出する成分の全領域を 2 種類のカラムで分離することから，複雑な混合物を含む試料中の成分を包括的に分離することが可能です．GC×GC では GC の検出器を用いることができますが，MS を用いることにより分離した成分を網羅的に検出することができ，それらの定性および定量を行うことができます．この特徴を活かして，石油化学，環境，香料などの分野で，成分数が多く通常の GC/MS では分離が難しい分析に用いられます．

a. 装置仕様

GC×GC 装置では，1 段目のカラムで分離された化合物はモジュレーターで数秒程度（モジュレーションタイム）の一定間隔で集積されたあと，2 段目のカラムに導入されます（図 1 左）．この集積・導入を繰り返し行うことで得られるクロマトグラムを専用のデータ処理ソフトウェアで二次元に展開することで，それぞれのカラムの分離特性を軸にとるような二次元クロマトグラムが得られます（図 1 右）．二次元クロマトグラムにおいて，各ピークに相当するものはブロブ（brob）と呼ばれ，ブロブの強度が色で表されます．通常，2 段目のカラムでは長さが短く内径の細いナローボアキャピラリーカラムを用いて短時間での分離が行われるため，検出器として使用される MS には通常の GC/MS と比較して高速でのデータ取込みが可能な装置が用いられます．

GC×GC ではモジュレーターが大きな役割を果たしますが，モジュレーション方式にはおもにサーマルモジュレーター形とフローモジュレーター形が採用されています．表 1 に両モジュレーター

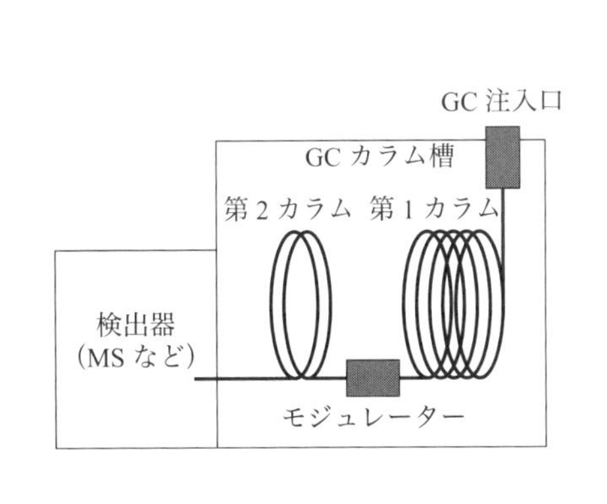

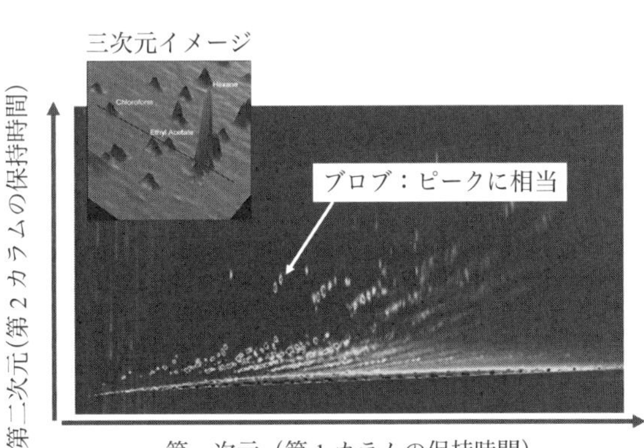

図 1　GC×GC-MS の装置構成（左）と得られる二次元クロマトグラムの例（右）

表1　サーマルモジュレーター形とフローモジュレーター形の違い

	サーマルモジュレーター形	フローモジュレーター形
モジュレーション手法	液体窒素などの冷媒により化合物を保持し，瞬時に加温して第2カラムに導入する	ループに化合物を保持し，モジュレーター内部の圧力勾配を切り替えて，第2カラムに導入する．モジュレーターから第2カラムへの導入方式によりフォワード方式とリバース方式がある
モジュレーション間隔	約6秒	1〜3秒
特　徴	・冷媒で保持しているため，分離性能がよい ・設定可能な条件の幅が広いため，多様な分析に適応できる	・冷媒を使用しないシステムのため，導入コストおよびランニングコストが低い

形の違いを示します．

b．測定条件

GC×GC/MSの典型的な測定条件として，第1カラムに無極性カラム（内径0.25 mm，長さ15〜50 m），第2カラムに極性カラム（内径0.1 mm，長さ1 m）が挙げられます．これらカラムの組み合わせを用いることで，横軸に“沸点”を縦軸に“極性”をそれぞれ軸にとる二次元クロマトグラムを得ることができます．図2に，サーマルモジュレーター形GC×GC/MSによる軽油の測定例を示します．無極性カラムのみでは芳香族炭化水素がパラフィン類と重なってしまいますが，GC×GC/MSで第2カラムに極性カラムを用いることでこれらを分離することができ，化合物の構造を反映したブロブの分布パターンとして検出することができます．　　　　　［河村和広］

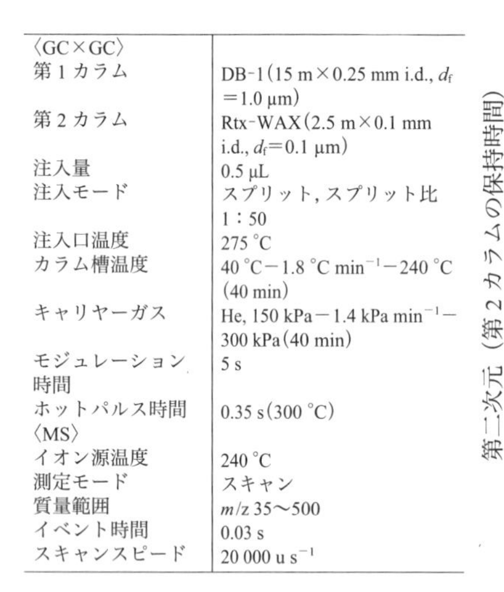

〈GC×GC〉	
第1カラム	DB-1(15 m×0.25 mm i.d., d_f=1.0 μm)
第2カラム	Rtx-WAX(2.5 m×0.1 mm i.d., d_f=0.1 μm)
注入量	0.5 μL
注入モード	スプリット，スプリット比 1：50
注入口温度	275 °C
カラム槽温度	40 °C−1.8 °C min^{-1}−240 °C (40 min)
キャリヤーガス	He, 150 kPa−1.4 kPa min^{-1}−300 kPa(40 min)
モジュレーション時間	5 s
ホットパルス時間	0.35 s(300 °C)
〈MS〉	
イオン源温度	240 °C
測定モード	スキャン
質量範囲	m/z 35〜500
イベント時間	0.03 s
スキャンスピード	20 000 u s^{-1}

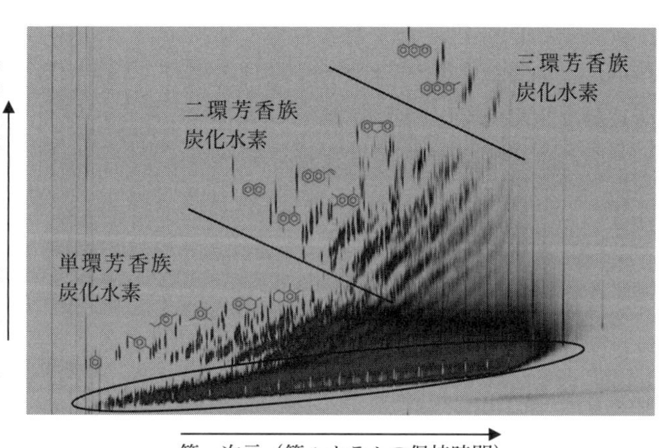

図2　GC×GC-MSによる軽油の測定条件と二次元クロマトグラム

【参考文献】
・L. Mondello ed., “Comprehensive Chromatography in Combination with Mass Spectrometry”, John Wiley & Sons (2011).
・L. Mondello, “GC×GC Handbook Fundamental Princiles of Comprehensive 2D GC”, Shimadzu Corporation (2012).

QUESTION 23

磁場形GC/MS，イオントラップ形GC/MSの現状を教えてください．これらは今でも使われていますか？

ANSWER

現在，磁場形GC/MSの販売実績は，シングル四重極形，三連四重極形，飛行時間形に次ぐ4番手となっています．現在のGC/MSのニーズとして，定性能力や多成分一斉定量分析などデータ採取における速度が要求されるため，より安価で定性，定量に対応可能な四重極形GC/MSに人気が高まるのは自明の理でありますが，少ないながらも安定した販売実績を示している[1]理由は，特定の分析マーケットにおける磁場形GC/MSの確固たるニーズ[2]があるからにほかなりません．

磁場形GC/MSの主流である二重収束形の特徴の一つは検出感度の高さです．実際，現在販売されている二重収束形システムの中には，ごく微量（20 fg）のTCDD（2, 3, 7, 8-テトラクロロジベンゾ-*p*-ジオキシン，ダイオキシンの一種）の検出が可能な装置もあります．また，二重収束形GC/MSのもつ高い質量分解能は，ダイオキシン類の公的な分析方法[3,4]に定められる基準「分解能10 000（10 %谷）」を満たせる数少ないアナライザーと位置付けられ，マトリックス共存下での微量成分の検出に優れる特性と感度の高さがこの分析における標準的な装置であり続けるゆえんです．

イオントラップ形GC/MSについては，現在GC/MSを販売する主要メーカーからの販売は行われてはいません[1]．イオントラップ形の特徴は，コンパクトなアナライザーで，かつ高感度な検出が可能であること，また多段階にイオンの開裂を行う（MS^n）ことができるユニークな特性にありましたが，ユニットマス分解能であることと，三連四重極形のMS/MS分析の処理速度の向上によりシェアを失ったことなどが，販売の低迷を招いた理由となります．一方，イオントラップの技術は現在も高性能GC/MS[5]に生かされており（例えばオービトラップ），その価値が失われたわけではないことを付け加えておきます．

［土屋文彦］

【引用文献】
1）“科学機器年鑑2022年版No.1市場分析編”，アールアンドディ（2022）．
2）S. Kanan, F. Samara, *Trends Environ. Anal. Chem.*, **17**, 1（2018）.
3）JIS K 0312（2020）：工業水・工業廃水中のダイオキシン類の測定方法．
4）JIS K 0311（2020）：排ガス中のダイオキシン類の測定方法．
5）A. C. Peterson, G. C. McAlister, S. T. Quarmby, J. Griep-Raming, J. J. Coon, *Anal. Chem.*, **82**, 8618（2010）.

Question 24

特定のアプリケーションに特化したGC/MSシステムにはどのようなものがありますか？

Answer

各メーカーが販売しているGC/MSシステムには，欧州REACH規制や欧州RoHS指令などの規制に対応するためのものや，ライフサイエンス分野などでの研究開発や品質向上を目的としたものがあります．

a．フタル酸エステル・臭素系難燃剤スクリーニングシステム

欧州RoHS指令では電機電子機器の部品におけるフタル酸エステル類，臭素系難燃剤の使用が規制されています．さらに，RoHS指令で対象となっているフタル酸エステルは欧州REACH規制においても規制物質として指定されています．公定法IEC62321-8はフタル酸エステルの簡便なスクリーニング分析として熱分解（パイロライザー，Py）-GC/MSを用いる方法を定めています．各メーカーからIECの分析法に準拠した分析システムが発売されており，試料中の対象成分の含有濃度や合否判定を簡便に確認することができます．

b．残留農薬分析システム

食品や環境水中の残留農薬について基準値を定める規定が欧米や日本を含む各国で制定されています．例えば日本では，食品中の農薬については食品衛生法に基づいて原則すべての農薬に対して残留基準（一律基準0.01 ppmを含む）が定められており，それを超える食品の流通が禁止されています（ポジティブリスト制度）．数百種類以上の農薬を高感度に一斉分析する必要があり，各メーカーはMS/MSによるSRMモードを活用した分析システムを提供しています．

c．水質VOC分析システム

ベンゼン，ジクロロメタン，トリクロロエチレン等の揮発性有機化合物（VOC）は溶剤や工業原料として使用されています．VOCは環境中で分解されにくいため，一旦流出すると土壌中を浸透して地下水に移行します．VOCによって汚染された地下水は健康被害を引き起こすため各国で上水，排水，環境水に対して水質基準が設定されています．VOCの分析にはヘッドスペース（HS）装置やパージトラップ（P&T）装置を組み合わせたシステムがあります．

d．環境汚染物質分析システム

環境汚染物質の中でもとくに大きな悪影響を動植物に及ぼす残留性有機汚染物質（persistent organic pollutants：POPs）の使用は，残留性有機汚染物質に関するストックホルム条約（POPs条約）により国際的に規制されています．POPsは工業利用の目的で開発されていましたが，環境中に長

く残存して食物連鎖の過程で生物濃縮されることで，広範囲に影響を与えうるため，土壌から食品と多岐に渡る試料で分析対象となっています．POPsにはポリ塩化ビフェニル（polychlorinated biphenyl：PCB），有機塩素系農薬（organochlorine pesticide：OCP），多環芳香族炭化水素（polycyclic aromatic hydrocarbon：PAH），ダイオキシンなどがあり，これらの一斉分析のために選択性が高いGC/MSが使用されています．

e．異臭・匂い分析システム

食品や化成品などの様々な製品で臭気に起因した品質異常が発生しています．ヒトの嗅覚は0.1 pptオーダーの濃度でも感知できるため，複雑なマトリックスの中から異臭原因物質を特定するためには高度な分析技術と，匂いの質や臭気閾値に関する知識や経験が必要です．各メーカーは，過去の異臭問題で特定された原因物質をデータベース化し，迅速に異臭原因を特定できる分析システムを提供しています．また，異臭だけでなくよい匂いを対象とした分析システムも販売されており，食品などの研究開発や品質向上に活用されています．これらの分析システムでは，固相マイクロ抽出（solid phase micro extraction：SPME）や，スターバー抽出（stir bar sorptive extraction：SBSE），monolithic material sorptive extraction（MMSE）などによる前処理とGC/MS分析が組み合わせて使用されます．また，GCに導入された物質をヒトの鼻で検出する匂い嗅ぎ分析法（olfactometry）も併せて使用することで，より正確に匂い物質を特定することができます．

f．代謝物分析システム

生体試料や食品中に存在する代謝物を網羅的に解析する技術をメタボロミクスといいます．メタボロミクスは試料中の糖，有機酸，アミノ酸などの親水性低分子成分を幅広く解析対象とします．難揮発性成分を対象とするためGC/MS分析に供するにはオキシム化，シリル化などの誘導体化反応による前処理が必要です．またデータ解析には複数試料から得たクロマトグラムのデータを扱うために統計学的解析が使われます．各メーカーからは煩雑な作業をサポートする分析システムが提供されています．Scanモードによるノンターゲット分析のみではなく，SRMやSIMモードによるワイドターゲット分析を活用したよりユーザーフレンドリーなシステムもあります．

［谷口百優］

表1　規制対象となっている物質群の例

国内告示法	対象物質群	システム
厚生労働省「GC/MSによる農薬等の一斉試験法（農産物）」	農産物中の残留農薬	GC-MS/MS
厚生労働省「水質基準に関する省令の規定に基づき厚生労働大臣が定める方法」	水道水中のカビ臭原因物質	P&T-GC-MS
環境省「低濃度PCB含有廃棄物に関する測定方法」	廃棄物中のPCB	GC-MS/MS
環境省「水質汚濁に係る環境基準」および同別表1*	環境水中のVOC	HS-GC-MS P&T-GC-MS

* JIS K 0125に定める方法

Question 25

オンライン / オフラインの**前処理装置・前処理導入装置とGC-MSの組み合わせ**にはどのようなものがありますか？

Answer

GCやGC/MSでの分析には，試料から目的化合物を抽出し測定装置に導入する前処理の工程が必要です．オンラインの前処理導入装置はGC-MSと直接接続され，試料が前処理されたと同時にGC-MSに送られ測定が行われます．人の手を介さずに前処理から測定までを行うため，信頼性が高い測定を行うことが可能です．さらに，オートサンプラーも含む場合は，多くの試料を連続して処理することが可能です．一方で，オフラインの前処理装置では試料の前処理のみを行います．前処理された試料は人の手を介して，GC-MSの自動注入装置（オートインジェクター）に乗せる作業などが必要になります．一方で，オフラインの前処理装置では，多くの試料をバッチ処理でまと

表1　代表的なオンライン前処理導入装置の特徴

前処理導入装置	特　徴	参照Q*
液体試料導入装置	・液体試料をマイクロシリンジにより自動でGCに注入する試料導入装置	
ヘッドスペース導入装置	・ヘッドスペース法による試料導入を自動化する前処理装置 ・導入方式としてシリンジ方式，ループ方式，圧力バランス方式がある ・その他，ヘッドスペースガスをTenax等の吸着剤に濃縮する装置もある	Q54
パージトラップ装置	・パージトラップ法による試料導入を自動化する前処理装置 ・高感度測定が可能だが，流路が複雑なため，マトリックスの多い試料や高濃度の試料を測定した際はキャリーオーバーに注意が必要 ・水中の揮発性有機化合物（VOC）の測定に利用されることが多く，水分析専用の前処理装置が市販されている	Q56
加熱脱離装置	・吸着剤が充塡された捕集管に採取した試料成分を自動で加熱脱離してGCに導入する試料導入装置 ・試料の再捕集機能が搭載されている装置もあり，捕集管に採取した試料を複数回測定できる	Q51
熱分解装置	・高分子(ポリマー)を熱分解し，その分解物をGCに導入する試料導入装置 ・試料の加熱方式はおもに加熱炉方式，フィラメント方式，誘導加熱方式がある	Q62
容器採取法(キャニスター)の自動試料導入装置	・容器採取法（キャニスター）による試料導入を自動化する前処理装置 ・おもに大気中のVOC測定に使用される	Q46
多機能型試料導入装置	・1台の前処理装置で，液体試料導入，ヘッドスペース法，固相マイクロ抽出（solid phase micro extraction：SPME）法などの複数の試料導入を行うことができる ・溶液の希釈や誘導体化などの試料調製を行い，GC-MSへの試料導入を行うモデルもある	Q43

*　Q番号は「準備・試料導入編」

めて処理することができます.

なお，使用するシステムによってオンライン・オフラインの定義が異なる場合もあります.

GC/MSとの組み合わせでよく用いられる代表的なオンライン前処理導入装置を表1に示します.各前処理法については，「準備・試料導入編」の各Questionを参照してください.

オフラインの前処理装置としては，液-液抽出装置や固相抽出装置があります．表2にオフライン前処理装置およびその手法の特徴について示します. ［河村和広］

表2　オフライン前処理装置の特徴

前処理装置	特　徴
液-液抽出装置（図1） （liquid-liquid extraction：LLE）	・試料中の目的化合物を特定の溶媒に抽出する前処理装置 ・抽出溶媒として，広範囲の化合物の抽出が可能なジクロロメタンや酢酸エチルがよく用いられる ・試料によってはエマルションが発生する場合があるが，エマルションチェック機能を搭載している装置もある
固相抽出装置（図2） （solid phase extraction：SPE）	・固相を充塡したカートリッジに試料溶液を通すことで目的成分の抽出・精製を行う前処理装置 ・固相抽出は液-液抽出と比較して，有機溶媒使用量が少なく，夾雑成分のクリーンアップ効果が高いというメリットがある ・固相抽出による抽出・精製は，① 目的成分を固相に保持させる方法と② 夾雑成分を保持させる方法がある ・固相としては，無極性相，イオン交換相，極性相などがあり，抽出したい化合物や除去したい夾雑成分の特性から選択する

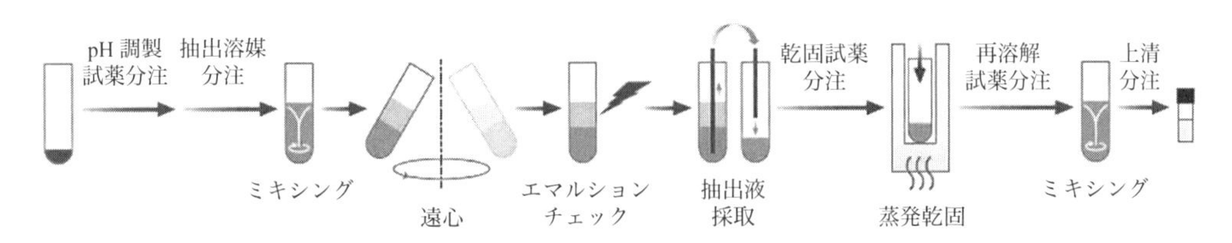

図1　液-液抽出装置による前処理操作の流れ

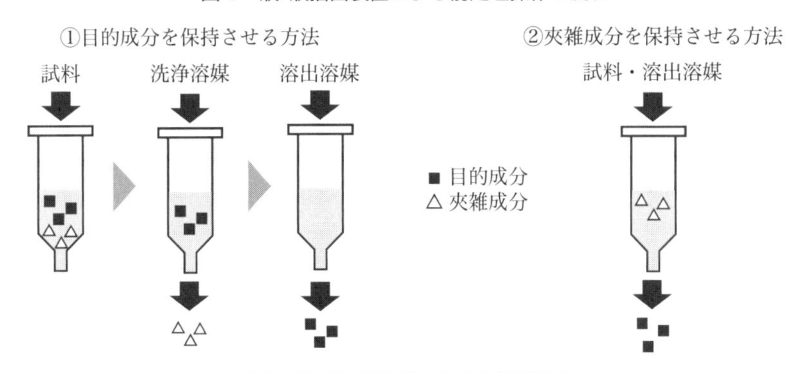

図2　固相抽出装置による前処理操作

【参考文献】
・日本分析化学会ガスクロマトグラフィー研究懇談会 編，“ガスクロ自由自在 GC, GC/MSの基礎と実用”，丸善出版（2021），pp.91-100.

Question 26

GC/MS で**直接導入装置を用いて GC を通さずに測定**することは可能ですか？

Answer

GC/MS では直接導入装置を用いることで，試料を直接 MS に導入して測定することができます．GC を通さずに測定できることから，GC では分析の難しい難揮発性化合物や，熱に不安定な化合物を分析することができます．一方で，GC による分離は行われないため，合成した化合物の確認など，比較的純度の高い試料の測定に用いられます．直接導入装置は，その方式によりいくつかの方法があります．

a．直接導入プローブ（direct insertion probe：DIP）

DIP では，試料を入れた試料カップ（サンプルバイアル）を導入プローブの先端に装着し，MS のプローブ導入口を通してイオン源へと導入します（図 1）．導入プローブの試料カップ保持部を最大 500 ℃程度まで昇温することで試料を強制的に気化させて測定することが可能です．導入プローブは MS の真空を保てる機構になっており，試料を大気圧から真空中へ導入することができます．試料カップはガラス製のものがおもに用いられ，前分析試料のメモリー効果を防ぐために，使い捨てで使用されることが多いです．なお，DIP は装置に標準装備の場合とオプションでの追加（サードパーティ提供も含む）の場合の両者があります．

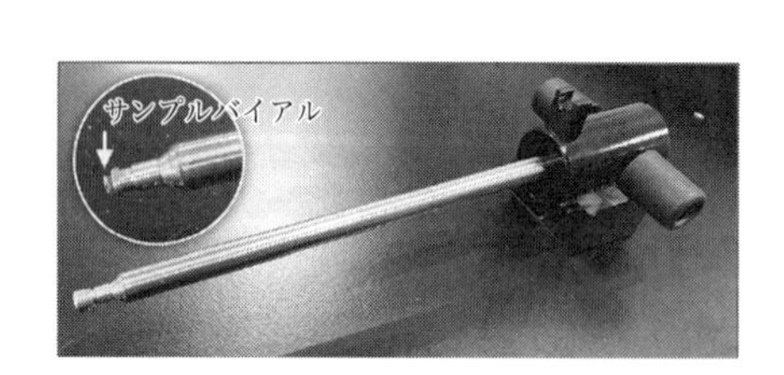

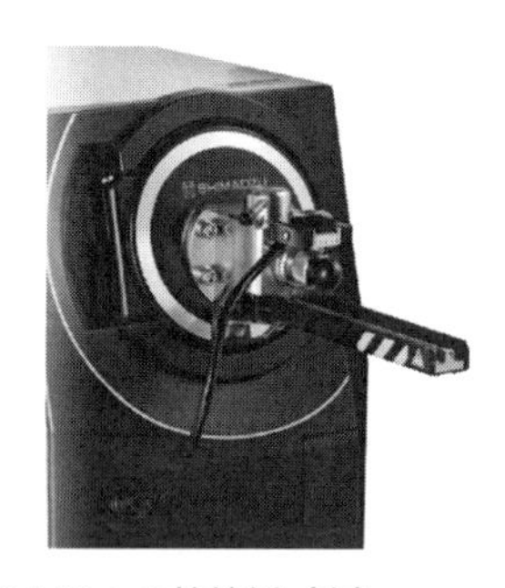

図 1　直接導入プローブ（左）とプローブの MS への接続例（右）

DIP の使用は，イオン化法として電子イオン化（EI）法のほか，化学イオン化（CI）法とも相性のよい方法です．図 2 に，DIP を用いたヌクレオシドであるアデノシンの EI 法および CI 法の一つである SMCI 法の質量スペクトルを示します（SMCI 法については Q33 を参照）．アデノシンは，揮発性の低い高極性化合物ですが，DIP により直接分析することができます．EI 法ではフラグメンテーションの多い質量スペクトルが得られ，SMCI 法では分子質量関連イオンである $[M+H]^+$ を確認することができます．

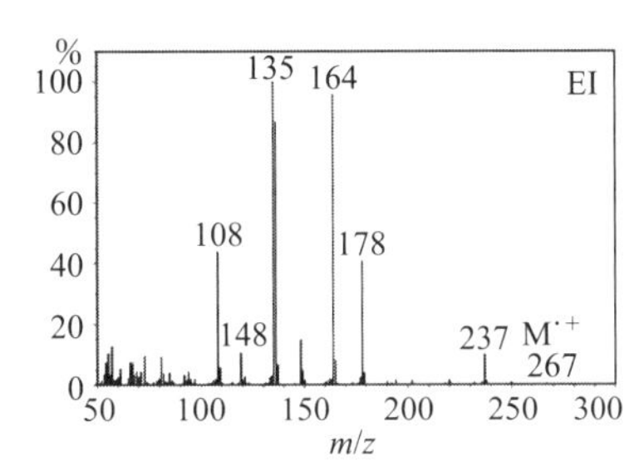

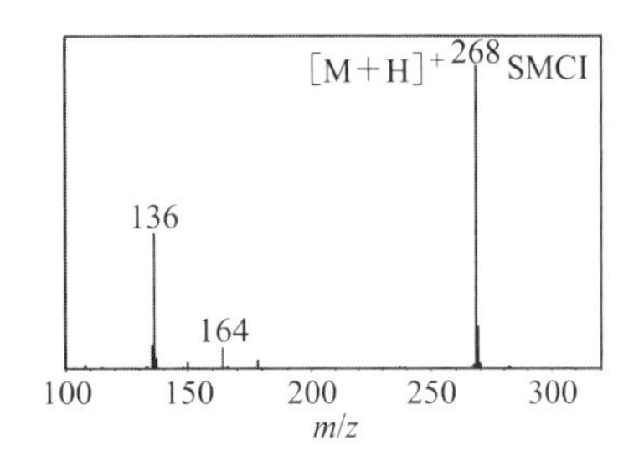

図２　DIP を用いたアデノシンの質量スペクトル（左：EI 法，右：SMCI 法）

b．フラッシュ加熱式直接導入プローブ（direct exposure probe：DEP）

DEP では，試料を溶液または懸濁液の状態でプローブ先端（フィラメント式が多い）に塗布し乾燥後，イオン源へと導入します．DEP は熱分解しやすい化合物に効果的な場合が多く，これは急速加熱によりその化合物の分解速度よりも蒸発速度が勝ることに起因します．加熱速度は装置にもよりますが最大で 1000 ℃ s^{-1} レベルです．なお，本手法には，試料にイオン化のための電子ビーム等を直接照射することもあり，その場合はインビーム法と呼ばれます．

c．リザーバー試料導入系

揮発性の高い試料はリザーバー試料導入系が用いられます．リザーバー試料導入系は，MS のチューニングに使用するペルフルオロトリブチルアミン（perfluorotributylamine：PFTBA）などをイオン源へ導入するために装置に備わっていますので，目的の試料を入れたリザーバーを装着して測定を行います．

d．その他

プローブを用いて試料を直接イオン源に導入するのには相当しませんが，パイロライザーを用いて試料を気化させ（熱脱離や熱抽出の場合もある），それを不活性のキャピラリーを通してイオン源に導き測定する方法もあります．基本的には発生ガス分析（EGA）と同じ装置構成になります（EGA は熱分解の場合も多い）がこれも GC を通さず直接的に測定する方法の一つと考えることができます．これを模式的に示すと図３のようになります．なお，固定装着型のパイロライザーではなく，GC の注入口よりニードルを刺して試料導入を行うインジェクタータイプの簡易的なパイロライザーも製品化されています．

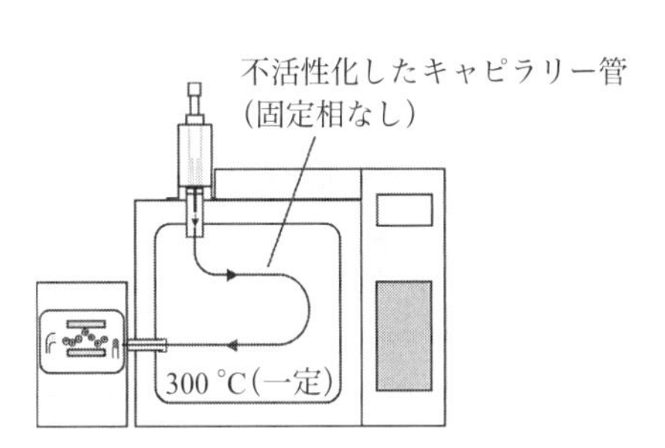

図３　パイロライザーを利用した直接導入測定（EGA 相当）の例

［河村和広］

Question 27

ポータブルGC/MSと可搬型GC/MSの現状について教えてください.

Answer

現場分析（オンサイト分析）で一定期間測定を行うには実験室の機能を備えたコンテナラボや車載ラボ等を用いますが，刻一刻と変化する環境中の汚染物質の実態把握では試料採取と輸送による時間の遅れと試料の変質等を防ぎ，迅速性と精度の高い測定も求められます．ポータブル，可搬型（トランスポータブル）GC/MSは素早い起動が可能で，操作も簡単で分析技術者でなくても現場ですぐに結果を得ることができます．バッテリー駆動か商用電源使用か，キャリヤーガス供給を内蔵しているか否か，操作にラップトップPCを使うか否か程度の違いがありますが，多くは分析目的に応じた分析条件をあらかじめセットしてから持ち出して使用し，現場でカラム交換は行いません．おもな利用分野は環境中の有害化学物質の検出，廃棄物による汚染実態の測定と対策，工場の排ガス測定や異常確認，爆発物検知，麻薬や化学兵器対策等です．

単体のGC/MSを現場に持ち出して測定する要求を最初に実現したのは，NASAの火星探査で開発された技術を移転し設立したViking社が1991年に市場に出したSpectraTrakです．MS本体（Hewlett Packard社の5972MSD）とIBMのPC（OSはWindows 3.1），GCはキャピラリーカラム使用で昇温分析可，試料導入はスプリット/スプリットレス，オンカラム注入とSPMEの使用等ラボ用の機能すべてを耐震ハードケースに収納し，電源投入後15分で測定開始できました．オプションでパージトラップや加熱脱離装置があり，MSのスペックを落としたバッテリー駆動形もありました．本体は60 kg，外付けロータリーポンプ18 kgでワゴン車で運搬可能でしたが，Bruker社に引き継がれ販売終了しました．また，現在は販売されていませんが，振動防止台上に設置しラボ用GC/MSの機能をすべて備えたアジレント・テクノロジーの5975Tがありました．

現在はFLIR Systems社のGriffin G400シリーズがあります．小型イオントラップ形MSで*m/z* 425まで，MS/MSも可能です．試料導入はメンブレンセパレーターを介してMSに直接入れVOCを測定するサーベイモードと，装置内の濃縮管で濃縮後加熱回収する方法のほか，通常のキャピラリーカラム用注入口からマイクロシリンジまたはSPMEを用いてカラムに注入する方法があります．ヘッドスペースサンプリング装置（HS）やパージトラップ装置（PT）もあり，操作は外付けのラップトップPCで行い，本体は35～45 kg，電源投入後30分以内で測定開始できます．Bruker社の小型四重極形MSにメンブレンセパレーターを備えたE^2Mと過酷環境で使えるMM2があります．通常のGCのほか，プローブ先端を加熱して試料中の有機物を気化しプローブ内のキャピラリーカラムで簡単な予備分離をした後，MSで測定するサーベイモードがあります．

最初の携帯可能なGC/MSは，INFICON社のHAPSITEで1996年に市場に出ました．バッテリー駆動，小型四重極形MSで，*m/z* 300まで，キャピラリーカラムで恒温分析し重量は16 kgでした．あらかじめ外部の真空ポンプでMSの部分を真空にしておき，キャリヤーガスにプッシュ缶から供給する窒素を用いてMSの後段にゲッター材を置き真空を維持し，電源投入後10分程度で測定できました．MSのインターフェースにメンブレンセパレーターを使用して試料を吸引ポンプでMSに直接導入しVOCを検知するサーベイモードがあり，VOCを検知したらカラムに試料導入して分離，個々の成分を測定するという方式を最初に開発しました．2002年にトラップを設けて濃縮・加熱脱離を行い，カラムを直接加熱する昇温分析（Fast GCの技術）を可能として短時間で高感度分析を可能としました．オプションでヘッドスペースサンプリング装置，パージトラップ装置があり，現場で定性・定量が迅速に行えます．現在はHAPSITE ERです．

2008年にTrion社がGUARDION-7を市場に出し，小型のイオントラップ形MSを開発して *m/z* 500まで，小型容器からキャリヤーガス（He）を供給し昇温分析するGCを組み込みました（図1）．小型のターボ分子ポンプを内蔵し真空を維持します．試料導入はSPMEで重量は約13 kgでした．現在はPerkinElmer社がTrion T-9，Smiths Detection社がGUARDIONとして販売しています．電源投入後5分で準備完了しFast GCの技術を使い分析時間は数分です．

2017年にはFLIR Systems社がGriffin G510を市場に出しました．小型の四重極形MSは *m/z* 515まででFast GCの技術を用いています．HAPSITEと同様にサーベイモードを備えています．防塵・防滴筐体にすべてのユーティリティを内蔵して重量は約16 kgです．

これら3機種は制御部，データ処理と表示やユーティリティを内蔵しており移動しながら測定できます．米国国土安全保障省が評価報告を公開しており参考になります[1)]．MSを小型化してイオンの移動距離を短くすると高真空が不要となり真空系が簡単になります．MSの小型化に関する技術は質量分析学会誌のレビューが参考になります[2)]．ポータブルGCについては「準備・試料導入編」Q7を参照ください．

［前田恒昭］

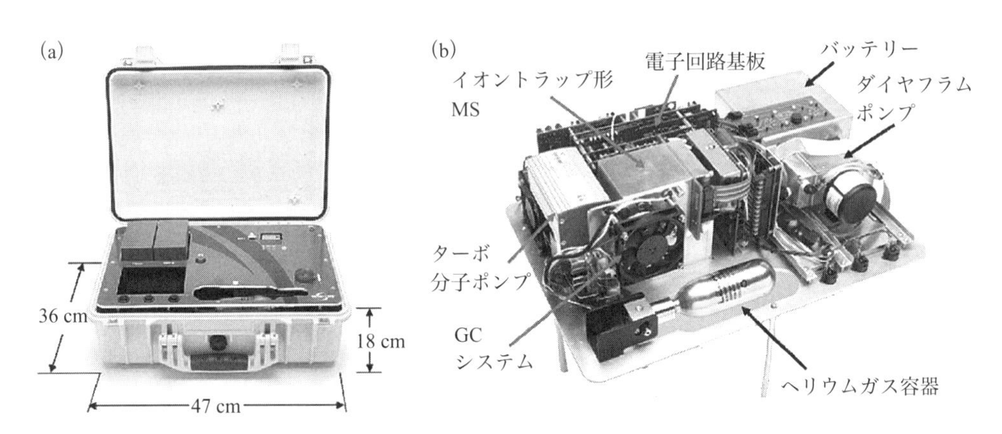

図1　携帯形GC/MS（Trion GUARDION-7）

(a) 外観，(b) 内部構造

カラム長：5 m，カラム槽温度：250 °Cまで昇温，キャリヤーガス：He，検出器：イオントラップ形MS（*m/z* 範囲：50〜442），試料導入：SPME，検出感度：0.1 ppb（ブチルベンゼン），重量：13 kg，バッテリー駆動．

［J. A. Contreras *et al.*, *J. Am. Soc. Mass. Spectrom.*, **19**, 1432 (2008)］

【引用文献】

1） NUSTL U.S. Department of Homeland Security, “Field Portable Gas Chromatograph Mass Spectrometers Assessment Report” (2020).

2） 能美 隆，宮岸哲也，*J. Mass Spectrom. Soc. Jpn.*, **51**, 54 (2003).

Question 28

イオンモビリティー検出器（IMD），イオンモビリティー分光計（IMS）について教えてください．GC/IMS-MSについても教えてください．

Answer

イオンモビリティー検出器は気相中で静電場におかれたイオンの移動速度がイオンの衝突断面積により異なることを利用して検出します．イオンモビリティー分光計には時間分散，空間分散，選択的放出による閉じ込め（トラップ）等の方式があります．時間分散は真空中では飛行時間形質量分析計（TOFMS）の方式と類似しています．移動度の差を利用して生成したイオン中の目的成分のみを検出するイオンモビリティー検出器（ion mobility detector：IMD）と，TOFMSのように移動時間を横軸にとりスペクトルを検出するイオンモビリテイー分光計（ion mobility spectrometer：IMS）の2種類があります．1970年にCohenとKarasekがプラズマクロマトグラフィーと名付けGC/IMS-MSを紹介した当初は，質量分析計のための大気圧イオン化と予備分離に利用されました[1]．その後単独でVOC検出器として利用されるようになり，真空を必要とせず簡便であるという特徴があります．LC/MSの予備分離に有効性が認められ高分子量の物質やキラル化合物分析等への利用で復活し，IMS-MSに接続できる装置はLCに限らないのでGCでも使えるIMS-MSが増えています．

時間分散を利用するドリフトチューブ形IMDの概要を簡単に紹介します．大気圧の窒素または空気の雰囲気下で電位勾配をつけたドリフトチューブ内にイオン化した分子を入れ，イオン断面積により異なる移動度を利用して分離します．イオン源には^{63}Ni（β線），UVランプやコロナ放電などを用います．イオン化反応は複雑で，おもに下記の反応で説明されます．窒素イオンと電子から生じる反応イオンが試料成分分子とイオン/分子反応により二次イオン（正イオンと負イオン）を生じます．イオンゲートを開くと同時に，反応イオンとともに生成した二次イオンが電位勾配をつけたドリフトチューブ内をイオン断面積に応じた移送速度で移動し，ファラデープレート（電極）に達した順に検出されます．移動距離は数cm，移動時間はms領域と高速です（図1(a)）．質量依存の検出器です．

正イオン：$(H_2O)_nH^+ + M \longrightarrow nH_2O + MH^+$

負イオン：$(H_2O)_nO_2^- + M \longrightarrow nH_2O + O_2 + M^-$

M：試料分子，$(H_2O)_nH^+$, $(H_2O)_nO_2^-$：反応イオンの例

ドリフトチューブ内にはドリフトガスとして窒素を流し，これに含まれている微量の水と酸素をイオン化反応に用います．検出下限はトルエンで20フェムトモル(fmol) s^{-1}程度，直線範囲は1～3桁程度です．高速で高感度かつ小型であるメリットを活かしてハンディ形や携帯形として検出器単独で用いる装置が多く，フィールドで化学兵器検知や空港での爆発物，麻薬などの検出に用いられています．民生用途では環境，プロセスガス，食品中の揮発性有機化合物，シロキサン，硫黄化合物などの分析に用いられており，単独またはカラムによる予備分離を組み合わせて用いられてい

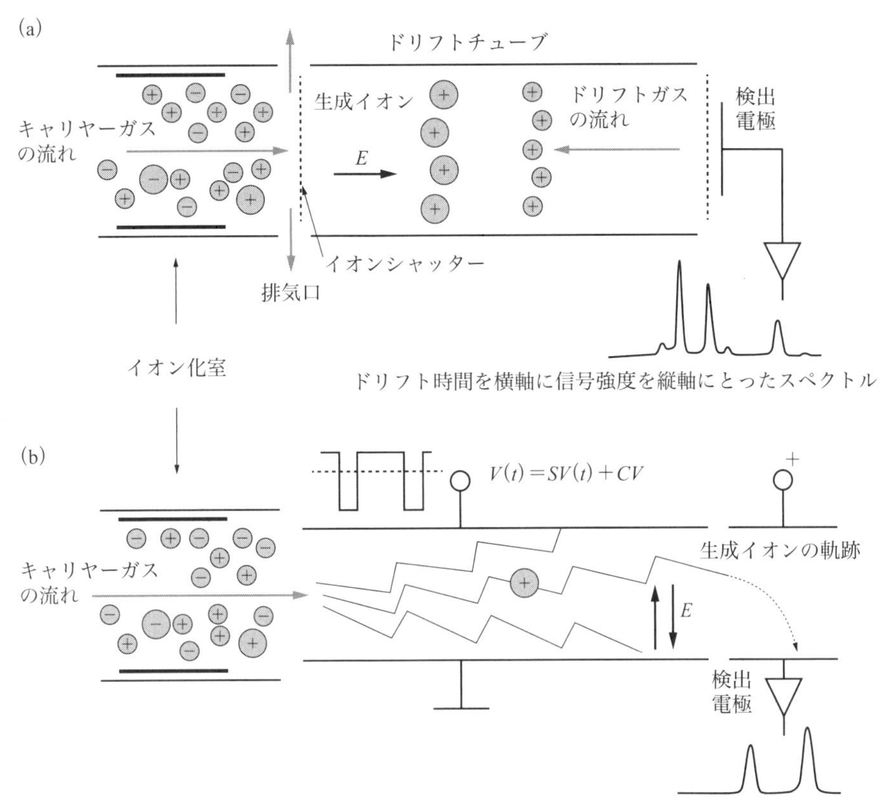

図１　代表的なIMDとIMSの模式図

(a) ドリフトチューブ形IMD，(b) FAIMS（DMS），時間平均が0になる非対称の分散電圧 *SV* を印加，移動度が電場依存性がないイオンのみ検出電極に到達する．補償電圧を変えると通過するイオンが変わる．*E*：電場の向き，*V*：印加電圧（DMS内），*SV*：分散電圧，*CV*：補償電圧

［Z. Witkiewicz, M. Maziejuk, J. Puton, E. Budzy, *Spectroscopy*, **15**, 24（2017）］

ます．

空間分散を利用するIMSには2種類の方式があります．相対した電極間に非対称の高周波と補償電圧を印加し，補償電圧の変化で特有の分子イオンのスペクトルを得る field asymmetric ion mobility spectrometry（FAIMS），differential mobility spectrometry（DMS）の原理に基づく検出器が開発されました（図1(b)）．ドリフトガスは不要でMSの前段にフィルターとして利用されていますが，単独のGC用検出器としても利用されています．MEMS技術を利用した小型の検出器も開発され，有機化合物全般の汎用検出器としての有効性が認められてスペクトルデータの蓄積と利用が進んでいます．フィルター形は differential mobility analyzer（DMA）と呼ばれ，大流量のドリフトガスに対し直交した電場を印加し，この中を進むイオンの軌道が異なることを利用して検出します．この方式はエアロゾルの粒径を分別して検出するために用いられています．

LC/IMS-MSでおもに用いられているトラップの方式は，ガスの流れに逆らってイオンをトラップするために移動する空間に沿って強度が高まっていく電界を採用するWaters社の travelling wave ion mobility spectrometry（TWIMS），ドリフトガスの流れの中で移動を止める電場を設けて閉じ込めるBruker社の trapped ion mobility spectrometry（TIMS）があります．GC/IMS-MSにも用いられ，トラップしたイオンを順次検出していくので選択性が向上します．

気相移動度について詳しく学びたい方は質量分析学会誌のレビューが参考になります[2)]．GC の検出器としての歴史や IMS の応用について詳しく知りたい方は引用文献 3）と 4）が参考になります．

［前田恒昭］

【引用文献】

1） M. J. Cohen, F. W. Karasek, *J. Chromatogr. Sci*., **8**, 330（1970）.

2） 菅井俊樹，*J. Mass Spectrom. Soc. Jpn*., **58**, 47（2010）.

3） A. B. Kanu, H. H. Hill, Jr., *J. Chromatogr. A*, **1177**, 12（2008）.

4） J. N. Dodds, E. S. Baker, *J. Am. Soc. Mass Spectrom*., **30**, 2185（2019）.

GC/MS 実践編

QUESTION 29

電子イオン化（EI）の電子加速電圧について教えてください.

ANSWER

電子イオン化（EI：electron ionization）法は，GC/MS のもっとも一般的なイオン化法で，その利用は 20 世紀前半まで遡ります．希薄なガス状態（真空下）にあるイオン源で，カラムから溶出された成分にフィラメントから出て電極で加速された数十 eV のエネルギーをもつ電子を照射しイオン化させます．気相にある中性の分析種を高いエネルギーをもった電子で撃つことから，昔は電子衝撃イオン化（electron impact ionization）と呼ばれていました[1]が，電子と分子の質量の差が大きく，また，イオン化とフラグメンテーションは運動エネルギーの授受だけではないので，衝撃や衝突という表現はされなくなりました.

a. イオン化室とイオン化電圧(電子加速電圧：electron accelerating voltage)

成分のイオン化エネルギーは，基底状態にある孤立した原子や分子から 1 個の電子を無限に遠くに引き離すのに要するエネルギーと定義されています．そして EI におけるイオン化電圧は電子を加速するために印加する電圧であり，加速された電子のエネルギーは，通常，電子を加速する際の電位差と電気素量の積として電子ボルト（eV）単位で示されます.

フィラメントは，図 1 のフィラメント電流で赤熱されます．真空中で両端の電極部は伝熱で冷やされ，フィラメントの中央部分の温度が高くなります．フィラメントのもっとも温度の高い箇所から，熱電子が放出されますが，放出された熱電子は磁場とイオン化室のスリットにより束ねられて，イオン化室に導入されます．キャピラリーカラムから溶出してきた成分をイオン化した熱電子の束は，イオン化室を出て対極（最近の GC/MS では，反対側のフィラメント）に到達します．この熱電子の流れをエミッション電流（流れの向きは，電子と反対です）といいます．フィラメントと接地間にかける電圧がイオン化電圧になり，電子を加速してエネルギーを与えます．図 2 にコイル状フィラメントの例を示します.

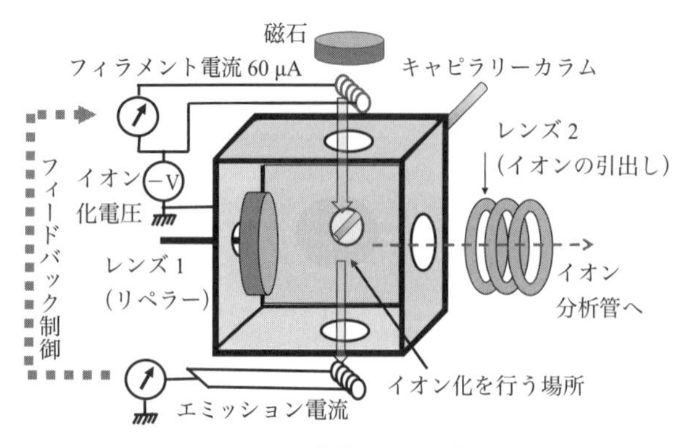

図 1　イオン化室とイオン化電圧

図 2　フィラメント（島津製作所製）

カラムから溶出してきた成分に熱電子が作用してイオン化するとき，イオンの生成確率を面積の単位で表した測度をイオン化断面積（ionization cross section）といいます．イオンの生成確率はMSの感度を決定する重要な要素の一つです．手短にイオンの生成量を増やすには，熱電子の数を増やせばよく，そのためにはフィラメント電流を増大すればよいことになりますが，フィラメントが熱膨張して変形することがありますので注意してください．イオンの発生量を安定化する目的で，エミッション電流を計測して，フィラメント電流にフィードバックする制御も行われています．

b．電子加速電圧の設定

フィラメントから放出された熱電子により生成した正の分子イオンラジカルは，電子的に余剰なエネルギーをもつ励起状態にあるため，開裂や転移反応を経てフラグメントイオンになります（Q82 参照）．このフラグメントイオンからなる質量スペクトルは，成分の構造を反映しており，定性や同定に不可欠な情報として利用されています．NISTを含めて質量スペクトルライブラリーは，安定な熱電子の放出と開裂が行える70 eVで作成されてきましたので，ライブラリー検索を使用するためには，同じエネルギーで測定する必要があります（Q85 参照）．図3に異なるエネルギーで測定されたスペクトルの例を示します．フラグメントイオンの出現パターンは大きく変化しており，例えばどちらも脂肪族アルコールの分子イオンは出現していませんが，12 eVでは *m/z* 154$[M-H_2O]^+$は強く出現しています．イオン化電圧を下げると，放出される熱電子の数が減り，フラグメントイオンの生成が少なくなり感度が低下することがありますので注意してください．　［古野正浩］

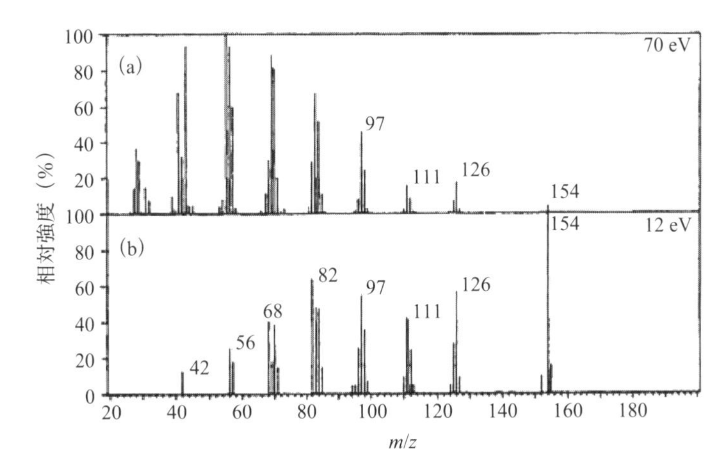

図3　ウンデカン-1-オール（$C_{11}H_{24}O$，分子量172）の(a)70 eVと(b)12 eVによるEI質量スペクトル

どちらのスペクトルにおいても分子イオンは観測されないが，12 eVでは$[M-H_2O]^+$および他の一次フラグメントがより顕著になってくる．

［J. J. Brophy, A. Maccoll, *Org. Mass Spectrom.*, **23**, 659(1988)］

【引用文献】

1）J. H. Gross 著，日本質量分析学会出版委員会 訳，“マススペクトロメトリー 原書3版”，丸善出版（2020），p.235.

【参考文献】

・日本質量分析学会用語委員会 編，“マススペクトロメトリー関係用語集 第4版（WWW版）”，https://mssj.jp/publications/books/glossary_01.html

Question 30

GC/MS で使用される**イオン化法**にはどのようなものがありますか？

Answer

万能なイオン化法は未だに存在しておらず，試料・アプリケーションに応じてイオン化法を選択する必要があります．電子イオン化（EI）法は，イオン化時に試料分子に与える内部エネルギーが過剰なため，フラグメントイオンが多く観測される代表的なハードなイオン化法です．これに対して化学イオン化（CI）法などのソフトなイオン化法では，イオン化時に試料分子に与える内部エネルギーは小さく，試料分子が開裂して生じるフラグメントイオンが相対的に少なくあるいは生成されにくく，多くの場合，試料分子がそのままイオン化した分子イオンやプロトン付加分子を観測することが可能です．イオン化の機構は試料分子と直接電子の授受を行いイオン化する方法や，はじめに試薬ガスなどをイオン化しておき，それら反応ガスイオンと試料分子とのイオン / 分子反応によりイオン化する手法など様々です．表 1 に GC/MS で使用可能なイオン化法の特徴を示します．

表 1　GC/MS で使用されるイオン化法の特徴

イオン化法	特　徴
電子イオン化（EI）	高感度．熱電子でイオン化．70 eV で取得した質量スペクトルの市販データベース（ライブラリー）が豊富
化学イオン化（CI）	試薬ガス由来の反応イオンと，試料分子とのイオン / 分子反応に基づく．負イオンモードも可．負イオンの場合は電子も関与
光イオン化（PI）	試薬ガス不要．光エネルギーでイオン化．芳香族などイオン化エネルギーの低い化合物を高感度に測定可
電界イオン化（FI）	試薬ガス不要．高電界中のトンネル効果でイオン化．炭化水素のような低 / 無極性化合物でも分子イオン観測可
大気圧化学イオン化（APCI）	イオン源内の大気雰囲気により生じるイオンが異なる．負イオンモードも可
誘導結合プラズマ（ICP）	アルゴンプラズマにより試料中元素をイオン化．高感度元素分析が可能

標準的なイオン化は EI ですが，EI を補う形で様々なイオン化法が使用されるようになっています．CI は代表的なイオン化法であり，多くの装置で使用可能です．また，CI の負イオンモードでは EI よりもきわめて高感度・高選択的測定が可能な場合があります．その他のイオン化は特別なオプションであることが多く，一部の装置にしか対応できないためメーカーに対応可能か確認が必要です．以下，各イオン化の概要を記しますがイオン化式等については専用書を参照してください．

a.　電子イオン化（electron ionization：EI）

GC/MS でもっとも広く使用されているイオン化法です．フィラメントから放出される熱電子を真空下で気体の試料分子に照射してイオンを生成する方法です．イオン化するために試料分子を気体にする必要があるため，GC との接続に相性のよいイオン化法といえます．EI 法はもっともハードなイオン化法であるため，通常は多くのフラグメントイオンが観測されます．観測される各イオンの相対強度（スペクトルパターン）の再現性は高く，データベースに収録されたEI質量スペクトルとパターン比較する（ライブラリー検索を行う）ことで容易に定性分析することが可能です．現在，EI質量スペクトルのライブラリーデータベースに収録されている化合物数は30万を超えており（例えばNIST 23では34万7000の化合物，39万4000のEI質量スペクトル），豊富なデータベースの存在が，GC/MSのアプリケーションの幅を広げています．

b．化学イオン化（chemical ionization：CI）

GC/MSで使用されている代表的なソフトなイオン化法です．気密性の高いイオン化室内に試薬ガスを導入し（約10^{-2} Pa），熱電子により試薬ガスのイオン化を行います．そこに試料分子（M）を導入し，反応ガス（試薬ガス）イオンとのイオン/分子反応により，プロトン付加分子などを生成する方法です．CI法はEI法に比べソフトなイオン化法であり，未知試料の分子量を確認するのに有効な手法の一つです．試薬ガスとしてはメタン，イソブタン，アンモニアがおもに使用されており，前者二つの試薬ガスでは$[M+H]^+$が，アンモニアガスでは$[M+NH_4]^+$のイオンがおもに観測されます．また負イオンモードでの測定も可能です．

c．光イオン化（photoionization：PI）

イオン化室内に真空紫外（VUV）光を照射し，8〜10 eV程度の光エネルギーを試料分子に与えてイオン化する方法です．一般的な有機化合物のイオン化エネルギーは8〜11 eVであるため，イオン化する際に保持する内部エネルギーが小さくフラグメントイオンの生成を抑制できるソフトなイオン化法です．芳香族化合物のような紫外領域に吸収がある化合物は，その他の化合物に比べて感度が高い傾向があります．

d．電界イオン化（field ionization：FI）

エミッターと対向電極（カソード）との間に8〜10 kV程度の電圧を印加し，試料分子中の電子がトンネル効果によりエミッターに移動することで試料分子をイオン化する方法です．気体となった試料分子がエミッターに近づいてイオン化される場合はFI，エミッター上にあらかじめ試料を塗布して加熱しながら測定する場合は電界脱離（field desorption：FD）と呼ばれています．FI法はGC-MS用のイオン化法で，FD法は直接試料導入用のイオン化法です．FI法でイオン化される際に与えられる内部エネルギーは1 eV以下であり，EI法やCI法に比べてフラグメンテーションがきわめて少ないソフトなイオン化法です．

e．大気圧化学イオン化（atmospheric pressure chemical ionization：APCI）

大気圧下で行われる化学イオン化法をAPCIといいます．APCIは通常，LC-MS用で汎用的に使用されるイオン化法ですが，これをGC-MS用イオン源に適用したものも市販されています．コロナ放電により試薬ガスをイオン化し，プロトン付加反応や電荷交換反応などでイオン化を行います．イオン化室内が水を含まない雰囲気下では分子イオン，水を含む雰囲気下ではプロトン付加分子が生じます．CI法同様に負イオンモードでの測定も可能です．

f．誘導結合プラズマ（inductively coupled plasma：ICP）

アルゴンガスに高周波電力を誘導結合させて生成した誘導結合プラズマにより，試料中の元素をイオン化する手法です．アルゴンプラズマは6000〜10 000 K 程度と高温であり，多くの元素が高い効率でイオン化されます．ICP で扱う試料は液体の場合が多いですが，近年固体試料や気体試料への適用も進んでおり，専用のインターフェースを備えた GC/ICP-MS が市販されています．環境試料における微量成分の定量や，スペシエーション分析を含む有機金属化合物測定などに使用されています．

［生方正章］

ワンポイント 3

CI において Pos/Neg の同時測定は可能ですか？　可能な場合の具体的な条件設定について教えてください．

CI における Pos/Neg 同時測定（以下 PICI/NICI とする）は使用する質量分析装置側の極性を高速かつ安定的に切り替えることにより可能となります．したがってこの測定方法の可否は，それを可能とする装置機能の有無に依存します．またこの原理は，試薬ガスを使用したイオン化プロセスにおいて PICI 特有の付加イオンおよび NICI 特有の電子捕獲によるイオンの生成などが同時に起きていることを利用した分析手法といえます．

（1）パラメーターについて

以下に設定するパラメーターの例を記載します．

両極性で共有するパラメーター（括弧内数値は一例）： イオン源温度（200 ℃），試薬ガス流量（1.5 mL min^{-1}），電子エネルギー（70 eV），エミッション電流（50 μA），検出器ゲイン（機種や分析モードによる）．

各極性でそれぞれ設定するパラメーター： 取り込み開始時間，スキャンの測定質量範囲や速度，各種データ取込み条件（SIM のモニターする *m/z*，プロダクトイオン走査の条件，SRM のトランジションなど），チューニングファイルなど．

（2）PICI/NICI 同時測定について

PICI/NICI の同時分析の必要性は実験の目的により変化します．以下に PICI/NICI 同時測定の利点および留意点について記載します．

利　点： 一回の注入による PICI/NICI 同時分析は，両測定データにおける保持時間のずれという不安要素から解放され，ピークの比較が容易となることが利点です．また，二つの異なる情報を同時に取得するという網羅性や時間短縮の利点から，スクリーニング分析のような簡易的な評価に適しています．

PICI/NICI 同時測定の留意点： 二種類のデータ取得を交互に行う性質から，PICI，NICI ともに測定ポイントが半減することに留意が必要です．これは定性においてはあまり問題にならない場合が多いですが，もし定量分析を行う場合にはデータ採取点数に注意を払う必要があります．［秦　一博］

【参考文献】

・J. R. Chapman, “Practical Organic Mass Spectrometry, 2nd ed.”, Wiley（1993）.
・J. H. Gross 著，日本質量分析学会出版委員会 訳，“マススペクトロメトリー 原著３版”，丸善出版（2020）.
・佐藤信武，生方正章，岩崎了教，韮澤 崇，工藤寿治，杉立久仁代，日本農薬学会誌，**41**，223（2016）.
・JIS K 0133(2022)：誘導結合プラズマ質量分析通則.

Question 31

化学イオン化（CI）の使い方，条件設定について教えてください．また，CI の試薬ガスの種類はどのように選ぶのですか？

Answer

化学イオン化（CI）法は，GC/MS の標準的なイオン化法である電子イオン化（EI）法を補う形で使用されます．すなわち，EI 法で構造情報や分子量情報を含む十分な定性的な情報が得られるときや，定量の際に十分に高選択的で高感度な測定が可能であれば，あえて CI 法を用いる必要はありません．しかし現実には，必ずしも EI 法では十分な上記の定性的な情報が得られるわけではなく，また必ずしも必要とする高感度・高選択的な測定ができるわけでもありません（とくに分子量情報）．

a．特　徴

CI 法はよく知られているように，正イオン化学イオン化(PICI)法と負イオン化学イオン化(NICI)法に大別されます．また，NICI 法は電子捕獲型 NICI と反応イオン型 NICI に分類できます．それぞれのイオン化法の特徴や得られる情報は異なりますので，測定目的に合わせたイオン化法の選択が必要となります．以下，表 1 に GC/MS において CI 法の各イオン化を用いる際のおもな使用目的をまとめました．

表 1 にあるように，PICI のおもな測定目的は EI と相補的でかつ分子構造を反映した単純な質量スペクトルとそれに基づく分子量推定です．PICI の場合の分子量推定はおもにプロトン付加分子，MH^+ と反応イオンが付加したイオン $(M+R)^+$（R^+ は反応イオン）の質量スペクトル上の質量差に基づいて行いますが，R^+ は用いる試薬ガスによって異なります．これを図 1 に模式的に示します．また，反応イオン型 NICI の情報も併用する場合は，おもに生成しやすい $(M-H)^-$ を利用します．EI では分子イオンの確認が難しいなどの理由で分子量推定が難しい化合物でも，この方法によりかなりの数の化合物の分子量の推定が可能になります．

CI スペクトルは一般に EI スペクトルと比較してフラグメンテーションの少ない単純なスペクトルになりやすいことから，高質量域に化合物特有のイオンを生じる場合が多くあります．そのた

表 1　GC/MS における CI 法の各イオン化法のおもな測定目的

イオン化法	おもな測定目的
PICI	構造，分子量情報（とくに分子量推定） 高選択的検出のための目的化合物特有のイオンの生成
反応イオン型 NICI	PICI と同じ
電子捕獲型 NICI	高い電子親和性のある化合物に対する EI 以上の高感度・高選択的測定，分子構造，分子量情報，同定の簡易化

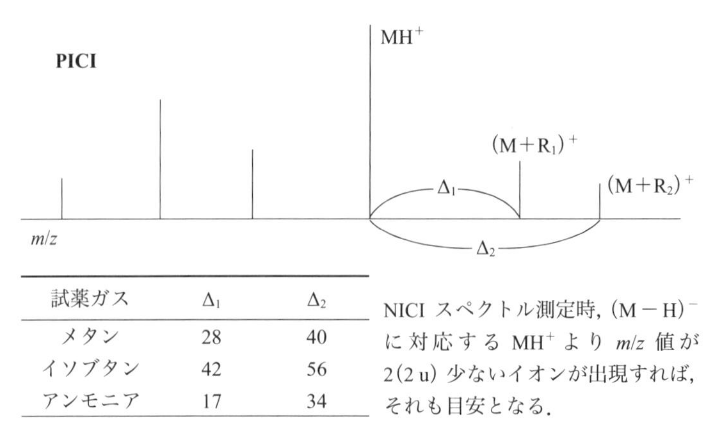

試薬ガス	Δ_1	Δ_2
メタン	28	40
イソブタン	42	56
アンモニア	17	34

NICI スペクトル測定時，$(M-H)^-$ に対応する MH^+ より m/z 値が 2(2 u) 少ないイオンが出現すれば，それも目安となる．

図 1　PICI 測定における分子量推定の模式例

め，そのイオンを用いて選択イオンモニタリング（SIM）法やマスクロマトグラフィーを適用すれば，高選択的で，場合によっては EI よりも高感度な測定が可能になります．ただ一般的には，適切なイオンを選択できれば，EI 法の方が PICI 法よりも高感度です．

電子捕獲型 NICI の場合はイオン化に際し，イオン源内に生成した運動エネルギーのほとんどない熱電子によるきわめて反応速度が速い共鳴電子捕獲反応を利用するので，電子親和力の高い化合物などに対して，EI よりも数倍から数百倍感度の高い測定が可能になります．そのため，一部の環境分析などにおいて注目され，実際に活用されています．また，高極性化合物は GC による測定のために誘導体化するので，誘導体化の際に NICI に適した試薬を用いれば，通常は NICI の測定に向かないものでも NICI での高感度・高選択的検出が可能になります（「準備・試料導入編」Q41 参照）．

b.　使い方・条件設定

CI を行う場合はイオン化室内を EI よりも高い圧力にできる密閉性の高い専用のイオン源が必要です（なお，装置によっては CI 用のイオン源を用いて擬似的 EI を行うことも可能です）．このイオン源を装着して測定を行いますが，CI の場合のイオン化の基本はイオン / 分子反応なので，反応の主体となる反応イオンを生成する試薬ガスをイオン化室に導入する必要があります（電子捕獲型 NICI の場合の主役は熱電子ですが，これを効率的に生成させるにも試薬ガスが必要です）．イオン化が気相における化学反応であるということは，反応を支配するのは反応イオン（あるいは熱電子）の濃度，圧力，温度です[1]．そのため CI においてはどの程度の試薬ガスを導入するか（以下の圧力とともに，装置の排気系の性能とも関連），圧力と温度をどのように設定するかがきわめて重要になります．そのため，通常はメーカーが提示する標準的条件を用います．なお幸いなことに，メタンなどの通常の試薬ガスを用いる限り，ほとんどの場合，使用する装置によって標準的な設定条件はすでに確立しています．

基本的に使用者は取扱説明書に従って設定を行えばよいですが，装置や使用する試薬ガスによって最適な条件は違ってきます．注意すべき点は，圧力が低いと十分なイオン / 分子反応が行われず CI もどきになってしまう懸念があることや，温度が高すぎると必ずしもソフトなイオン化が行われなかったり，分子量推定の目安となる付加イオンが生成しにくくなってしまうことです．アジレント・テクノロジーの四重極形質量分析計の場合，イオン源温度はPICIでは180〜200 ℃ぐらい，NICIでは150 ℃ぐらいが推奨値となっています．なお以前は，試薬ガスの流量や圧力調整を，生成する反応イオンや校正用標準物質のスペクトルなどを見ながら手動で行うことが多く煩雑だったのですが，最近の装置ではこれらの調整や条件設定を自動的に行うものもあります．メタンを試薬ガスにするPICIでは反応イオンの比率（*m/z* 28 / 27）からメタン流量の調整を自動的に行います（通常は1 mL min^{-1} 程度）．一方，NICIではより高い圧力が必要で，2 mL min^{-1} をデフォルトとしています．

c．試薬ガスの選び方

CIにおいて試薬ガスをどのように選択するかは重要ですが，GC/MSにおける適用時では選択肢はあまり多くありません．通常はメタンの選択をすすめます．理由はいくつかあります．

① PICIの場合の感度を決めるおもな要因はイオン / 分子反応の主体となるプロトン移動反応やヒドリド移動反応です．通常使用される試薬ガスの中では，メタンを用いた場合，熱力学的にもっとも効率的にこれらの反応（イオン化）が起きるため，感度が高いです．

$$\text{プロトン移動反応}\quad M + BH^{+} \longrightarrow MH^{+} + B$$

$$\text{ヒドリド移動反応}\quad M + X^{+} \longrightarrow (M-H)^{+} + XH$$

② CIの実用的な使用法の一つである電子捕獲形NICIにおいて，メタンは重要な熱電子を効率的に生成できるので，とくにほかの試薬ガスを用いる理由はありません．

③ 昔からメタン以外に試薬ガスとして利用されるイソブタン，アンモニアはその化学的特性から試薬ガスの流路に残存しやすく，ほかの試薬ガスを用いた測定に影響を与えやすいためです．

もちろん，感度はあまり考えず定性的な情報の入手を目的にきわめてソフトなイオン化を行う場合や，その試薬ガスを用いなければ高選択的検出が難しい場合などはイソブタンやアンモニアなどの試薬ガスを用いることはあります．ただ，アンモニアについては漏れが生じた場合の影響が大きいので注意が必要ですし，これらのガスは液化した状態で供給されるのでシステムによっては正確な調整が難しい場合があります．

メタンなどの試薬ガスを用いる際には純度の高いものを用いる必要がある点に注意してください．わずかな不純物でも生成する反応イオン系に大きな影響を与え，得られるCIスペクトルの解析を困難にするので，例えばメタンでは一般的に99.95 %以上のものを用います．

なお，メタン，イソブタン，アンモニア以外の試薬ガスを用いることも原理的に可能で，実際，特殊な目的の場合には用いられることがあります．ただ，むやみに特殊な試薬ガスあるいは試薬ガスの混合系を用いると，GC/MSシステムの汚染や損傷につながるので注意が必要です．

［中村貞夫］

【引用文献】
1） A. G. Harrison, “Chemical Ionization Mass Spectrometry, 2nd ed.”, CRC Press（1992）.

QUESTION 32

化学イオン化における**PICIとNICIの使い分け**を教えてください.

ANSWER

正イオン化学イオン化（PICI）はプロトン移動反応によるプロトン付加分子 MH^+，ヒドリド移動反応による脱ヒドリド分子（$M-H)^+$，反応イオンの付加反応による付加イオン（あるいはカチオン付加分子）$(M+R)^+$（R^+ は反応イオン），電荷交換反応による分子イオン M^+，の生成が特徴的で，相対的にフラグメンテーションが少なく，解析しやすい質量スペクトルを与えます．また，相対的に高質量域にイオンを生成しやすく，選択イオンモニタリングのためのイオンを与えることが多い，MH^+ や $(M+R)^+$ から分子量推定を行いやすいという特徴があります．試薬ガスとしては一般的にメタン，イソブタン，アンモニアなどが用いられます．

一方，負イオン化学イオン化（NICI）は電子捕獲型と反応イオン型に大別され，前者は電子親和性の高い化合物に対し非解離の共鳴捕獲反応による分子イオン M^-，解離の共鳴捕獲反応による解離イオン$(M-A)^-$，A^-（A は中性種）を生じます．反応イオン型では脱プロトン化分子 $(M-H)^-$（バックグラウンドに存在する水由来の OH^- の関与が大きい）や付加イオン $(M+R)^-$（R^-はハロゲン化アルキルなどが関与するハロゲン化物イオン X^-（Cl^-など）などであることが多い）を生じやすい特徴があります．EI や PICI と相補的な質量スペクトルを与えることが多く，電子捕獲型ではイオン化効率が高く，高感度検出に有用であることも特徴です．また，電子捕獲型では試薬ガスは一般にメタンを用います（PICI，NICI については Q31 も参照）．

上述の PICI と NICI の特徴，実用的な経験等を踏まえ，それぞれを使用する際のポイントをまとめると以下の表 1 のようになります．CI 適用時，測定目的に沿ってイオン化法（イオン化モード）や測定条件を設定，選択する必要があります．

［代島茂樹］

表 1　PICI と NICI の特徴と使用時のポイント

PICI	NICI
① 分子量推定（確定），分子構造推定が容易 （EI のライブラリー検索が上手くいかず，有用な分子量，分子構造推定が困難なとき） ② 高感度・高選択的検出が可能 （定量時，EI で高感度・高選択的検出が可能なイオンがないとき） ③ 試薬ガスはメタンが一番実用的 ほかの試薬ガスの選択性は高いが絶対感度は悪い，感度はメタン＞イソブタン＞アンモニア ④ 条件によって質量スペクトルや生成イオン量が変化するので注意	① 電子捕獲型 NICI による高感度・高選択的検出が可能 （EI よりも高感度・高選択的検出が必要とされるとき，EI の数～数百倍の高感度検出も可能，分析種が対象となるか分子構造の見極めが重要） ② PICI，EI と相補的なスペクトル情報が得られる （より確実な分子量推定，特定官能基の推定） ③ NICI に適した誘導体化の活用が可能 （高極性化合物の誘導体化（GC に適した形，芳香族系のペルフルオロ誘導体化剤が有効）を利用）

Question 33

メタノールやアセトニトリルを使用する**SMCI法の使い方**を教えてください．

Answer

化学イオン化(CI)法の一種である，溶媒媒介化学イオン化(solvent mediated chemical ionization：SMCI）法は，試薬ガスとして溶媒を利用するイオン化法です．そのため，SMCI法では，通常のCI法で使用されるメタンやイソブタンのような可燃性ガスのボンベを用いる必要がなく，一般的な有機溶媒でCI法を行うことができます．溶媒としてはメタノールなどが使用され，溶媒を封入した試薬容器を窒素などで加圧することで溶媒を気体でイオン源に導入します（図1）．イオン化機構は従来のCI法と同様で，試薬ガスから生成される反応イオンによるイオン/分子反応によりイオン化され，フラグメントイオンが少なく分子質量関連のイオンが強く現れます．

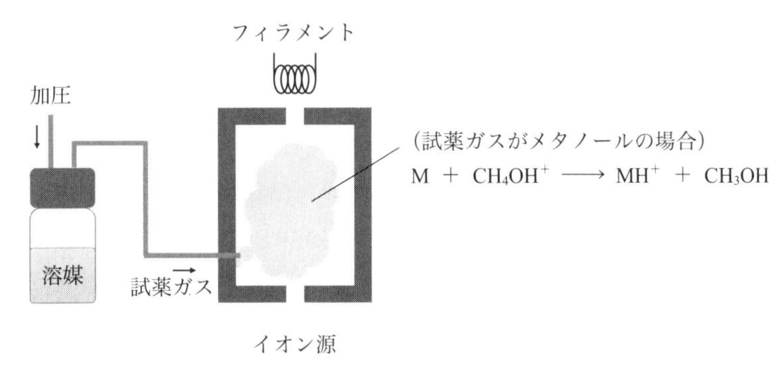

図1　SMCI法の模式図

フタル酸エステルであるdi-*n*-octyl phthalateのEI法およびSMCI法の質量スペクトルを示します（図2）．EI法ではフラグメンテーションによりフタル酸エステル類の基本骨格由来である*m/z* 149が基準ピークとして検出され，分子質量関連イオンは検出されません．一方，SMCI法ではプロトン付加分子である $[M+H]^+$ の*m/z* 391が基準ピークとして観測されます．

また，SMCI法では試薬ガスとしてアセトニトリルを使用し，GC-MS/MSと組み合わせることで，化合物の炭素直鎖中にある二重結合位置の推定を行うことができます[1)]．アセトニトリル由来

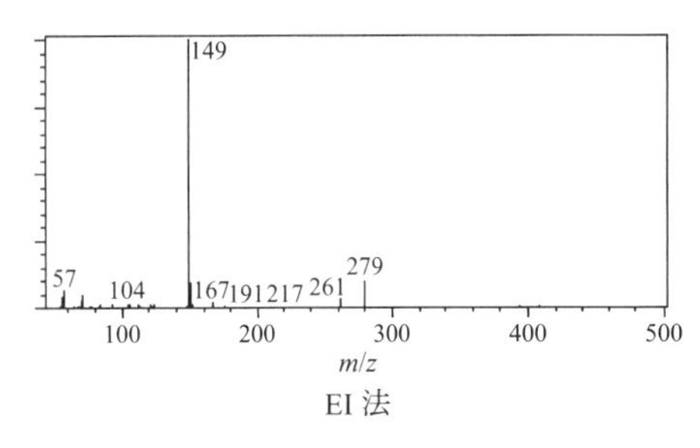

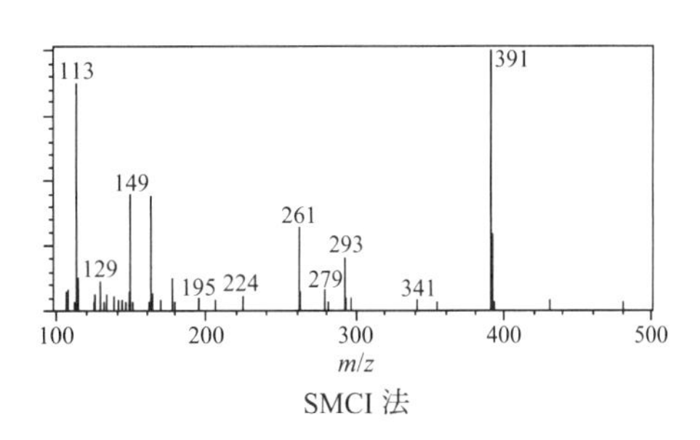

図2　di-*n*-octyl phthalateのEI法およびSMCI法の質量スペクトル

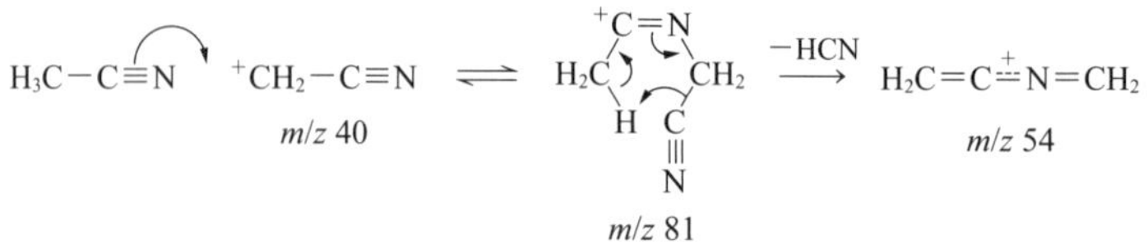

$H_3C-C\equiv N$ 　 $^{+}CH_2-C\equiv N$ ⇌ H_2C $^{+}C=N$ CH_2 H C≡N $\xrightarrow{-HCN}$ $H_2C=C\overset{+}{=}N=CH_2$

m/*z* 40 　 *m*/*z* 81 　 *m*/*z* 54

図３　アセトニトリルを用いたSMCI法での反応イオンの生成過程

［N. J. Oldrom, *Rapid Commun. Mass Spectrom.*, **13**, 1694(1999) を参考に作成］

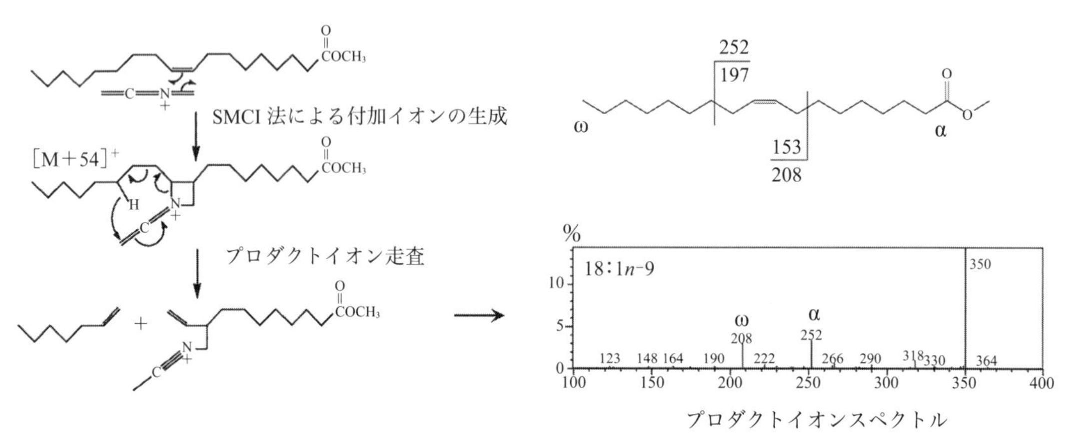

図４　メチル化不飽和脂肪酸のSMCI法による二重結合位置の推定

の反応イオン（図3）が二重結合に反応した付加イオン（$[M+54]^{+}$）に対してプロダクトイオン走査を行うことで，付加した位置を中心にイオンの開裂が生じます．その結果，プロダクトイオンスペクトルで，二重結合位置を推定できるスペクトルパターンを得ることができます（図4）．

［河村和広］

【引用文献】

1） D. Wang, Z. Wang, J. Cortright, K. L. Liu, K. Kothapalli, J. Brenna, *Anal. Chem.*, **92**, 8209(2020).

Question 34

GC/MS で用いられる **APCI，ICP-MS** について教えてください．

Answer

a．APCI-MS

APCI は atmospheric pressure chemical ionization の略で，化学イオン化の一種です．コロナ放電により生成したプラズマにより化合物をイオン化します．

APCI 法は，LC/MS 用のソフトなイオン化法として用いられていますが，分子イオンやプロトン付加分子などが主生成イオンで分析しやすいこと，高感度検出が期待されること，ESI-LC/MS では比較的不得手な低極性化合物のイオン化に向くことなどから，最近は GC/MS 用のイオン化法として利用されることも増えてきています．通常，APCI のイオン源内はキャリヤーガスとメイクアップガスとして用いられる窒素ガスのみが導入されることから，水を含まない環境下になりやすく，極性の低いポリ塩化ビフェニル（PCB）や多環芳香族炭化水素，塩素系農薬のイオン化に向いています．しかしながら，イオン源内に水などのプロトン性溶媒を入れたバイアルを設置することで，水を含む環境下でのイオン化も可能になり，幅広い化合物に応用できます．水を含まない環境下では M^{+}，水を含む環境下では $[M+H]^{+}$ が容易に観察されます．EI 法では一般に分子イオンの強度が低いことが多いですが，APCI 法はソフトなイオン化により，分子質量関連イオンの強度が高く検出できる特長があります．例えば残留農薬分析分野[1)] では，より質量の大きいイオンをプリカーサーイオンにすることで，SRM（MRM）測定での選択性の向上が期待できます．メタボロミクス分野では，フラグメントイオンが低質量であることが多く，ピーク同士の干渉が見られることもありますが，APCI 法を使うことで，分離と感度向上に期待ができます[2)]．一方で，質量分析計は LC/MS を利用することが多いため，感度や分解能の調整のためのチューニングを ESI プローブを用いて行った後に，GC-APCI 用のプローブに交換する必要があります．また，プローブの交換の手間だけでなく，GC-APCI としての最適化ができないことがデメリットとして挙げられます．

GC/APCI-MS は多くのアプリケーションが報告されており，イオン源内の雰囲気をより適切にコントロールし，再現性や堅牢性を高めることで，さらなる発展が期待できます[3)]．

b．ICP-MS

GC/ICP-MS とは誘導結合プラズマ質量分析計（ICP-MS）の試料導入部分に GC を用いている装置です．ICP-MS は多元素分析が可能な質量分析計であり，ここに GC を接続することで，通常の GC/MS や LC/MS とは異なる検出が可能になります．この GC/ICP-MS を利用した分析例に残留農薬分析が挙げられます[4)]．P や S，あるいは Cl や Br を含む農薬は多く，複数の元素を一斉に分析することが可能です．ただし，P および S は ICP-MS のプラズマ内でのイオン化効率は低く，多原子イオンによる干渉を強く受けるため，ICP-三連四重極形 MS を用いることで，低濃度の測定が可能になります．ICP-三連四重極形MSはO_2やH_2を衝突室で反応させ，検出するイオンの質量をシフトさせることでそれらの干渉を防ぐことができます．例えばPはO_2と反応することで，MRMで31 -> 47といったトランジションになります．この技術により，有機リン系，有機硫黄系，有機塩素系農薬をppbレベルで測定することが可能です．

ほかのアプリケーションとしては，環境水中のポリ臭素化ジフェニルエーテル（PBDEs）分析[5)]，石油試料中の硫黄系化合物の分析，バイオガス中のシロキサン化合物の定量，有機スズや有機水銀の分析などがあります．このうち，有機金属化合物はスペシエーション分析にも用いられます．

［杉立久仁代］

ワンポイント4

EIとCIを同一のイオン源で測定することは可能ですか？

EIイオン源とCIイオン源は類似した構造をもちますが，CIイオン源は試薬ガスが満たされるようにEIイオン源と比べ密閉度が高いイオン化室となっています．現在市販されているGC-MSでは，EI法とCI法を数秒で切り替えることのできるEI/CI共用イオン源を使用できる装置もあります．CIイオン源でEI法を使用するとEI法の感度が著しく低くなりますが，測定自体は可能です．また，EI/CI共用イオン源では，EI法の感度を損なわずに，CI法の測定が可能なようにイオン化室の密閉度が最適化されています．

［河村和広］

【引用文献】

1） S. Saito-Shida, M. Nagata, S. Nemoto, H. Akiyama, *J. Chrom. B*, **1143**, 122057 (2020).
2） C. J. Wachsmuth, M. F. Almstetter, M. C. Waldhier, M. A. Gruber, N. Nurnberger, P. J. Oefner, K. Dettmer, *Anal. Chem.*, **83**, 7514 (2011).
3） J. F. Ayala-Cabrera, L. Montero, S. W. Meckelmann, F. Uteschil, O. J. Schmitz, *Anal. Chim. Acta*, **1238**, 340353 (2023).
4） アジレント・テクノロジー アプリケーションノート 5991-6260JAJP.
5） アジレント・テクノロジー アプリケーションノート 5989-5603JAJP.

Question 35

GC/MS で使用される **PI，FI 法**について教えてください.

Answer

光イオン化（photoionization：PI）法，電界イオン化（field ionization：FI）法はともに，ソフトイオン化法に分類されます．いずれも化学イオン化（CI）法のような試薬ガスが不要なことが特徴です．

PI 法は，イオン化室内に真空紫外（VUV）光を照射し，8〜10 eV 程度の光エネルギーを試料分子 M に与えてイオン化する方法です．一般的な有機化合物のイオン化エネルギーが 8〜11 eV であるので，イオン化される際，保持される内部エネルギーが小さいため，フラグメントイオンの生成が抑制されます．そのため PI 法は CI 法とは異なり，分子イオン M^+ が検出されやすいのが特徴です．ただし，イオン化の過程で分解するものやイオン化されない化合物がある点には注意が必要です．目的化合物がイオン化するかどうかは化合物のイオン化エネルギーと，光源の出力波長域を考慮することである程度予測することが可能です．市販の GC-MS 適用例としては四重極形と飛行時間形があります．

FI 法は，エミッターと対向電極（カソード）との間に 8〜10 kV 程度の電圧を印加し，試料分子中の電子がトンネル効果によりエミッターに移動することで試料分子をイオン化する方法です．FI 法で与えられるエネルギーは 1 eV 以下程度であるといわれ，イオン化された分子イオンのもつ内部エネルギーは EI や CI に比べてかなり少なく，フラグメンテーションが起こりにくい特徴をもちます．PI 法同様に分子イオン M^+ が検出されやすいのも特徴です．市販の GC-MS 適用例としては磁場形と飛行時間形がありますが，FI 法は感度が EI 法に比べると 2 桁以上低いため，単位時間あたりのスペクトル測定の際の感度が高い飛行時間形 GC-MS との組み合わせが最適です．

いずれのイオン化法も，石油製品中の炭化水素のタイプ分析（パラフィン類，オレフィン類等，タイプ別炭化水素の含有率を算出する分析）や，ライブラリー未登録の未知物質解析に使用されています（Q84 参照）．PI 法はとくに芳香族化合物に対して高感度でかつソフトにイオン化が可能なため，芳香族炭化水素の分析に，FI 法は低極性化合物でも分子イオン検出が可能なため，飽和・不飽和炭化水素の分析に使用されています．ライブラリー未登録の未知物質解析においては，とくに高分解能 GC-MS を用いることで，PI 法および FI 法で検出された分子イオン（高極性化合物ではプロトン付加分子）の精密質量から組成演算することで，未知物質の分子式を推定することが可能になります．

［生方正章］

QUESTION 36

内標準物質の種類と選び方，サロゲートについて教えてください．

ANSWER

内標準法は，分析種と内標準物質（内部標準物質）の信号強度比を用いた検量線で定量を行います．内標準物質の選び方としては，FID，FPD や ECD などの通常の検出器のときは，分析種と性質の似た化合物であり，かつ試料中のすべての成分とカラムで分離できる必要があります．一方で，MS を検出器とするときの内標準物質は，カラムで分離ができなくても質量分離ができればよいため，分析種を構成する元素の一部を安定同位体で標識したものを使用するのが一般的で，重水素 D（^{2}H）または ^{13}C の標識体が多く用いられます．安定同位体で標識した化合物は天然には存在しない物質のため，試料由来の成分の妨害を受けにくいのが利点です．

内標準法での内標準物質は通常，GC/MS による測定に供する最終検液に添加されますが，その目的は，試料注入誤差や分析装置の変動（感度等）を補正することです．とくに GC/MS の場合には各種前処理操作を実施することや，パージトラップ（P&T）装置や熱脱離装置などの前処理導入装置を接続して測定する分析手法も多くあり，これらの分析では試料導入時の誤差が大きくなりやすいため，内標準物質は欠かせないものとなっています（図 1 上，内標準法）．

この内標準物質のうち，最終検液ではなく，試料採取や各種クリーンアップ前の試料に添加して，添加位置以降から測定にいたる分析操作の変動を補正するための安定同位体標識物質（化合物）をサロゲート物質(あるいは単にサロゲート)といいます（図 1 下）．なお，サロゲートを添加する方法(サロゲート法)では，サロゲートの回収率を算出するために，GC/MS による測定前にシリンジスパイクと呼ばれる内標準物質も合わせて使用するのが一般的です．サロゲートには，大気試料などの測定で試料採取を行う前に添加するサンプリングスパイクと，抽出・クリーンアップ前に添加するクリーンアップスパイクの 2 種類があります(図 1 下)．通常はクリーンアップスパイクをサロゲートと呼んで使用することが多いのですが，より厳密な精度管理が必要とされるダイオキシン

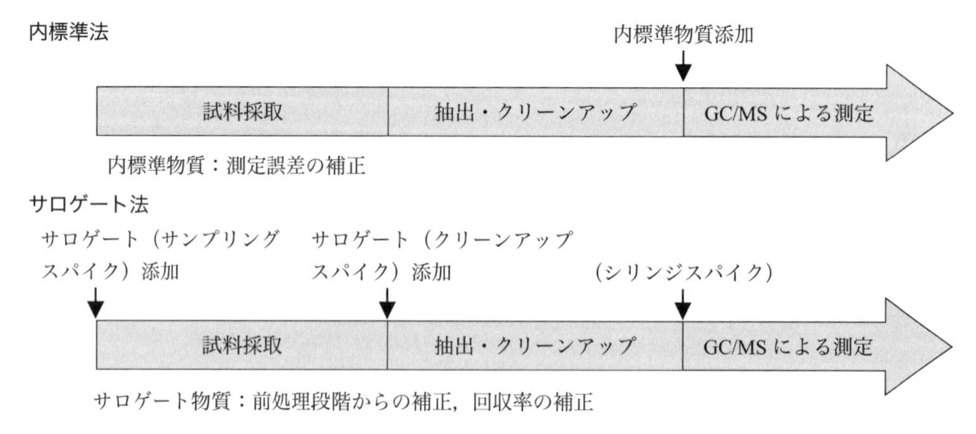

図 1　内標準法における内標準物質およびサロゲート法における各種スパイクの添加位置

分析などではサンプリングスパイクとしてクリーンアップスパイクとは異なった種類のサロゲートを用いることがあります．なお，GC/MSにおいて同位体希釈質量分析法（Q69参照）は広義には，このような安定同位体（^{2}H, ^{13}Cなど）標識化合物を内標準物質やサロゲートとして用いて測定を行う場合を含みます．サロゲートを試料に一定量添加すれば，サロゲートは分析種と物理化学的性質がほとんど同じであるため，抽出，濃縮，分離・分画，誘導体化などの分析操作を通してほぼ同一の挙動を示し，この一連の操作でのばらつきや低回収率を補正することができるのが大きな特徴です[1)]．つまり，機器分析における注入量や装置の感度，またマトリックス効果を補正することができるうえ，サロゲートの添加回収率で分析種の回収率を補正し，真値に近い値を出すことができます*．

なお，重水素を安定同位体として用いる場合は，重水素の同位体効果で標識体の内標準物質やサロゲートの保持時間が早くなりますが，その程度は標識する重水素の数によって違ってきます．数が少なければクロマトグラム上のピークトップがわずかに異なる程度ですが，数が多いほど非標識体の分析種との保持時間の差は広がり，ピークがほぼ分離することもあります．注意が必要なのは重水素の数で，通常の化合物の場合，^{13}C由来の同位体ピークの影響がほぼなくなるのは重水素の数が3以上のときであるため，入手しうる標識体が複数ある場合，標識体の重水素の数は3以上のものが好ましいといえます．なお，^{13}Cでラベルした場合には，その同位体効果はきわめて小さいため非標識体との保持時間の差はほとんどありません．非標識体との質量分離を行うには，分析種の炭素数にもよりますが，理論上3〜4個以上の数の^{13}Cで標識することが必要です．ただ，通常入手しうる標準品は炭素のすべて，あるいはほとんどを^{13}Cで標識している場合が多いので，とくに心配はいりません．

以上のように，サロゲートを内標準物質として使用することは，分析精度を上げる意味で非常に重要な役割を果たしますが，反面，その使用には注意すべき点や課題もあります．例えば，サロゲートの純度です．高濃度のサロゲートを試料に添加してしまうと，残存している微量の非標識体を誤って検出・定量してしまうことになります．また，ハロゲン化物の場合は，ハロゲンの同位体と重ならないことがサロゲートを選択するうえで重要です．さらに，多成分分析の場合には，対象化合物のサロゲートをすべてそろえることは困難ですし，たとえそろえられたとしても，測定成分が倍になってしまい，測定を困難にする一面もあります．また，サロゲートに重水素体が用いられている場合は，その置換位置によっては，分析操作中に軽水素-重水素交換反応が起きることがあるため，選択の際には十分に注意しなければいけません[2)]．

サロゲートは，合成方法が複雑であり試薬も高価であるため，かつては，ダイオキシン，ポリ塩化ビフェニルや一部の農薬の分析など使用例が限られていました．しかし，水中のノニルフェノール分析など，新しく開発される環境分析には精度管理の面からサロゲートを使用した手法が採用されることも多く，現在ではサロゲートの使用は一般的になってきています．　［高桑裕史］

* 微量分析における安定同位体の利用としては，環境試料のように，測定試料から測定対象物質が検出されるような場合（例えばフタル酸エステルなど）においては，通常の添加回収試験が難しく，安定同位体の回収率を求めることで，対象物質の添加回収率を推定することができます．

【引用文献】

1) 環境省環境管理局水環境部企画課，要調査項目等調査マニュアル（水質，底質，水生生物）(2003)．
2) 鳥貝 真，沖田 智，尹 順子，橋場常雄，岩島 清，分析化学，**48**，725 (1999)．

Question 37

GC/MS 用の誘導体化にはどのようなものがありますか？

Answer

よく知られているように，高極性，難揮発性，熱分解性などのために，そのままではGCでの測定が困難な場合や，測定そのものはある程度可能であるものの，定量分析の際に再現性が乏しい場合，微量成分の検出が難しい場合などには誘導体化が行われます．もちろん，対象となる成分が活性のある官能基をもち，効果的な誘導体化が可能な場合に限られますが，誘導体化によってGCやGC/MSを適用できる化合物を大幅に増やすことが可能になります．GC/MS用の誘導体化は特別なものではなく，GC用の誘導体化の延長線上にあるものです．GC分析に供するために誘導体化したものは，ほとんどそのままGC/MS分析に供することができます．

GCのための誘導体化には種々の方法がありますが，代表的なものはトリメチルシリル化（TMS化）とアシル化です．前者はおもにヒドロキシ基をもつ化合物が対象ですが，原則として活性水素をもつすべての化合物に適用可能です．種々の誘導体化試薬がありますので詳細や使用される略号については専門書やメーカーのカタログなどを参考にしてください．TMS化試薬の強さの順は，

TMSIM ＞ BSTFA ＞ BSA ＞ MSTFA ＞ TMSDMA ＞ MSTA ＞ TMCS ＞ HMDS

です（正式名称などは「準備・試料導入編」Q41参照）．また，官能基に対する反応性は，

アルコール ＞ フェノール ＞ カルボン酸 ＞ アミン ＞ アミド

です．

誘導体化試薬のMS特有の使われ方としては，

① 重水素標識体の誘導体化試薬を用いて構造解析を容易にする．

② 誘導体化試薬の一部の構造を変えて構造解析を容易にする．

③ 電子親和性の高い誘導体化試薬を用いて負イオン化学イオン化（NICI）測定の感度を向上させる．

などがあります．

①についてはd_9-TMCS，d_{18}-BSA，d_{18}-BSTFA，d_9-TMSIMなどの重水素標識体を用い，通常の誘導体化試薬（非標識体）から生じた質量スペクトル上の特定の生成イオンのm/zとの比較を行い，そのシフトから構造解析を行うもので，医学，薬学分野を中心に用いられる手法です．

②については例えばTMSIMのメチル基の一つをエチル，プロピル，*tert*-ブチル基に変え，それぞれ$(M-29)^+$，$(M-43)^+$，$(M-57)^+$の強度の大きなイオンを生じさせ，構造解析を容易にする，また，*t*-BDMCS（*tert*-ブチルジメチルクロロシラン）により誘導体化したステロイド，プロスタグランジンなどの多くは，$(M-57)^+$が基準ピークとなる質量スペクトルを与えるので，その特性を構造解析に役立てる，などが代表的です．そのほかも，TMCSの一部をハロゲンと置換した$XCH_2(CH_3)_2SiCl$（X＝Cl，Br，I）を用いると$(M-XCH_2)^+$などがスペクトル上に強く出現し解析に役立つ，といった例もあります．

③に関連した代表的な誘導体化の型式にはアシル化があります．アシル化は活性水素をもつ $-OH$，$-NH_2$，$=NH$，$-SH$ 基などに適用可能ですが，ほとんどが含フッ素（おもにペルフルオロ化したもの）誘導体化試薬を用いるため，誘導体は一般に電子親和性の高い化合物となります．そのため，これらは電子捕獲検出器（ECD）での測定に適し，ECD によるイオン化過程と類似点の多い NICI とは深い関連があります．NICI を利用する GC/MS における含フッ素誘導体化法の特徴を下記に示します．

① TFAA，PFPA，HFBA などの含フッ素カルボン酸無水物を用いた場合，生じる誘導体の NICI スペクトル上のおもな生成イオンはそれぞれ誘導体化試薬由来の TFA−，PFP−，HFB− などであり構造解析に有用な情報を与えない場合がほとんどですが，アミノ基に適用した場合は脱プロトン化分子 $(M-H)^-$ が基準ピークとなる場合が多く，構造解析に有用です．

② PFB・Br（ペンタフルオロベンジルブロミド）を誘導体化試薬として用いた場合，NICI スペクトルの高質量領域に生じるのはほぼ化合物分子由来の $(M-PFB)^-$ のみであるため，化合物の同定にきわめて有用です．しかもこのイオンを非常に効率よく生成するため，これを利用した高感度の測定が可能になります（EI や PICI の数〜数百倍の感度）．ただし，PFB・Br をアルコール性ヒドロキシ基をもつ化合物に適用した場合は誘導体化試薬由来のイオンが主生成イオンとなるため，その適用には難しい点があります．

③ PFBz・Cl（ペンタフルオロベンゾイルクロリド）や PFB・Al（ペンタフルオロベンズアルデヒド）を用いた場合，NICI スペクトル上の主生成イオンは分子イオン (M^-) などのもとの化合物の構造を反映する場合が多く，しかも効率よく生成するため，これを利用した同定や高感度の測定に有用です．NICI 法は特定の化合物に対しきわめて高感度・高選択的な検出が可能なことから，GC/MS のイオン化法として改めて注目され，試料量を少なくできることもあり，環境や材料，医薬などの分野で利用が進んでいます．

その他の GC/MS のための誘導体化法としては，有機水銀や有機スズなどの有機金属化合物を対象としたものがあります．これらの有機金属類（およびその塩化物など）はそのままでは GC での測定が難しいため，以前はグリニャール試薬を用いたプロピル化などの後に測定を行っていましたが，最近はより簡便な誘導体化が可能であるテトラエチルホウ酸ナトリウムを用いたエチル化が注目されています．誘導体化後は通常の GC や GC/MS での測定（EI 法）も行われますが，より高感度な検出のために GC/ICP-MS や NICI を用いる GC/MS による測定も行われています．

また，レギュレーション関連でも多くのケースで GC/MS が適用されるようになっていますが，その中には誘導体化を伴うものが少なくありません．例えば水道の水質基準の分析ではホルムアルデヒドは PFBOA（ペンタフルオロベンジルヒドロキシルアミン）でアルドキシム誘導体化，ハロ酢酸類はジアゾメタンによるメチル化，フェノール類は BSTFA による TMS 誘導体化をして GC/MS による測定を行う，などです．

なお，通常，誘導体化後は試料をそのまま測定することが多いですが，誘導体化試薬が共存した試料がイオン源に入るとイオン源が汚れやすく，イオン源の洗浄などのメンテナンスの頻度が上がり，場合によっては性能に悪影響を与える点に注意すべきです．そのため，感度が許す限り，スプリット注入が好ましいといえます．手法によっては過剰な誘導体化試薬の除去が必要になることがあります．

［代島茂樹］

Question 38

マトリックス効果とはどのようなものですか？

Answer

GC におけるマトリックス効果として，JIS K 0214（2013）では“試料溶液中の共存成分が GC 注入口のライナー又はカラム内の活性点などに吸着することによって，標準試料溶液注入時と比較して分析種の回収率が変化し，分析結果に影響を及ぼす現象”と記載されています[1]．

本項では，標準試料溶液（標準溶液）に比べて試料溶液で分析種の検出器応答が高くなるいわゆる“正のマトリックス効果”のみを説明します．これは，GC で認められるマトリックス効果のほとんどがこれに該当し，とくに GC/MS において顕著だからです．逆（負のマトリックス効果）も無いわけではありませんが，特定の分析種と共存成分の組み合わせに限定されるなど特殊な（各論的な）ケースになります．

マトリックス効果の原因は，上記の JIS の定義にもあるように測定系内に存在する活性点にあると考えられています．標準溶液では，分析種の一部が活性点に吸着されるため，検出器に到達するのは実際に注入された質量よりも少なくなります．これに対して試料溶液では共存成分が分析種の“身代わり”となって吸着されますので，標準溶液に比べて多くの質量の分析種が検出器に到達することになります．この状況を図 1 に示します．なお，図 1 では共存成分がそれほど多く見えませんが，実際には（とくに微量分析では）ずっと多量に存在しますので，確率的にも分析種の吸着は起こりにくくなります．このように，分析種によっては試料溶液で得られる（高めの）検出器応答の方が真値に近いのです．

かなり以前からある種の GC 測定ではこのような現象が認められる場合がありましたが，（GC における）マトリックス効果という言葉はあまり聞かれませんでした．マトリックス効果がクローズアップされたのは 2000 年前後と思われます．これは，2006 年の農薬のポジティブリスト制度施行に向けて測定対象となる農薬数の大幅な増加を受け，GC/MS を用いた作物中の一斉残留農薬分析の検討が活発化したことによるものと考えられます．残留農薬分析では，分析法のバリデーションの一環として添加回収試験（前処理前の試料に既知量の分析種を添加して全操作を行って得られる定量値ともとの添加量との整合性の確認）を実施しますが，この際分析種によっては回収率（(定量値から算出される分析種の質量 / 添加質量)×100）が測定誤差等では説明できないような 100 % を大きく超える値がしばしば出現しました．前処理などの分析操作を行っているので，分析種の損失の可能性はあっても，増加してしまうのは不合理ということです．ほどなく異常な回収率の原因が共存成分の影響であることが広く認識されました．

残留農薬分析でマトリックス効果が表面化した理由としては，上記のように添加回収試験で結果が明瞭なこともありますが，測定自体にも以下に述べるようなマトリックス効果が出やすい特徴があるためと考えられます．

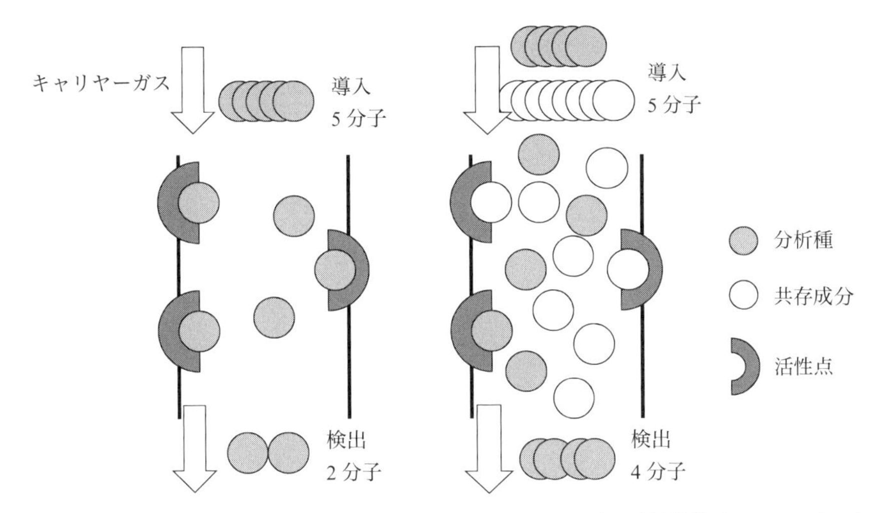

左図：標準溶液，右図：試料溶液．図中の活性点が存在する線は測定系の試料接触面のイメージ．左では導入された 5 分子のうち 3 分子が吸着されて 2 分子のみ検出器に到達するのに対して，右での測定対象成分の吸着は 1 分子のみで 4 分子が検出器に到達する．その結果，右の検出器応答は左の 2 倍に見える．

図 1　推定されるマトリックス効果のメカニズム

a．微量分析

マトリックス効果は分析種が微量な場合でより顕著な傾向にあります．これは，分析種の導入量が変化しても活性点に対して吸着される絶対量はおおむね同じと考えれば理解できます．仮に吸着されうる量が 50 pg だとすれば，導入量が 1 ng では 5 %，100 pg では 50 % が吸着されますので，吸着が抑制された場合の検出器応答は前者では 1.05 倍程度（ほぼ同じ）になるのに対して後者では 2 倍になります．ただし，実際に見られる現象はこれほど単純な数値関係にはなりません．この状況で 50 pg を導入しても検出器応答が“ゼロ”になることは通常ありません．あくまで話を単純化するためのモデルケースとして考えてください．

b．分析種の物理化学的性質の幅が広い

例えば，高極性成分あるいは高沸点成分は吸着されやすいので，マトリックス効果が出やすくなります．したがって，分析種の物理化学的性質が多岐に渡る一斉分析では，分析種間でマトリックス効果の出方に差があると考えられます．上記残留農薬分析での一例としては，総じて塩素系農薬（概して極性が低く吸着されにくい）に比べて有機リン系農薬（一部極性が高く吸着されやすいものがある）で効果が顕著になる傾向が認められます．このような分析種の物理化学的性質による影響の出方の差は，異常回収率に対するなんらかの共存成分の影響（後に活性点での吸着の多寡と判明した）を示唆したものといえるでしょう．

c．限定的な精製

b 項にも関連しますが，幅広い物理化学的性質を有する分析種の一斉分析ではこれらの回収を確保しなければならない関係から，前処理における精製の主眼は測定もしくは装置にダメージを与え

る可能性のある特定の共存成分の除去になります．したがって，従来の微量分析のような精密な精製操作に比べて，試料溶液により多くの共存成分が含まれることになり，マトリックス効果もより起こりやすい状況になります．また，同じ前処理操作をしても試料によってマトリックス効果に差が出る場合があります．これも残留農薬分析の例になりますが，油分の多い試料ではしばしばマトリックス効果が高めに出ることがあります．

d．スプリットレス注入法

現在のところほとんどの微量分析にはスプリットレス注入法が使われており，これは残留農薬分析でも同様です．本注入法は堅牢性などの点で優れていますが，注入口インサートからカラムへの移動に（カラム内などの移動に比べて）時間を要します．このため，注入口インサートの状況（不活性度，劣化，汚染）によってはマトリックス効果が大きくなる原因になります．

e．MS の適用

検出器としての MS は多くの分析種を感度と選択性をもって一斉に測定するうえで重宝します．一方，一般的な GC 検出器に比べて表面積が大きく吸着が起こりやすいといえます．したがって，分析種によってはマトリックス効果の要因となる可能性はあります．

以上のように，マトリックス効果の多寡は，分析種の性質とその濃度，共存成分の質と量，測定条件と使用する装置の状態などによって左右されます．分析法の適用にあたっては，試験溶液と同等の共存成分を含む溶液に既知量の分析種を添加・測定して，その影響を確認しておくことが望ましいと考えられます．なお，測定に用いるシステム内の活性点の量もマトリックス効果に反映されます．できるだけ不活性な測定系の構成は，重要なマトリックス効果対策です．上記の d 項で触れた注入口インサートの劣化・汚染や液相が劣化したカラムなどでは活性点が増加しますので，これらの使用は避けるべきです．

近年は 2000 年当時に比べて不活性化技術も大きく向上しましたが，残念ながらマトリックス効果を完全に払拭するほどの不活性な GC もしくは GC-MS の構築は不可能です．このため，測定によってはマトリックス効果が不可避ですが，この効果の存在を前提に，起爆注入（「準備・試料導入編」Q75 参照），標準溶液に適当な化合物を添加する手法（Q39 参照），実試料と同等の共存成分を含む標準溶液を調製して定量に用いる方法，同位体標識化合物による補正などの対策が考案・使用されています．

［山上 仰］

【引用文献】

1） JIS K 0214(2013)：分析化学用語（クロマトグラフィー部門）．

Question 39

アナライトプロテクタント（擬似マトリックス）のおもな種類と特徴を教えてください.

Answer

アナライトプロテクタントは日本語では一般に擬似マトリックスと呼ばれています. 微量分析を行う残留農薬分析の分野でこれまで多くの擬似マトリックスに関する報告がされています. とくにGC/MSの測定においては, 有機溶媒中の農薬成分の応答より, 夾雑成分中の応答が増感し, 定量値が高めに出てしまうエンハンスメント効果（正のマトリックス効果）が知られています. これは有機溶媒で調製した農薬成分がGC/MSの注入口やカラムあるいはイオン源で吸着を起こすのに対し, 試料中の農薬成分の場合は, 大量に含まれる夾雑成分が吸着点を保護するため, 検出器の応答に差が生じることが原因とされています. 図1にマトリックス効果のメカニズムを示します.

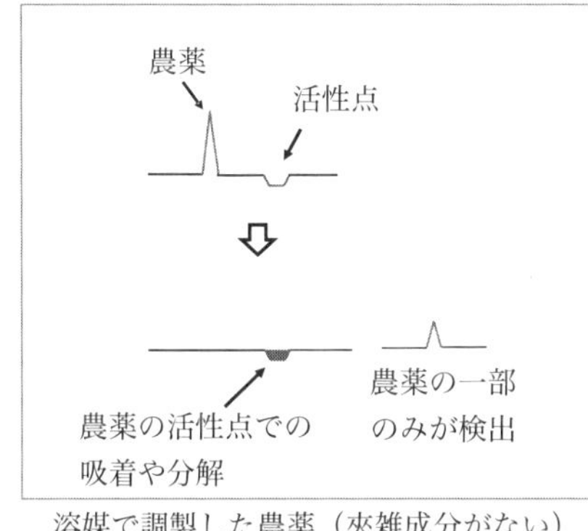

溶媒で調製した農薬（夾雑成分がない）

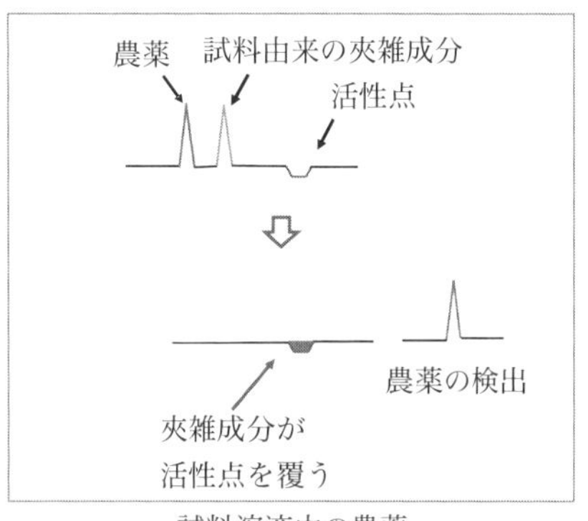

試料溶液中の農薬

図1　マトリックス効果のメカニズム

近年では, 不活性化処理されたバイアルやインサート, カラムなどが販売されていることや, イオン源の不活性化技術も向上していますが, 測定したい農薬はppbレベルと非常に低いこと, そして, 試料前処理は多成分一斉分析が主流となり簡便化されることで, 精製度は低くなりがちなことから, マトリックス効果は依然として大きな問題となっています.

正確な定量のためには, 試料と検量線用の標準溶液を同じにする標準添加法が望ましいですが, 多岐に渡る食品中の残留農薬分析などでは, その運用は手間がかかるため, 擬似的なマトリックスで代用する案が多く報告されています.

日本ではこれまで, ポリエチレングリコール300（PEG300）が幅広く用いられてきました. PEG300は平均分子量が300程度で, ちょうど農薬の分子量と近いことや, 安価で入手しやすいことが理由に挙げられています. しかしながら, 近年, シアノ基をもつピレスロイド系農薬など一部の農薬ではPEG300が負の影響を与えることが報告されています. そのため, 脂肪酸混合溶液や市販の野菜ジュースを擬似マトリックスとして利用するなどの報告もされています[1)].

海外では，QuEChERS 法を開発した Michelangelo らにより，擬似マトリックスの検討がされています．検討した 32 成分から最終的には，グリセロール，グロノラクトン，ソルビトール，シキミ酸（酸性農薬用）の 4 成分の混合溶液が擬似マトリックスとして最適としています[2)]．

いずれの擬似マトリックスも，試料の精製度によってその効果が限定的になる場合があります．PEG300 も試料の精製が十分であればシアノ基をもつピレスロイドでも問題なく使用できることも多いですが，試料が加工品のようにマトリックス濃度が高いと，いくつかの農薬ではデメリットの方が大きくなります．また，上記に挙げた擬似マトリックスはいずれも溶出の遅い農薬はカバーしていません．精製が不十分な場合は，ステロール化合物や脂質分解物などが残りやすく，溶出の遅い農薬のマトリックス効果が高くなりがちです．そのため，擬似マトリックスとしてあえて植物油脂を添加している報告も見られます．擬似マトリックスを利用する際は，溶解する溶媒や洗浄溶媒の選択に注意が必要なものもあります．

さらに擬似マトリックスは，添加することによって，かえって弊害を受ける農薬もあります．図 2 は脂肪酸混合溶液を使ったときに影響を受けたプロパジン，図 3 はグルコノラクトンの代用として用いたグロノラクトンにより影響を受けたアセフェートの例を示します．万能といえる擬似マトリックスはなかなか見つからないため，試料の精製方法の見直しや，各々の擬似マトリックスのメリット・デメリットを理解したうえで使用するのがよいでしょう．［杉立久仁代］

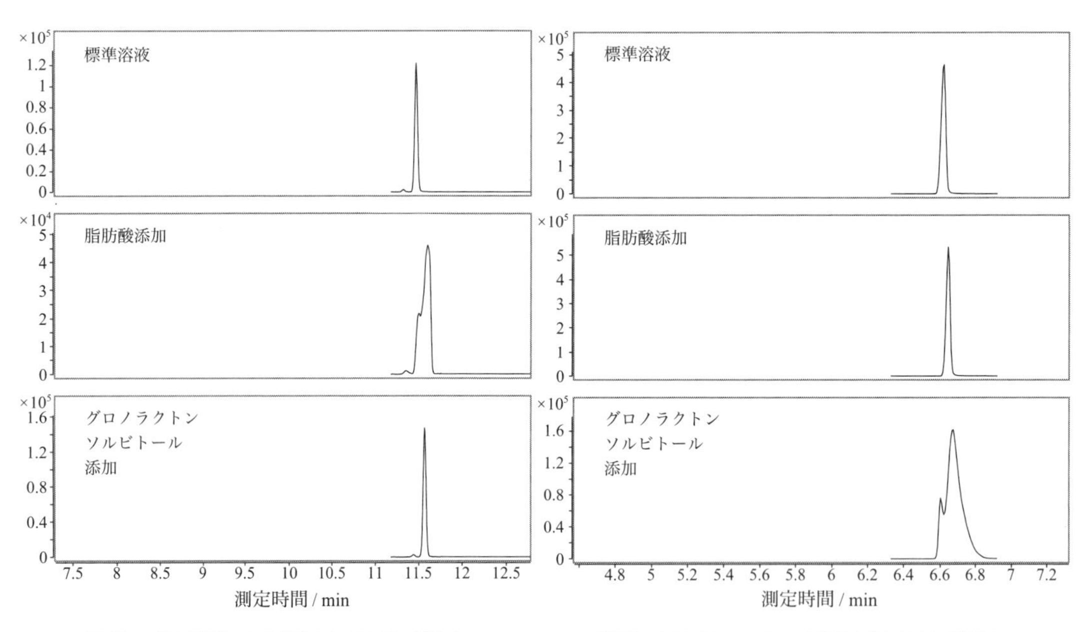

図 2　プロパジンの MRM クロマトグラム

トランジション：214 -> 172．脂肪酸混合溶液添加の影響で，ピーク形状や保持時間が変化する．上段：無添加，中段：脂肪酸添加，下段：グロノラクトン＋ソルビトール添加

図 3　アセフェートの MRM クロマトグラム

トランジション：136 -> 42．グロノラクトン＋ソルビトール添加の影響で，ピーク形状や保持時間が変化する．上段：無添加，中段：脂肪酸添加，下段：グロノラクトン＋ソルビトール添加

【引用文献】

1） K. Akutsu, Y. Kitagawa, M. Yoshimitsu, A. Takatori, N. Fukui, M. Osakada, K. Uchida, E. Azuma, K. Kajimura, *Anal. Bioanal. Chem.*, **410**, 3145 (2018).

2） K. Mastovsk, S. J. Lehotay, M. Anastassiades, *Anal. Chem.*, **77**, 5129 (2005).

QUESTION 40

GC/MS で**測定の感度を上げるための大容量注入法**にはどのようなものがありますか？

ANSWER

高感度な分析を実現するために，大容量の試料を導入する手法が開発されています．ここではキャピラリーカラムによる分析において，大容量の液体試料を導入するための技術を紹介します．

a．パルスド（高圧）スプリットレス注入法の利用

最近の GC では，注入口の圧力を電子制御することが可能になってきました（「準備・試料導入編」Q25 参照）．この電子式圧力制御が可能な注入口を用いることで，従来のスプリットレス注入（1 μL 程度）に比べて大量の試料（5 μL 以上）を注入することが可能です（「準備・試料導入編」Q71，72 参照）．

通常のスプリットレス注入では，注入口の温度は 200～300 ℃ の高温となっているために，溶媒が気化した際の体積と，注入口インサートの体積を考慮すると 1～2 μL 程度の試料注入が限界です．一方，電子式圧力制御が可能な GC を用いれば，経時的に圧力をコントロールすることができます．この機能を利用して注入時の注入口圧力（カラム入口圧力）をパルス的に高圧状態にする（パルスドスプリットレス注入ともいう）ことで，気化体積が小さくなるために 5 μL 程度の溶媒が気化しても注入口インサートの体積を上回ることがなく，カラムへの導入が可能となります．

b．コールドオンカラム注入法＋リテンションギャップの利用

高温の注入口での溶媒気化が起こらないコールドオンカラム注入法では，大量の試料注入が可能になります．ただし，以下の点に注意が必要です．

- メインカラムの前に適切な長さのリテンションギャップ（メインカラムより保持の弱いカラム入口）を用いること（「準備・試料導入編」Q73 参照）
- 適切なカラム槽初期温度
- 適切なカラム槽昇温条件
- 適切なカラムの選択

条件の最適化には各種パラメーターの最適化が必要であるため，別途専門書[1]や，分析機器メーカーの取扱い説明書などを参照してください（「準備・試料導入編」Q78 も参照）．

c．溶媒ベントの利用

上記オンカラム注入法＋リテンションギャップの応用により，メインカラムの手前にベント（排気）ラインを設けることで溶媒を排出させることが可能となります．大量の試料がオンカラム注入口に注入され，リテンションギャップに移動します．溶媒の大部分は，プレカラムによって分析対

象物から分離され，バルブから排出されます．分離を最適化するためにユーザーが指定した時間になると，バルブが閉じ，カラム槽温度プログラムが開始され，保持された（プレカラムに残った）溶媒と分析物が分離のためにメインカラムに移動します．

「準備・試料導入編」Q80 の図 1 に溶媒ベント機構の概略図を示します．

d. PTV 注入口の利用

1979 年に Vogt らは最大 250 µL までの大量試料をキャピラリーカラムに導入できる技術を開発しました．この着想に基づいて開発された注入技術が昇温気化注入（programmed temperature vaporization：PTV）法であり，その後さまざまな PTV システムが市販されています．

「準備・試料導入編」Q79 の図 1 に一般的な PTV 注入口の構造を示します．PTV 注入口でもスプリット / スプリットレス注入口と同様に，スプリット状態とスプリットレス状態の切替えが可能です．

PTV 注入口を用いた大量注入法では，次のような手順で試料が導入されます．

(1) スプリットモード流路による試料注入と対象成分の濃縮

PTV 注入口をスプリットモード流路にした状態で大量の試料を注入口に注入します．この際，注入口温度は溶媒の種類，注入口の圧力，注入口を流れるガス流量によって最適化が必要で，溶媒の沸点に近い低温にしておかなければなりません．また，試料の注入速度も溶媒の気化速度に合わせてゆっくりと注入することが必要です．

このような状態で注入すると，溶媒はスプリットベントより排出され，比較的沸点の高い対象成分は低温の注入口インサートに濃縮された状態になります．

(2) スプリットレスモードによる試料のカラムへの導入

続いて PTV 注入口をスプリットレスモードに切り替えます．この後に注入口を高温まで急速加熱（例えば 10 ℃ s^{-1} で，250 ℃ まで加熱）することで，濃縮された対象成分をキャピラリーカラムへと導入することができます．

実際の条件設定については，各メーカーの取扱い説明書を参照してください．

その他，PTV の例として図 1 に胃袋型（スパイラル）インサートを用いた大量注入口を示します．注入工程は図 2 に示します．インサートが胃袋型といわれる構造をしており，液体状態で注

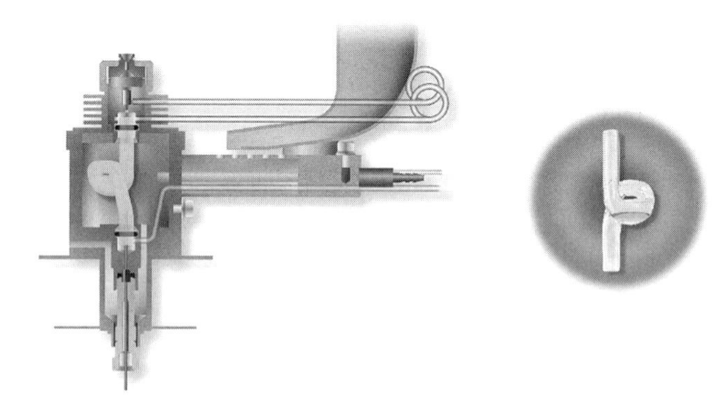

図 1　大量注入口（左）と胃袋型（スパイラル）インサート（右）
［アイスティサイエンス ホームページ　https://www.aisti.co.jp/archives/product/lvi-s200］

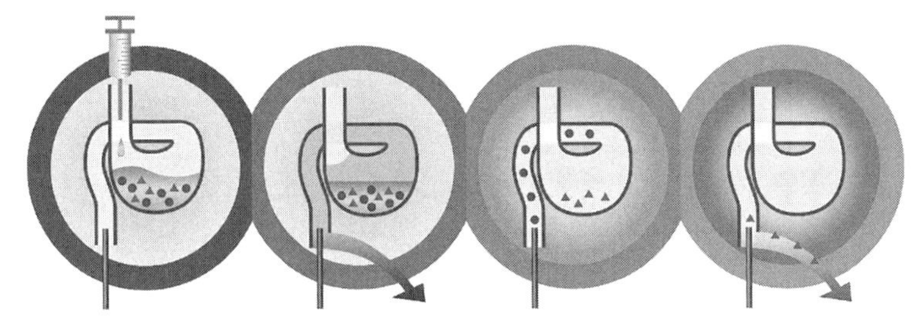

図２　胃袋型（スパイラル）インサートを使用した大量注入の工程

［アイスティサイエンス ホームページ　https://www.aisti.co.jp/archives/product/lvi-s200］

入液を保持することが可能です．その後，スプリット弁を開放し溶媒を排出します．そして，スプリット弁（スプリットレス）を閉じ，注入口を昇温し分析対象成分を気化させキャピラリーカラムに導入します．

［川上 肇，松尾俊介］

【引用文献】

1）K. Grob 著，日本分析化学会ガスクロマトグラフィー研究懇談会 訳，“CGC における試料導入技術ガイドブック”，丸善（1999），pp.354-366.

Question 41

GC/MS用のキャピラリーカラムと通常のものの違いはなんですか？

Answer

キャピラリーカラムそのものにGC/MS用という一般的な仕様はありません．カラムメーカーがGC/MSの測定に適しているカラムをGC/MS用カラムとして販売しているのが現状です．そのため基本的には通常のカラムとGC/MS用カラムと称されるカラムには根本的な違いはなく，条件さえ合えば通常のカラムでもGC/MSでの使用が可能です．一方，GC/MSでは真空の保持が必須であり，またキャピラリーカラムの固定相液体（液相）からのブリーディングによりイオン源に試料成分以外の成分が供給されノイズが増大したり，キャピラリーカラムの固定相が微量成分を吸着したりするので，使用するキャピラリーカラムには汎用的なGC用カラムとは異なる性能や仕様が要求されることがあります．なお，使用するキャリヤーガスの種類によっては，真空の維持や真空度の変化，イオン化部などでの反応，測定の際の感度への影響，検出器への影響を含むノイズの変化などに配慮しなければならないので使用上の注意が必要になります．

GC/MS用のキャピラリーカラムに要求される一般的な条件としては，ブリーディングが少ない，堅牢性が高い（また，より高温での測定では高耐熱性が求められることがあります），不活性度が高い（微量成分の安定的検出のため），真空保持が可能な寸法である，が挙げられます．また，このなかで市販のWCOTカラムの場合は特徴として，① XX-ms（XX-MS）と名前がついているものが多い，② ポリジメチルシロキサン（PDMS）構造がベースのものが多く，フェニル基がフェニレン基の形でシロキサン構造に組み込まれることが多い（フェニレン，シルフェニレン，アリレン，シラリレン構造などの名称），③ シアノプロピル基のあるPDMSベースのカラムもMS仕様が多い，④ 不活性度の高さとブリーディングの少なさは必ずしも一致しない，⑤ 使用する原料のポリマー，溶融石英などの見直しがされている場合が多い，⑥ 調製方法（各種前処理）の吟味（化学結合，架橋，不活性化処理）がされている，⑦ 厳しいテスト（ブリーディング値，専用のテスト化合物による性能検査など）での評価がされている，⑧ WCOTカラムのみMS仕様のカラムがある，⑨ 膜厚が厚いものは少ない，などが挙げられます．このうち固定相液体の構造について上記②の特徴を図1に模式的に示しました．フェニレン基構造になることによって構造的により安定し，ブリーディングの減少につながります．また，フェニレン基が組み込まれているMS仕様のカラムでは，量は相対的に少ないものの特有の分解過程により分子量の大きい高沸点の分解物が生成しやすく，分解が進むと

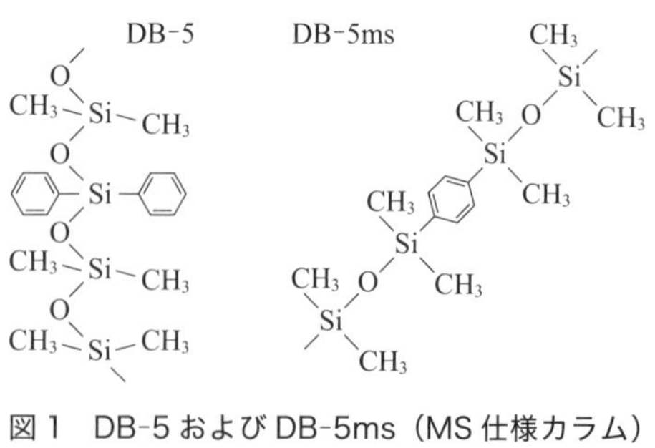

DB-5　DB-5ms

図1　DB-5およびDB-5ms（MS仕様カラム）の液相構造の比較

［https://www.agilent.com/cs/library/eseminars/public/How_to_Select_the_Correct_GC_column_July2018%20.pdf］

それらの成分がカラム内に残留しやすくなります．その結果，RIの変化など，分離に影響を与える可能性がありますので注意が必要です．適宜，コンディショニングすることをおすすめします．

GC/MS仕様のものとそうでないカラムの違いによる検出の違いを図2に例示しました．

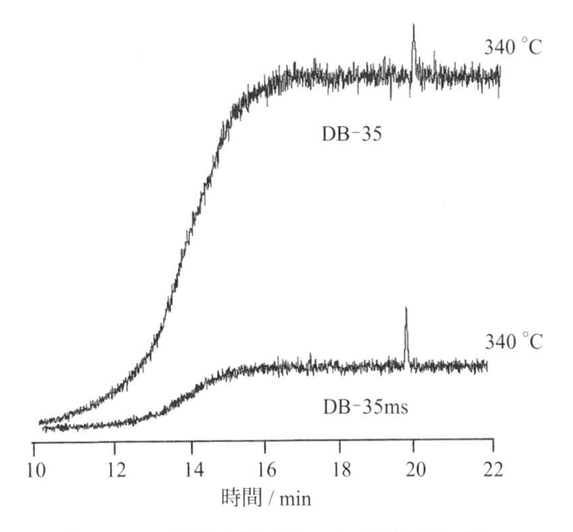

図2　DB-35とDB-35msによる検出の違い
（1 ng相当のベンゾ[*g,h,i*]ペリレンの分子イオン（*m/z* 276）を測定，カラムは同じ寸法）
[https://www.agilent.com/cs/library/eseminars/public/How_to_Select_the_Correct_GC_column_July2018%20.pdf]

フェニレン構造をもたないMS仕様のカラムとしては100 % PDMS構造のものやポリエチレングリコール（PEG）仕様のもの（いわゆるWAXカラム），ポリカルボラン構造のものなどがあります．なお，ブリーディングによるバックグラウンドスペクトルは標準的なカラムとMS仕様のものでは液相構造の違いによって，出現するピークが少し異なる場合があるので注意が必要です（例えばDB-5とDB-5ms，Q80参照）．また，分離特性も少し異なります．図3に代表的カラムメーカーの一つであるアジレント・テクノロジーのMS仕様のカラムのラインナップを示しました．

PLOTカラムもGC/MSに用いられますが，① PLOTカラムにはとくにMS仕様のものはない，② 寸法に注意が必要である（真空保持に必要な内径0.25 mmあるいは0.32 mmのカラムでGC/MSに適したカラム長が長いものに限定されている），③ 一般に粒子トラップが必要となる，といった特徴があります．これはPLOTカラムの粒子が剥離した場合，ノイズや詰まりの原因になるためです．本カラムに粒子トラップを接続，あるいは一体型（本カラムと粒子トラップが一体成形されたもの）を使用することが多いですが，最近は固定相のポーラスポリマーを化学結合させたもの，あるいは多孔質の焼結体様のものもあり，これらは粒子の剥離がないかきわめて少ないので粒子トラップは必要ありません．GC/MS用のカラムの寸法のうち，長さと内径の標準は30 m×0.25 mm

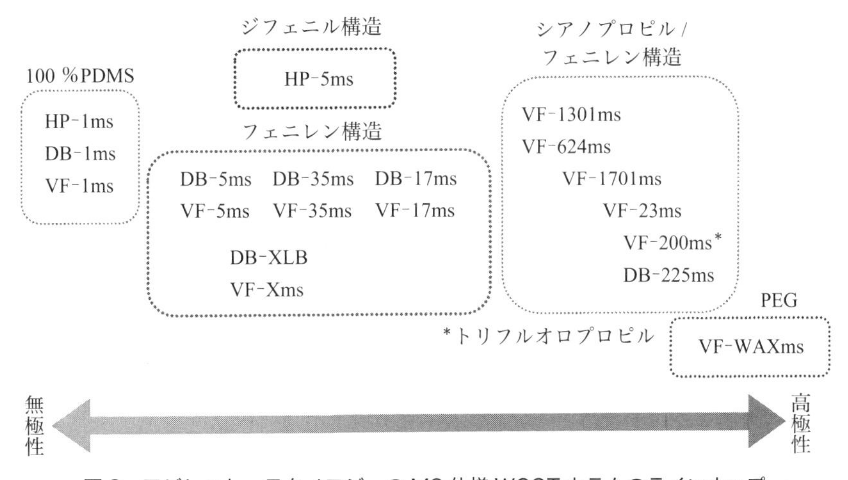

図3　アジレント・テクノロジーのMS仕様WCOTカラムのラインナップ

表 1　GC/MS で使用されるキャピラリーカラムの内径ごとのカラム長の最短実用長さと推奨範囲

内径 / mm	最短実用長さ / m	推奨範囲 / m
0.20 以下	5	10 以上
0.25	10	15 以上
0.32	25〜30（条件設定に制限）	50 以上
0.53	使用には内径の細いリストリクターの接続が必要	

［日本分析化学会ガスクロマグラフィー研究懇談会 編，“ガスクロ自由自在　GC, GC/MS の基礎と実用”，丸善出版（2021），p.181］

i.d. ですが真空保持のため，内径ごとのカラム長の最短実用長さと推奨範囲は表 1 の通りです．なお，膜厚は原則 1 μm 以下が推奨されます（ブリーディングを抑えるため）．

なお，low pressure GC/MS（LPGC/MS）については Q20 を参照してください．使用するカラムの構成については特徴があります．また，APCI を利用する GC/MS については大気圧下でのイオン化になるため，真空保持のためのカラムに寸法的な制約はありませんので基本的には通常の GC カラムで大丈夫です．

［代島茂樹］

Question 42

MS に直接接続できるキャピラリーカラムの寸法はどのくらいでしょうか？　また，ワイドボアカラムを接続する方法を教えてください．

Answer

MS に直接接続して GC/MS での測定が可能，すなわち真空保持が可能なキャピラリーカラムの長さはキャピラリーの内径によって異なります．また，キャリヤーガスの粘性は温度とともに変化しますので，キャリヤーガスの種類，カラム槽温度によっても必要とされるカラム長さは変わります．なお，キャピラリーカラムは長いもので 200 m に及ぶものがありますが，そのような場合は真空の保持や GC/MS の測定に適したキャリヤーガス流量の確保はとくに問題ないので，ここでは長さが短いものに限定します．ソフトウェアを用い，以下の条件下で真空保持が可能なキャピラリーカラムの長さを求めました（アジレント・テクノロジーの Pressure Flow Calculator 使用）．

- キャリヤーガスの種類はヘリウム，水素，窒素とする．
- カラム槽温度は 50 ℃ 以上とする（GC/MS による測定は昇温分析が通常は 50～250 ℃ の範囲で行われ，温度が低いほどキャリヤーガスの粘性が低く，流量は多くなるため）．
- キャリヤーガス流量は 3.0 mL min^{-1} を上限とする（最近の装置はもっと多い流量での測定も可能ですが，流量増大により感度が減少するので実用的な値を採用）．
- 注入口圧力は 1.0 psi（1 psi ≒ 6.9 kPa）を下限とする（低い注入口圧力の設定は測定精度，安定性が問題となりうるので実用的な最小値を採用）．

計算の結果を表 1 に示します．

表 1　GC/MS の測定における接続可能な最短カラム長さ（m）

内径 / mm	He	H_2	N_2
0.15	0.7	1.3	0.7
0.18	1.3	2.7	1.4
0.20	2.0	4.0	2.2
0.25	5.0	10.0	5.3
0.32	13.3	26.6	14.2
0.53	100	200	107

なお，これらの数値は計算上のもので，分離や感度等を加味した実用的な最短カラム長はこの表の数値の 2 倍程度がよいと思われます（Q41 参照）．また，この表からはヘリウムと窒素はほぼ同じ，水素はそれらの約 2 倍ということがわかります．ちなみにヘリウムの場合，標準的条件であるカラム槽温度 200 ℃，注入口圧力 10 psi，キャリヤーガス流量 1.0 mL min^{-1} で，0.25 mm i.d. および 0.32 mm i.d. のカラムに必要なカラム長はそれぞれ 19.0 m，51.0 m になります．

また，キャリヤーガスの種類によらず，カラム槽温度，キャリヤーガス流量，注入口圧力を上げ下げした場合，直接接続可能なカラム長さの変化（長くなる / 短くなる）の一般的傾向は以下のようになります．

- カラム槽温度を上げた場合は短く，下げた場合は長くなる．
- キャリヤーガス流量を上げた場合は長く，下げた場合は短くなる．
- 注入口圧力を上げた場合は長く，下げた場合は短くなる．

試料負荷容量が多いなどのメリットがあるワイドボア（メガボア）カラムを GC/MS で使用する

場合，直接だと表 1 に示すように 100 m 超のカラム長さや排気能力の優れた装置が必要となります（場合により接続するためのアタッチメントが新たに必要）．そのため使用時には真空を保持するため，コネクターを介してのリストリクター（キャピラリー）とワイドボアカラムを直列に接続して用います．リストリクター側を注入口に装着します．リストリクターは内径 0.1 mm で 0.5〜1.0 m，ワイドボアカラムは 10〜15 m のような組み合わせにし，急速な昇温分析を行います（リストリクターの内径や長さおよびワイドボアカラムの長さは適宜変更，また急速な昇温はこの分析が測定の高速化を目的として行われることが多いためで必須ではありません）．これらは low pressure GC/MS（LPGC/MS）という手法として知られ，いくつかのメーカーからリストリクターとワイドボアカラムを専用のコネクターで接続した形で販売されています．LPGC/MS では MS 側の真空に引かれ，ワイドボアカラム内が減圧されるので，キャリヤーガスの線速度が上がり，数倍から 10 倍程度まで分析時間のスピードアップが可能になり，いわゆるスループットが向上します．分離度は通常のナローボアカラムに比べて悪くなりますが，減圧によってキャリヤーガスの線速度が上がっても最小の理論段相当高さは大気圧下のときとほぼ同じになる利点があります（Q20 参照）．

［代島茂樹］

QUESTION 43

PLOT カラムを GC/MS で使用する場合の注意点について教えてください.

ANSWER

PLOT（porous layer open tubular）カラムはカラム内壁面に多孔性粒子を有し，分配形の固定相では保持が難しい化合物を吸着形の固定相で保持し分析できます．無機ガス，常温で気体の化合物，揮発性の高い化合物等の分析に非常に有効ですが，GC/MS で使用する場合には注意点がいくつかあります．PLOT カラムについては「分離・検出編」Q9 を参照してください．

a．粒子トラップの必要性

近年の PLOT カラムは粒子の固定化の技術が進み，粒子の剥離や流出が軽減されていますが，それでも検出器（GC/MS の場合はイオン源）やスイッチングバルブ内へ入るとノイズやつまり，バルブ損傷の原因となることがあります．これを防ぐために粒子トラップ（パーティクルトラップとも呼ばれます）の役割を果たす空カラムを接続することが推奨されています．

最近では PLOT カラムと粒子トラップが一体化しているカラムが増え（当初は検出器側だけでしたが，最近は両端についているものが増え，バックフラッシュ分析や各種電子制御デバイスへの接続などにも活用されています），接続部からの漏れの心配がありません．また PLOT カラムのなかでも固定相のポーラスポリマーを架橋により化学結合させたもの，または多孔質の焼結体様なものが開発されており，これらは粒子の剥離が起きないため原則として粒子トラップは必要ありません．

b．内径や長さの制限

PLOT カラムは内径が 0.53 mm や 0.32 mm のラインナップが多く，GC/MS で使用するには真空保持に必要な抵抗が足りず圧力制御が難しい場合があります．一般的に GC/MS で使用する場合には，内径が 0.32 mm のカラムでは長さが 50 m 以上必要です（Q41，42 参照）．なお，カラムの内径が 0.53 mm や 0.32 mm であっても注入口側にリストリクターとして内径の細いキャピラリーを接続すれば MS への接続が可能となり，また LPGC/MS としての使用も可能になります（Q20 参照）．

c．コンディショニング時の注意

PLOT カラムは WCOT カラムと比べて保持力が強いためコンディショニングも時間をかける必要があります．モレキュラーシーブ系は 300〜350 ℃ で 3〜8 時間程度，多孔質ポリマーやシリカ系は 250 ℃ で 3〜6 時間を要します．PLOT カラムはコンディショニングの時間が長いため実施時には検出器（MS）から外して行うことを，また，粒子の剥離を防ぐために適切な流量に達するまで 10〜20 kPa min^{-1} 程度で徐々に昇圧することを推奨します．

［関口 桂］

Question 44

GC-MSでヘリウム以外のガスをキャリヤーガスとして使うときの注意点を教えてください.

Answer

市販のGC-MSはヘリウムで最高性能が得られるように設計されており，水素や窒素などほかのガスを使用した場合は，十分な性能が発揮しにくいといえます．イオン化効率やイオン透過率の点からもヘリウムは感度が得られやすく，キャリヤーガスを水素または窒素に変更する場合，感度の低下は避けられません．感度の減少にはいくつかの要因が考えられます．まずフィラメントからの電子をキャリヤーガスが消費することによる試料成分のイオン化率の減少です．イオン化断面積がHe：H_2：N_2≒1：3：10（電子エネルギー70 eV時）であることから，窒素では電子が多く消費されてしまい，とくに不利になります．また，水素は排気効率が悪いため，全体として真空度が低くなり，そのためイオンの透過率が下がり感度の点で不利になります．一般的に，ヘリウムと比較した電子イオン化（EI）による感度は，水素は1 / 2～1 / 10，窒素は1 / 10あるいはそれ以下になるといわれています（装置によって幅があります）[1]．ただ，これらは測定する質量範囲やモニターするイオンのm/zにも依存しており，それぞれのキャリヤーガスにおいて最適なGC-MSの条件を使用することで，感度の低下を補うことができる場合があります．下記に水素，窒素をGC-MSのキャリヤ―ガスとして使うときの注意点についてそれぞれ示します．

a.　水素のキャリヤーガスを使うときの注意点

水素のキャリヤーガスを使うときにもっとも重要なことは，安全性の確保です．水素は可燃性ガスなので，取り扱いを誤ると思わぬ事故や怪我につながるおそれがあります．GCの注入口のスプリットベントライン（少なくとも20 mL min^{-1}），セプタムパージ（3 mL min^{-1}）からは常時キャリヤーガスが排気されており，MSのロータリーポンプからも微量の水素（1～2 mL min^{-1}）が排気されています．これらの排気ラインへ抵抗がない配管を接続し，確実にドラフトや外部排気口まで誘導します．また，安全機構を搭載したGC-MSを使用することも重要です．最新のGC-MSは多くの安全機能を有しており，カラム槽内へ水素濃度を検知するセンサーを取り付けることができるものもあります．また，高圧ガス容器の代わりに，異常があったときに水素の供給を自動で停止する機能を有している水素発生装置を使うこともよいでしょう．また，水素は金属に潜り込み脆弱化させる性質があるため，イオン源まわりの材質（とくにマグネット）に対応済みのものを用いる必要があります．また，水素は配管などに吸着した成分を引き剥がし，それらをイオン源まで運び込みバックグラウンドの増大を招くことがあるため，切替え後しばらくは実測定を行わず，安定するまで一定時間待つ必要があることにも注意が必要です．

キャリヤーガスの最適流量については「分離・検出編」Q23にもありますが，van Deemter曲線から，水素は理論段相当高さがもっとも低い値となる線速度が35～40 cm^{-1}とヘリウムに比べて高速領域に移行し，かつキャリヤーガスの線速度を上げても理論段相当高さの上昇が緩やかであるため，メソッド移行がしやすく，分析時間を短縮できる可能性があります．ただし，水素の粘性の低さから注入口の圧力制御ができなくなる恐れがあるため，カラムのサイズの選択には注意が必要です．

GC-MS による測定で一般的によく使用されている 30 m×0.25 mm i.d. のカラムを水素のキャリヤーガスで使う場合，カラム槽温度を高くする，または，キャリヤーガス流量を増やす必要があります．例えば，カラム槽温度 50 ℃ に設定した際，水素では平均線速度を 60 cm s^{-1}(キャリヤーガス流量 1.23 mL min^{-1}) まで上げなければ，注入口の圧力が維持できません．一方で，20 m×0.18 mm i.d. の内径の細いカラムは大きい抵抗をもつため，低流量でも注入口圧力を維持でき，水素のキャリヤーガスで使用しやすいカラムといえます．さらに，低流量にすることで，真空度の低下がなく，イオン化の際の影響を最小限にできるため，感度が得られるというメリットもあります．ただし，内径の細いカラムは試料負荷容量が小さくなるため，ピーク形状が悪くなる可能性があります．これに対しては，膜厚を厚くすることで改善できます．膜厚を厚くした場合は，相比が変わりクロマトグラムの分離パターンが変わる可能性があるため，昇温条件などの最適化を行います．

また，水素の反応性から質量スペクトルの変化が懸念され，とくに定性分析を行う際には注意が必要です．大部分の化合物についてはその変化の程度は小さく，ヘリウムのキャリヤーガスで取得した質量ライブラリー（NIST などの市販のライブラリーを含む）を用いた定性分析は可能です．しかし，一部の塩素系農薬や，カビ臭原因物質である 2-メチルイソボルネオール（2-MIB）およびジェオスミンなどでは質量スペクトルが変化することが知られています．これに対して，水素のキャリヤーガスを使用しても質量スペクトルの変化を低減されるように設計された，水素のキャリヤーガス用のイオン源が登場しています．図 1 は従来のイオン源と水素のキャリヤーガス専用イ

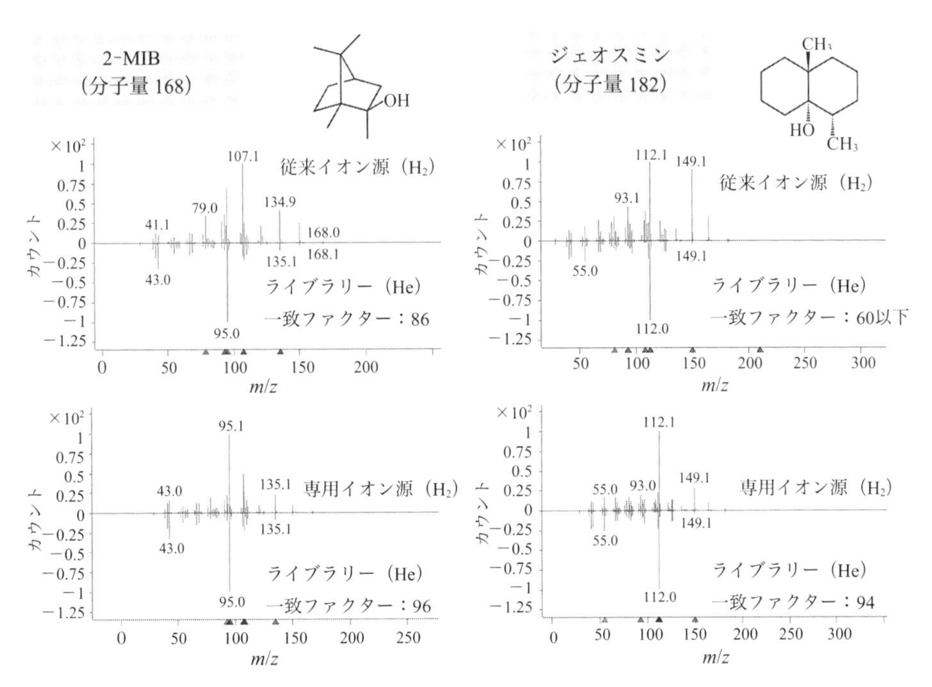

図 1　従来のイオン源（上）と水素キャリヤーガス専用イオン源（下：HydroInert）で取得した質量スペクトルの比較

［アジレント・テクノロジー アプリケーションノート 5994-5215JAJP］

オン源を用いて取得した 2-MIB とジェオスミンの質量スペクトルを比較したものですが，水素のキャリヤーガス専用イオン源では質量スペクトルの変化がほとんどなく，ヘリウムのキャリヤーガスで取得したライブラリーに登録されたものとよく一致していることがわかります．

b．窒素のキャリヤーガスを使うときの注意点

窒素は安価で安全なガスです．一方，キャピラリーカラムを用いる GC で窒素をキャリヤーガスとして使用する場合，ヘリウムと同条件で分析すると分離能が低下することが多いです．ヘリウムや水素では van Deemter 曲線の勾配が小さく最高の分離効率が得られる最適線速度の範囲は広いですが，窒素では van Deemter 曲線の勾配が大きく最適線速度の範囲が狭いです．したがって線速度の小さな変化が分離能の大きな変化につながります．窒素のキャリヤーガスで高い分離能を得るためには，キャリヤーガス線速度を 10〜20 cm s^{-1} の低い領域で検討します．昇温分析の場合は，キャリヤーガスの制御モード（圧力一定など）によっては昇温時に線速度が変化して最高の分離効率が得られないことに注意が必要です．

窒素のキャリヤーガスで高い感度を得るためには，MS に導入されるキャリヤーガス量を最小限にするために，キャリヤーガス流量を小さく設定します．しかしキャリヤーガス流量が小さすぎるとカラム入口圧力が保てずに流量が制御できなくなります．これを防止するために，水素のキャリヤーガス使用時と同様に，内径の細いカラムを使用するか，内径が細いキャピラリー管を内径が大きいカラムに組み合わせて少ないキャリヤーガス流量でもカラム入口圧力を保てるようにします．窒素をキャリヤーガスに使用して最適分離を得るときはカラムを流れる流量や線速度が小さいため分析時間が長くなりますが，カラム長さを短くすることで分析時間を短縮できます（LPGC/MS については Q20 を参照）．キャリヤーガス流量の低減以外にも，イオン化エネルギーを小さくすることで窒素のキャリヤーガス由来のノイズを抑制する手法もあります．ヘリウムのキャリヤーガスではイオン化エネルギーは 70 eV に設定するのが一般的ですが，窒素のキャリヤーガスでは 20 eV 程度で分析する事例が多くあります．図 2 は窒素キャリヤーガスで 1, 4-ジオキサンを分析した例を示しています．イオン化エネルギーが 70 eV よりも 25 eV の方が，ノイズが小さく SN 比が向上していることがわかります．

［高桑裕史，谷口百優］

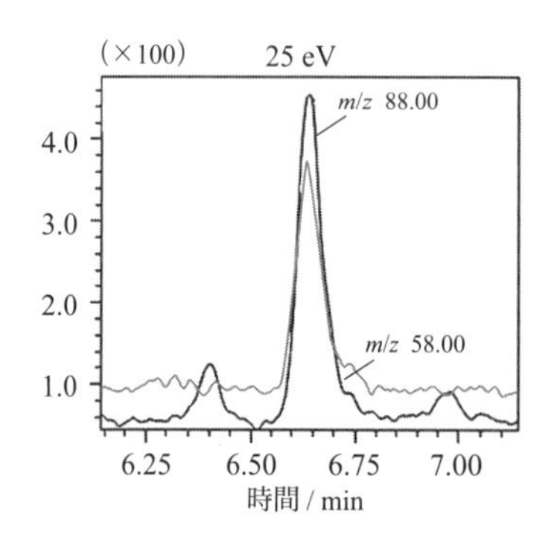

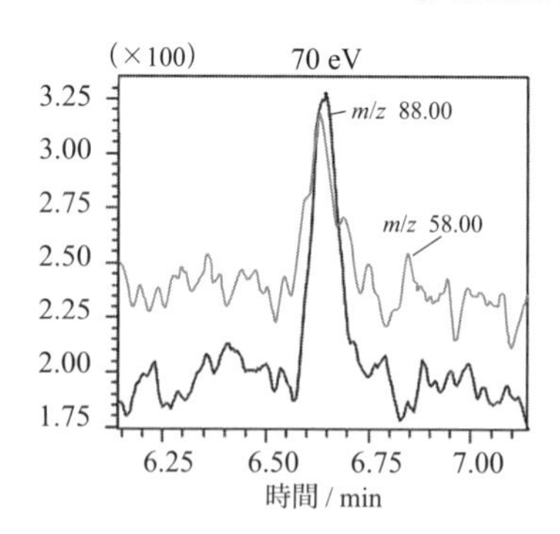

図 2　1, 4-ジオキサンの分析例（イオン化エネルギー 25 eV（左）と 70 eV（右））

【引用文献】

1）代島茂樹，水素キャリヤーガスによる GC/MS 分析の基礎，2013 年 2 月 22 日 GC 研究懇談会　https://www.jsac.or.jp/group/GC/doc_files/323GCMScarriergas.pdf

Question 45

GC/MS 用の質量校正物質にはどのようなものがありますか？

Answer

GC/MS に限らず，質量分析計（MS）は実際の使用前に各種の調整（チューニング）が行われます．調整のうちもっとも重要なのは質量軸の校正ですが，最近は各種の調整を自動的に行うことが標準になっています．この場合，質量軸の校正のみならず質量ピークの形状，分解能，同位体ピーク強度比，各質量域での検出の度合いのバランス（校正物質の質量スペクトルのパターンを見る）などを測定しながらイオン光学系の調整が行われます．もちろん一般的には必要に応じ，マニュアルでの調整も可能です．GC/MS の場合，質量校正物質としてもっとも多く用いられるのはペルフルオロトリブチルアミン（PFTBA，$N(C_4F_9)_3$：分子量 670.96）です．図 1 にその質量スペクトル例を示しました．装置によってどのイオンをモニターし，どのように調整するかは異なりますが，おもに *m/z* 69（CF_3），131（C_3F_5），219（C_4F_9），414（C_8NF_{16}），502（C_9NF_{20}）のイオンを使用します．また，*m/z* 576，*m/z* 614 などのイオンは，高質量域の質量校正が正しく行われているかの確認に用いられることがあります．各イオンの相対強度は使用する MS の種類や測定条件によって変わりますが，装置により調整時の各イオンの強度比，同位体ピーク強度比などのクライテリアが決まっています．

そのほかの質量校正物質としてよく用いられてきたのがペルフルオロケロセン（PFK，C_nF_{2n+2}）です．低沸点用（*m/z* 600 まで），高沸点用（*m/z* 800 まで），超高沸点用（*m/z* 1200 までカバー）に分かれています．また，この PFK は二重収束の磁場形 MS などの高分解能装置での調整のほか，これらの低分解能測定時の調整にも使用されます．その質量スペクトル例を図 2 に示しました．また，磁場形 MS や TOFMS では，測定中に常時 PFK をイオン源に入れてイオン化し，これらを

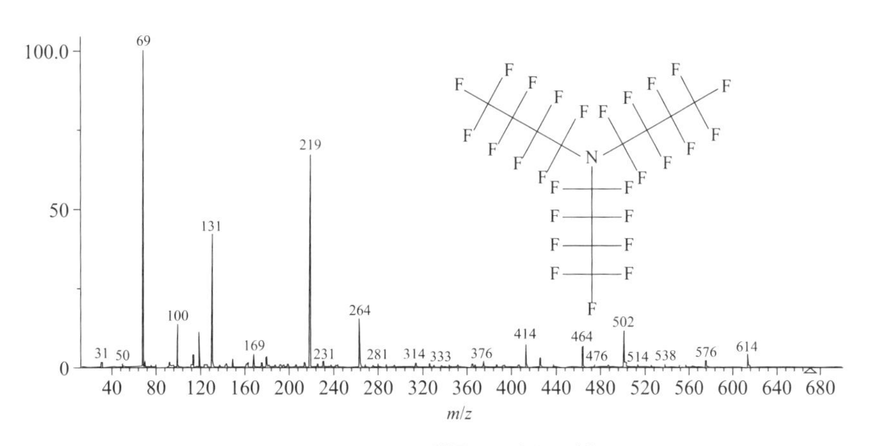

図 1　PFTBA の質量スペクトル例

［O. D. Sparkman, Z. E. Penton, F. G. Kitson, "Gas Chromatography and Mass Spectrometry, A Practical Guide, 2nd ed.", Academic Press (2011), p. 133］

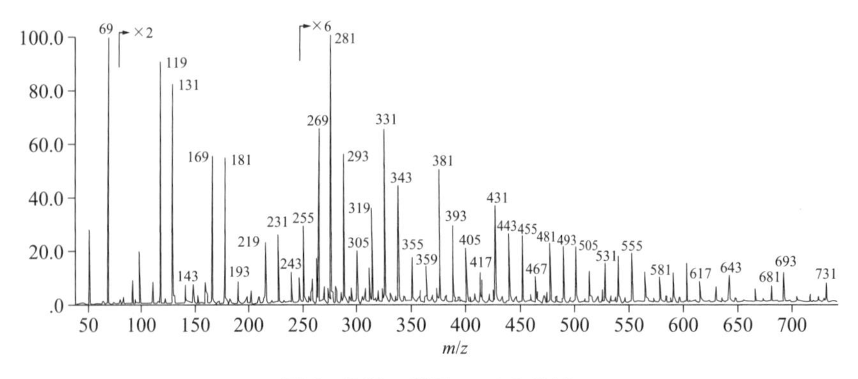

図２　PFK の質量スペクトル例

［O. D. Sparkman, Z. E. Penton, F. G. Kitson, “Gas Chromatography and Mass Spectrometry, A Practical Guide, 2nd ed.”, Academic Press（2011）, p. 134］

モニターして精密質量が既知の PFK 由来のイオンで生成イオンを挟み込む形にしてその精密質量をより正確に測定し，選択イオンモニタリング（SIM）測定の際に目的とするイオンの質量が磁場の変動や設置環境の変化などにより時間とともにずれないようにロックするためにも用いられます．

そのほか，電子イオン化（EI）用の質量校正用物質としては *s*-トリアジン系のもの（例えばトリス(ヘプタフルオロプロピル)-*s*-トリアジン）が数種類知られていますが，GC/MS ではあまり使用されていませんでした．それは，GC/MS において対象となる化合物の多くは分子量が 500 以下である場合が多いことから，おもに PFTBA による質量校正で足りていたからです．しかし，最近はより高沸点，すなわちより分子量の大きい成分や分子量の大きいポリ臭素化物も GC/MS の対象になり，PFTBA による質量校正だけでは十分ではなくなってきています．PFTBA の分子量は 671 しかなくイオンとして実用的に観測できるのは *m/z* 614 のものが最大ですので，それ以上の質量のものは校正を外挿する必要があります．そのため実際にスペクトル上のイオンの *m/z* 値を整数表示させた場合，本来の値から 1 ずれてしまうケースが多々ありました（炭素数などが増えてイオンの実際の質量が xxx.0 からずれてくることにも関連しており，少しのずれが整数表示での 1 の違いに結びつきやすくなっています）．そのため，最近ではより高質量域の質量校正（チェック）を行うための標準物質が導入されるケースが多くなってきています．代表的なものは，以前より質量校正用の標準物質として用いられていた *s*-トリアジン系の化合物の一種である 2,4,6-トリス(ペルフルオロヘプチル)-*s*-トリアジン（PFTH，$C_3N_3(C_7F_{15})_3$，分子量 1184.94）です．*m/z* 1200 付近までイオンが生じますので，高質量域の測定が正確に行われているかのチェックと校正が可能です．

なお，GC/MS を PFTBA で調整した場合，質量軸などの校正はできますが，装置の種類や状態，測定条件によって各質量域で生じ，検出されるイオンの相対強度（スペクトルパターン）は違っているのが現実です．そのため，違う装置で同じものを測定してもスペクトルパターンが合わないことや，同じ装置でも測定時期が異なるとスペクトルパターンが違ってくることが起こります．また，定量を行う際にも成分による相対的な検出感度の変化が起きてしまいます．これらを極力排除するために考案されたのが米国環境保護庁（EPA）から提唱されたデカフルオロトリフェニルホスフィン（DFTPP，$(C_6F_5)_2C_6H_5P$）による調整です．この DFTPP を GC/MS で測定し，あらかじめ決められた範囲内での各イオンの相対強度，同位体ピークの強度比になるように調整することによ

表 1　DFTPP 調整のクライテリア例

m/z	イオン強度のクライテリア	*m/z*	イオン強度のクライテリア
51	*m/z* 198 の 30〜60 %	275	*m/z* 198 の 10〜30 %
68	*m/z* 69 の ＜2 %	365	*m/z* 198 の ＞1 %
70	*m/z* 69 の ＜2 %	441	出現，*m/z* 443 より小さい
127	*m/z* 198 の 40〜60 %	442	*m/z* 198 の ＞40 %
197	*m/z* 198 の ＜1 %	443	*m/z* 442 の 17〜23 %
198	100 %（ベースピーク）		
199	*m/z* 198 の 5〜9 %		

り，どの装置で測定しても一定の範囲内のスペクトルパターンや各質量域での相対検出感度が得られることになり，測定データの比較などが行えます．また，同様にブロモフルオロベンゼン（BFB, C_6H_4BrF）を用いる方法も確立されています．DFTPP 調整のクライテリアを表 1 に示します（DFTPP 調整のクライテリアは EPA のメソッドによって異なります．表 1 は最初のオリジナルの例）．

［代島茂樹］

QUESTION 46

オートチューニングの結果の見方を教えてください．MS の管理への役立て方を教えてください．

ANSWER

GC-MS の電子イオン化（EI）モードのチューニングでは，チューニング用の標準物質として，安定で揮発性のあるペルフルオロトリブチルアミン（perfluorotributylamine：PFTBA，FC-43）のイオンを使用して行われています．PFTBA の質量スペクトルのフラグメントは広範囲にわたり（*m/z* 31, 50, 69, 100, 131, 219, 264, 414, 464, 502, 576, 614），図 1 に示すような開裂が起こるため，*m/z* 69, 219, 502 のプロファイルを基準にして行われています．^{13}C と ^{15}N の同位体比によりスペクトルがわかりやすくなっているのも特徴です（質量スペクトルは Q45 参照）．

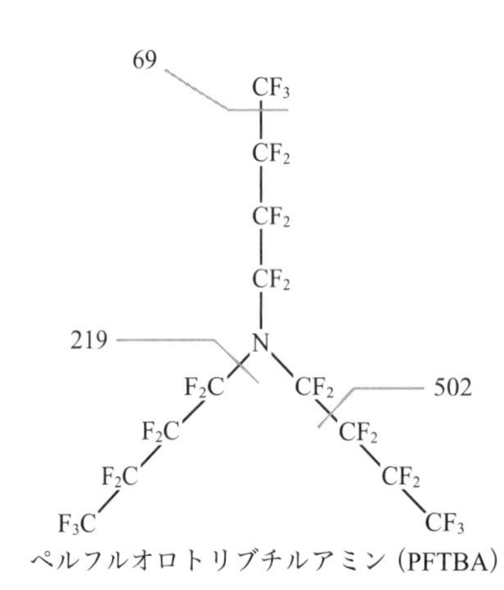

フラグメントイオン	*m/z*
CF_3^+	69.01
$C_2F_4^+$	99.99
$C_2F_5^+$	118.99
$C_3F_5^+$	130.99
$C_4F_9^+$	218.98
$C_5F_{10}N^+$	263.98
$C_8F_{16}N^+$	413.97
$C_9F_{20}N^+$	501.97
$C_{12}F_{22}N^+$	575.9
$C_{12}F_{24}N^+$	613.96

図 1　PFTBA のフラグメントイオン

頻度としては，測定前やメンテナンス後は必ずチューニングを行ってください．連続した分析を行っている場合には，週に 1 回程度実施します．とくに，連続分析中に検出されている成分のレスポンスが急に下がった場合は，感度が下がっている可能性が高いため，チューニングを実施し感度確認を行ってください．GC-MS は，比較的安定した装置ですので，頻繁なチューニングは必要ありません．一般的には性能が許容範囲を超えた場合に行います．下記のような現象が確認された場合にはチューニングを行ってください．

- 信号強度（レスポンス）が著しく落ちたとき（例：倍半分など）．
- 質量軸が 0.1 u 以上ずれたとき．

オートチューニングでは，イオン源レンズ，アナライザー，検出器の電圧調整を行い，生成されるイオン量やピーク幅，質量軸，信号強度などデータの質に影響を与える電圧関連の調整が自動で行われています．どのメーカーでもチューニングが終了すると，チューニングレポートが自動で作成され，各パラメーターの合否を確認することができるようになっています．

各項目の電圧などが数値として表記されているチューニングレポートが一般的ですが，おもに，*m*/*z* 69, 219, 502 のプロファイル（同位体比，ピーク形状，質量軸など），半値幅，*m*/*z* 69 に対するそれぞれの相対比，水と空気の数値，二次電子増倍管電圧（EM 電圧）を確認します．

〈確認項目〉

機器メーカーによって推奨値がそれぞれ異なりますので，許容範囲の数値に関しては各メーカーに確認してください．ここでは，アジレント・テクノロジー製のシングル四重極形 MS のオートチューニングレポートを例に確認項目を記載します．

- 水と空気：水が 20 % 以下，窒素が 10 % 以下になっていること（*m*/*z* 69 に対する *m*/*z* 18 および *m*/*z* 28 の比，低い値が推奨です）．
- ピーク形状：プロファイル Scan の結果で，ピークが対称でピーク割れがないこと．
- 質量軸：*m*/*z* 69, 219, 502 の質量について，質量軸の誤差が±0.2 u 以内に入っていること．
- 同位体ピーク：同位体比が範囲内であるか．
  m/*z* 69 に対する *m*/*z* 70 の比：0.5～1.6 %
  m/*z* 219 に対する *m*/*z* 220 の比：3.2～5.4 %
  m/*z* 502 に対する *m*/*z* 503 の比：7.9～12.3 %
- ピーク幅：半値幅（PW）の値が 0.60±0.1 u に入っているか．
- 各イオンのバランスを確認してください．
  m/*z* 69 に対する *m*/*z* 219 の比：40 % 以上
  m/*z* 69 に対する *m*/*z* 502 の比：2.4 % 以上

MS は真空装置になりますので，水や空気が装置内に多いと感度減感や故障につながります．装置立ち上げの際には，リーク（漏れ）がないことを確認のうえ，真空を立ち上げてください．イオン源，四重極，検出器ともに経年劣化をします．食品や土壌試料など夾雑物の多い試料や高濃度の試料を注入し続けると，質量分析部も汚れてリペラーやイオンフォーカスの電圧が徐々に上がってきますので，普段よりも上がり幅が大きい場合は，汚れの可能性があります．とくに，夾雑物の多い試料の注入後には，チューニングレポートのプロファイルのピーク形状やピーク数，EM 電圧の数値等を確認すると汚れの具合が確認できます．四重極や検出器のメンテナンスは，各個人で行うことが難しい場合もありますが，イオン源の洗浄は比較的簡単にできるので，夾雑物の多い汚れた試料を注入した後は，チューニングレポートの下記の情報から汚れの程度を確認し，イオン源の洗浄などを行ってください．

- プロファイルのピークで同位体イオンが確認できなかった場合．
- プロファイルのピーク割れなどが確認された場合．
- EM 電圧が以前確認したチューニングレポートよりも急激に上がった場合(例：＋100 V など)．

上記の現象が確認された場合は，イオン源が汚れている可能性が高いため，洗浄など汚れを軽減するメンテナンスを行ってください．

CI モードのチューニングは，メーカーによってチューニングに使用するイオンが異なる（メタンもしくはイソブタン）ため，各メーカーに問い合わせてください．　［姉川 彩］

Question 47

GC-MSの状態を把握（評価）するにはどうしたらよいでしょうか？

Answer

GC-MSの劣化や汚染（以下，劣化）による装置性能の低下がそれほど進行していなくても，化合物のなかには測定結果に劣化の影響が認められものがあります．劣化の影響が出る化合物は，劣化箇所によって異なります．また，劣化に伴う現象も劣化箇所により違いがあります．このような影響の出方の差を利用すると，各箇所について劣化の影響を受けやすい化合物ならびに対照となる劣化の影響を受けにくい化合物との混合溶液（評価用試料）を測定（基本的に全イオンモニタリングモード）することにより，劣化状況や劣化箇所の推定が可能になります．状態を把握したい際に評価用試料を測定し，その結果と保存しておいた装置導入時（初期状態）などの良好時の測定結果とを照合すれば，判断が容易です．例えば，両測定結果について影響の出方に差のある化合物の相対ピーク強度（相対強度）を比較すれば，数値的（客観的）な評価が期待できます．表1にスプリットレス注入法と無～微極性固定相のカラムで農薬分析を想定した評価用試料の一例を示します．なお，本溶液には劣化の影響が小さい化合物として，いくつかの重水素ラベル化多環芳香族炭化水素や，ほかの利便性も考慮して炭素数9～33の直鎖アルカンも含まれています．以下，各箇所の劣化とそれによる現象について説明します．

表1　評価用試料の一例

チェック箇所	指標となる化合物	指　標
注入口	カプタホル，イソキサチオン	相対強度*3
カラム（注入口側）	ペンタクロロフェノール，2,4-ジニトロアニリン，シマジン	テーリング係数
カラム（MS側）	フェニトロチオン，炭素数9～33の直鎖アルカン*1	相対強度*3，強度バランス
MSイオン源（汚染）	任意の劣化の影響が小さい化合物*2，炭素数15程度の直鎖アルカン	SN比
MSイオン源（活性点）	フェニトロチオン	質量スペクトル

*1　直鎖アルカンは状態評価以外の利便性も考慮して加えます．
*2　GC各箇所の劣化の影響が出にくい化合物．本例で使われているのは，ナフタレン，アセナフテン，フェナントレン，フルオランテン，クリセンの重水素ラベル化物．
*3　保持時間が近い劣化の影響が出にくい化合物とのピーク強度比．

a.　注入口

注入口はGC装置の中でもっとも分析種が変性しやすい箇所です．大半の測定にはスプリット注入法またはスプリットレス注入法が使われていますが，後者でより大きく劣化の影響が出ます．

注入口やインサートが劣化したときに影響を受けやすい化合物のなかには，テーリングを生じずに分解し感度低下する化合物もあります．このような化合物と影響を受けにくい化合物との相対強度から劣化箇所の推定が可能です．この種の化合物として比較的よく知られているDDTでは，感度低下とともに分解生成物であるDDDが出現することが判断の一助になりますが，分解生成物が認められない（もしくはGC/MSで検出できない）化合物もあります．なお，化合物によっては注入口インサートの充塡物で分解するものがあるので，初期状態で確認しておくことが必要です．

b．カラム（注入口側）

カラムの注入口側も注入口と同様に劣化しやすい箇所です．この部分が劣化すると全般的にピークのテーリングが認められますが，化合物間でその程度に差があり，基本的に高極性成分で顕著になります．また，化合物の酸性度/塩基性度も関与します．テーリングはテーリング係数（詳細は「分離・検出編」ワンポイント4を参照）による数値的な評価が可能です．カラムの評価には，カラムテスト試料が便利です．購入したときに付属している性能保証に使われている試料です．

なお，固定相によっては，本質的に対称なピークを得るのが困難な分析種やスプリットレス注入法ではテーリングするものがあるので，これらを評価に用いるのは避ける方が無難です．

c．カラム（MSインターフェース側）

カラムの注入口側に比べてインターフェース側の劣化についてはそれほど知られていないようですが，GC-MSではこの箇所が常時高温になっており，劣化に留意する必要があります．この部分が劣化すると，とくに高沸点化合物の感度低下が起こり，しばしばテーリングを伴います．揮発性が低くカラムからの溶出が容易ではない化合物(目安として分子量が450～500以上)はもともとテーリングしやすいため，これらを日常的な評価の指標とするのは困難です．一方，比較的溶出が早くてもこの部分の劣化により，感度低下が起こる化合物があるので，これらを用いることで評価が可能となります．また，直鎖アルカンでは炭素数の多いもので感度が低下するので，炭素数に差がある直鎖アルカンのピーク強度バランスから判断ができる場合があります．

d．MSイオン源

イオン源が劣化（汚染）すると，化合物全般でSN比としての感度が低下します．このため，注入口およびカラムの劣化の影響が小さい化合物のSN比を初期状態と比較して数値的に評価できます．SN比のとりやすさ（Q3参照）から，比較的バックグラウンドが高い低質量のイオンを生成する化合物（例えばC_{15}程度の直鎖アルカン）が評価には適しています．

不活性度が悪くなると還元反応が起きる化合物があります（イオン源は電子リッチ状態とも考えられます）．例えば，ニトロ基のアミノ基への変化などが想定されますが，この場合生成するイオンにも変化が生じます．この現象からイオン源の不活性度をある程度推定することは可能です．ただし，化合物とイオン源の組み合わせによっては，この種の反応がある程度避けられない場合があるので，やはり初期状態の質量スペクトルを確認しておくことが重要です．

上記のように，評価用試料の測定により装置状態はある程度把握できますが，評価用の化合物は測定条件によっても異なります．化合物の選択が困難な場合には，想定される分析種の中で測定が難しいと考えられる高極性化合物などを使用するのも一つの考え方です．また，化合物選択やシステム状態を“良”とする判断基準（例えば相対強度であれば初期値の＊＊%以上など）の設定は，データの質を担保するうえでは厳しいほう（十分条件側）が望ましいのですが，実用性を勘案するとある程度の“緩さ”（必要条件側）が必要と考えられます．　［山上 仰］

Question 48

GC/MS システムの各所のモニターや診断は具体的にどのように行われますか？

Answer

GC/MS システムでは温度センサー，ガス類の圧力 / 流量センサー，真空排気システム用の真空計が用いられます．また，システムの診断では消耗品・保守部品の使用回数（または時間）や標準試料を用いた質量スペクトルのチェック，GC の動作確認などを行います（詳細は各メーカーの装置によって異なる場合があります．島津製作所の GC-MS の例を以下に説明します）．

a．GC/MS システムのモニター

表 1 に GC/MS システムのおもなモニター箇所やセンサーの種類，用途について記します．

表 1　おもなモニター箇所（例）

モニター	モニターされる箇所	センサーの種類や用途
温　度	試料注入口温度，カラム槽温度，インターフェース（GC-MS 接続部）温度，MS イオン源温度など	各部の温度が設定した温度となるように，センサーで測定した温度を監視してヒーターの出力電力を制御します．白金センサーが使用される場合が多いです
圧力・流量	キャリヤーガス入口部（流量センサー各 1 箇所），カラム入口部（圧力センサー 1 箇所），キャリヤーガスパージベント部（圧力センサー 1 箇所），MS 衝突ガス入口部（圧力センサー 1 箇所）	GC では装置へ供給されるキャリヤーガスの圧力 / 流量と注入口圧力，キャリヤーガスパージ圧力の関係を制御することでキャリヤーガスを設定した定圧力，定流量，あるいは定線速度になるように制御しています
真空度	補助ポンプ-主ポンプ間配管，真空ハウジング内など（補助ポンプ，主ポンプについては Q8 を参照してください）	補助ポンプ排気による真空度は 10^{-1}～10^{3} Pa 程度の範囲を測定できるピラニゲージが使用されます．真空ハウジング内部では 10^{-5}～10^{-1} Pa 程度の比較的高い真空度を計測できるイオンゲージ（電離真空計）が使用されます

b．GC/MS システムの診断

表 2 に GC/MS システムの診断内容について記します．　　［小木曽舜］

表２　システムの診断（例）

診断項目	診断内容
メンテナンス（消耗品，保守部品）	消耗品，保守部品の使用回数もしくは時間（交換後の分析回数または時間）をモニターし，交換目安を超過していないかチェックします ・GC セプタム，注入口インサート使用回数（試料注入回数） ・MS イオン源（フィラメント），検出器使用時間 ・主ポンプ稼働時間，補助ポンプ稼働時間，補助ポンプオイル使用時間
GC 動作確認	・動作環境（室温，大気圧）が動作範囲内かチェックします ・カラム入口圧力が仕様範囲内かチェックします ・流量制御が正常に行われているかチェックします
MS 動作確認	・ベースラインの変動が基準値以下であることや，空気の漏れ込みがないことを確認します．漏れ込みは窒素 *m/z* 28 と校正用物質（ペルフルオロトリブチルアミン：PFTBA）のフラグメントイオン *m/z* 69 の質量ピーク強度比を確認します ・PFTBA の質量スペクトルに対して，前回チューニング時からの強度変化や質量軸ずれ，ピーク半値幅が基準値内（半値幅の場合は設定値通り）であることを確認します．これらが基準値を超える場合は，オートチューニングを再度実施する必要があります ・オートチューニング後の検出器電圧値を判定します．判定結果が“不合格”となる場合は，装置が検出器電圧を上げても十分な感度が得られない状態にあることを示しており，イオン源の汚れや真空度の悪化，検出器の寿命の可能性があります

Question 49

装置検出下限（IDL）とはどのようなものですか？

Answer

最近の GC-MS では感度の評価方法として，検出下限付近の濃度の標準試料を繰り返し測定したデータを用いて統計的に装置検出下限（instrument detection limit：IDL）を算出する手法が用いられています．

従来は，GC-MS の感度を評価する方法として特定の物質を一度測定してシグナルノイズ比（SN 比）を求める手法が採用されていました．しかし，近年に登場した MS/MS や高分解能 MS ではバックグラウンドノイズをきわめて低く抑えながら測定することが可能であり，図 1 右の例のようにノイズがゼロと計算される可能性があります．この場合，検出器のゲインを上げることでノイズを増やさずにシグナルを増やすことが可能になるため，SN 比を感度指標として用いることが困難になりました．

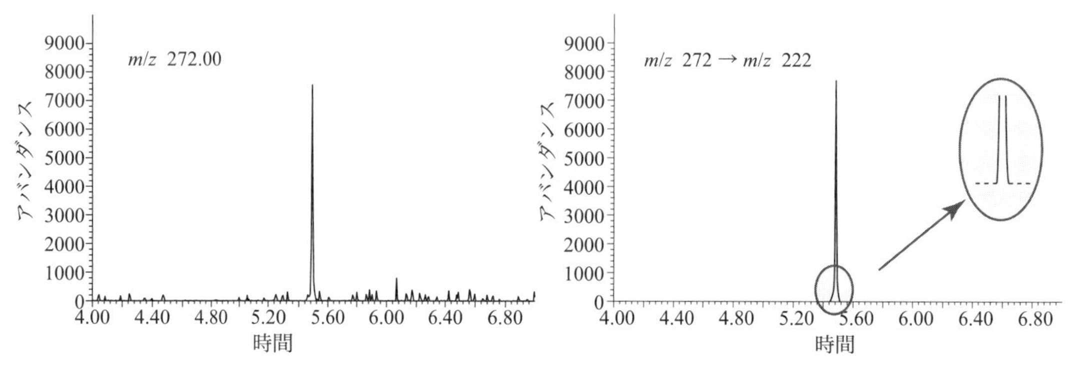

図 1　OFN のクロマトグラム（左：m/z 272 のマスクロマトグラム，右：m/z 272 → 222 の SRM クロマトグラム）
右のクロマトグラムではノイズが見られない．
［アジレント・テクノロジー テクニカルノート 5990-7651JAJP］

そこで SN 比に代わる感度の評価方法として，現在では統計学的手法を用いた IDL が広く採用されています．IDL の評価方法は複数存在しますが，いずれも標準試料を複数回注入して不確かさを評価することが求められています．各 GC-MS メーカーからは，クロマトグラフィーの影響を受けづらいオクタフルオロナフタレン（OFN）を用いた IDL が出されています．予想される検出下限に近い濃度の同一試料を繰り返し測定し（5〜10 回），平均値と標準偏差から IDL を算出します．例えば GC/MS システムのデータシートでは，IDL について 100 fg μL^{-1} の OFN 溶液の 1 μL 注入により“8 回連続スプリットレス注入の面積値の測定精度により，信頼度 99 % で統計的に算出”といった記述が見られます[1]．これはすなわち“連続測定により，統計的に 99 % の確率でゼロの値と区別ができる最小の量を算出”と解釈することができます．実際には Student の t 分布の片側検定という統計手法を用いて，以下の計算式により IDL が算出されます．

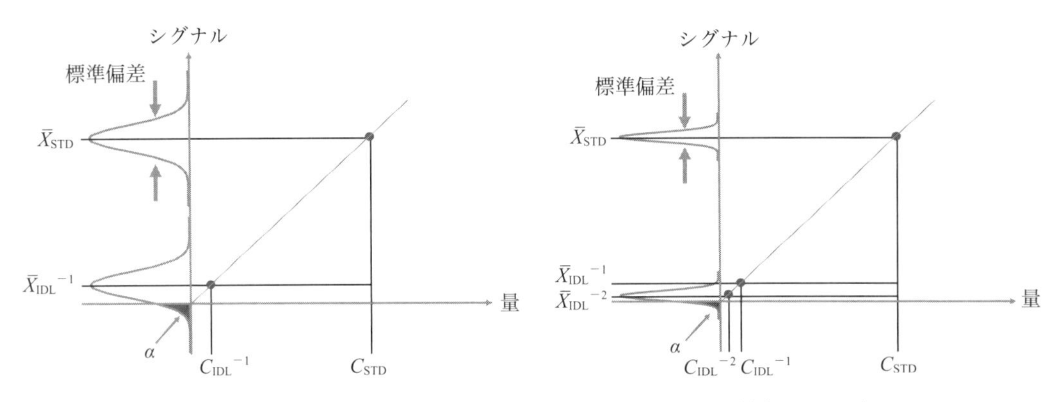

図 2　統計的に 0 より大きいシグナルをもつ分析種の量と装置検出下限の関係図

（左）測定値のばらつきが大きい場合，（右）測定値のばらつきが小さい場合
［アジレント・テクノロジー テクニカルノート 5990-7651JAJP］

$$\mathrm{IDL} = t_a \times (\mathrm{RSD\%} / 100) \times C \qquad (1)$$

ここで，t_a は測定値がゼロよりも大きくなる確率として Student の t 検定の検定統計量，RSD% は一連の測定の標準偏差，C は試料量を表します．

図 2 に，特定量の標準試料の繰り返し測定により得られるシグナルの平均値 $\bar{X}_{STD}$ を中心とした測定値の分布を示しました．この分布の幅が標準偏差に相当します．α(＝1 %）は，測定値がゼロ以下になる確率を示しています．先に述べたように IDL は測定が $1-\alpha$(＝99 %）の確率でゼロよりも大きくなるような値が得られる試料量であり，平均測定量 $\bar{X}_{IDL}$ が C_{IDL} に該当します．図 2 の右図では同じ α と同じ装置感度でもより標準偏差の小さい場合（より高い精度の場合）を示しており，この場合 $\bar{X}_{IDL}$ がより小さな値の方へ移動するため，C_{IDL} も小さくなります．

200 fg OFN の TIM 測定において 8 回の連続測定を行い，面積値の再現性として RSD%＝5.1 が得られた場合の IDL 算出例を以下に示します．99 % 信頼区間における Student-t の検定統計量は 2.998 の定数として与えられるため，以下のように計算されます．

$$\begin{aligned}\mathrm{IDL} &= t_a \times (\mathrm{RSD\%} / 100) \times C \\ &= (2.998) \times (5.1 / 100) \times (200\ \mathrm{fg}) \\ &= 30.6\ \mathrm{fg}\end{aligned} \qquad (2)$$

［野原健太］

【引用文献】
1）アジレント・テクノロジー Agilent 5977C GC/MSD システム データシート 5994-4922JAJP（2022）.

Question 50

GC/MS の感度チェックはどのように行えばよいですか？　具体的な IDL の求め方を教えてください．

Answer

GC/MS に限らず，測定装置の感度は本来，一定量（あるいは一定濃度）の特定対象物（成分）が装置（測定系）に導入された時の検出器（検出系）の応答（信号）の変化量を表すもので，検量線の傾きに相当します．しかしながら応答は種々の要因によって変動しやすいことや，実際の検出ではノイズの大きさが検出可能な成分量や濃度を決めることが多いため，分析装置の感度は検出下限（detection limit：DL）がどのくらいであるかによって定義されてきました．

GC/MS 装置での DL（成分量あるいは濃度）の求め方にはいくつかの方法があります．

① ピークの SN 比を測定し，その数値が 2 ないし 3 のときを DL とする．

② 標準偏差と検量線の傾き（検出下限付近の濃度の標準溶液を用いて測定）からの DL．

$$\mathrm{DL} = t\sigma / a \quad (1)$$

③ 標準偏差（既知濃度の標準溶液を用いる）からの DL．

$$\mathrm{DL} = 3.3\sigma \quad (2)$$

④ t 検定と RSD を用いる装置（instrument）検出下限（IDL）を DL とする．

$$\mathrm{IDL} = t_{(n-1,\ \alpha)} \times (\mathrm{RSD}\% / 100) \times C \quad (3)$$

ここで，t は t 値（測定回数によって異なる），σ は測定値（ピーク面積等）の標準偏差，a は検量線の傾き，$t_{(n-1,\ \alpha)}$ は自由度 $n-1$，危険率 α % の Student-t 分布の片側検定における t 値，RSD% は n 回測定の相対標準偏差（%），C は測定した試料成分濃度です．

①は古典的で簡便な手法であり，現在でも現場では簡易的に用いられますが，種々の問題点も指摘されています．原因として SN 比を求めるアルゴリズムとして peak-to-peak，RMS（根二乗平均）法などが併存，N（ノイズ）の取り方によって数値が変わり数値にバイアスがかかりやすい，1〜数回の測定で統計学的な信頼度が低い，などが挙げられます．なお，実際の SN 比表記の装置の感度は SN 比が 2 か 3 になる測定を行う場合もありますが，適宜，DL より高い濃度での測定を行い，SN 比が 2 ないし 3 になるような換算をすることもあります．ただ実際の装置の性能表記での感度評価は設置時の性能確認で用いられるオクタフルオロナフタレン（OFN）のような標準化合物を用います．OFN を用いる場合は，一定濃度，特定条件下で測定し（全イオンモニタリング），分子イオン相当の m/z 値（この場合 m/z 272）の抽出イオンクロマトグラム（EIC）を描かせ，そのピークの SN 比を求め，その数値の大小によって行うことがほとんどです．これらのことを勘案すると N が容易に測定可能な状況であれば，信頼度には多少問題があるものの，測定を一定の手順で行えば，ルーチンの感度チェックをピークの SN 比の測定で行うことは可能です．なお，最近の GC/MS/MS 装置などで，ケミカルノイズがほぼ排除され，きわめてわずかなエレクトロニクスノイズしかない場合，検出器のゲインを上げることによってノイズを上げることなく S を大きく

できる場合など，SN 比の測定が困難あるいは無意味な場合があります．このような場合や統計学的に測定の信頼度を上げるためには，②〜④の DL が感度チェックのために必要となります．

②の手法はブランク試料や検出下限付近の濃度の標準溶液の複数回の測定によって行われます．t 値は測定回数によって変わり（ここでの t 値は④における t 値（表 1 の値）とは異なります），当然回数が多いほど小さくなりますが，計算上，無限回測定したときの値は 3.3（3.29 とするときもある）です．実際は無限回測定することは不可能で，推奨される 20 回の測定も困難である場合が多く，5〜8 回程度の測定が行われることが多いです．統計学的には測定回数によって t 値を変えた方が正確ですが，実際には，回数によらず 3.3 という一定の数字を用いる求め方が普及しています．すなわち，その場合は $DL=3.3\sigma/a$ となりますが，これは ICH（医薬品規制調和国際会議）のガイドラインなどでも採用されています．

③は検量線の傾きは使用せず，既知濃度の標準溶液の測定での σ から簡易的に DL を求める方法です（ブランク試料でのクロマトグラムがあれば，それを差し引いて正味の標準溶液の測定値の σ を求めます）．なお，3.3 の代わりに 3 とする場合もあります．この方法は，ノイズの測定は行わず，原則として複数回の測定で行われるため，SN 比よりも数値の信頼度は上がりますが，測定回数によらず一律に 3.3σ とするため統計学的な正確さの点で問題もあります．ただ簡便なため比較的広く浸透しています．

④の手法は検出下限近くの標準溶液の測定を数回行い（通常は 5〜10 回），危険率（信頼度）を加味した Student の t 検定を行って DL を求めるもので，統計学的にも一番信頼度が高い方法です．これは測定の相対標準偏差は試料濃度が低くなると指数関数的に増加するという事象を利用しています．t 値の危険率は通常 1 % で求めますが，5 % での値も含め表 1 に測定回数による値をまとめました．通常は測定を 5 回以上行うため測定法としてはやや煩雑ですが，測定回数や信頼度が反映された数値が得られるため既存の DL 測定法の中では信頼性が一番高いとされます．この方法は EPA が義務づけているほか，多くの国際組織等で推奨されています．そのため，最近の GC/MS 装置の感度評価では IDL 表記が浸透しており，例外なく IDL 表記が採用されています．そのため，信頼性の高い感度チェックを行うには IDL を第一候補にすべきと思われます．

なお，GC/MS/MS などでは IDL 表記のみですが，シングルの GC/MS 装置では現在も IDL のほかに SN 比（1 pg の OFN 測定で SN 比が 1000：1 など）を併記している場合が多くあります．

また測定での標準化合物には設置時や性能確認時では OFN がもっぱら用いられますが，ユーザーが選定した化合物でもかまいません．なお，IDL は標準化合物を溶媒に溶解した標準溶液を用いての測定になりますが，この Method(M)DL（方法検出下限）は実際試料に対象成分を添加して前処理を行った後の測定によって求めるなどの違いがあるため，GC/MS 装置本体の感度チェックに用いることはありません．

［代島茂樹］

表 1　IDL 計算における t 値（$t_{(n-1,\,\alpha)}$）（測定回数，n）

自由度（$n-1$）	3	4	5	6	7	8	9
危険率 1 %（信頼度 99 %）	4.54	3.75	3.37	3.14	3.00	2.90	2.82
危険率 5 %（信頼度 95 %）	2.35	2.13	2.02	1.94	1.90	1.86	1.83

QUESTION 51

GC/MS の**システム適合性試験**とはどのようなものですか？

ANSWER

試験データの質と信頼性を確保するためには，適合性が確認(バリデーション)された試験法と，試験に使用するシステム（ハードウェアおよびソフトウェア）が要求事項を満たしていることを確認することが必要です．この目的のために，医薬品開発を中心に優良試験所規範（good laboratory practice：GLP）などのガイドラインが発行されています．システム適合性試験（system suitability testing)は，日常のルーチン分析においてデータの質の保証および管理のため，分析前および分析時にその使用するシステム全体が，適合性が確認された分析法の要求するシステム要件に合致しているかを確認し文書化することを指します．例えば，日本薬局方において，液体クロマトグラフィーなどで実施すべきシステム適合性試験が規定されており，システムの性能や再現性などを確認します[1]．

GC/MS においては，一例として，水道検査の品質保証の基準として水道水質検査優良試験所規範（水道 GLP）のシステム適合性試験があります[2]．水道 GLP は水道水質検査結果の精度と信頼性を確保するための認定制度です．図 1 に精度管理のためのフローチャート例を示します．これらを一連の分析に際して実施し，システムに問題がないことを確認します．なお，適合性試験は分野により異なるので，官報などにあるそれぞれの適合性試験を参照してください．　[河村和広]

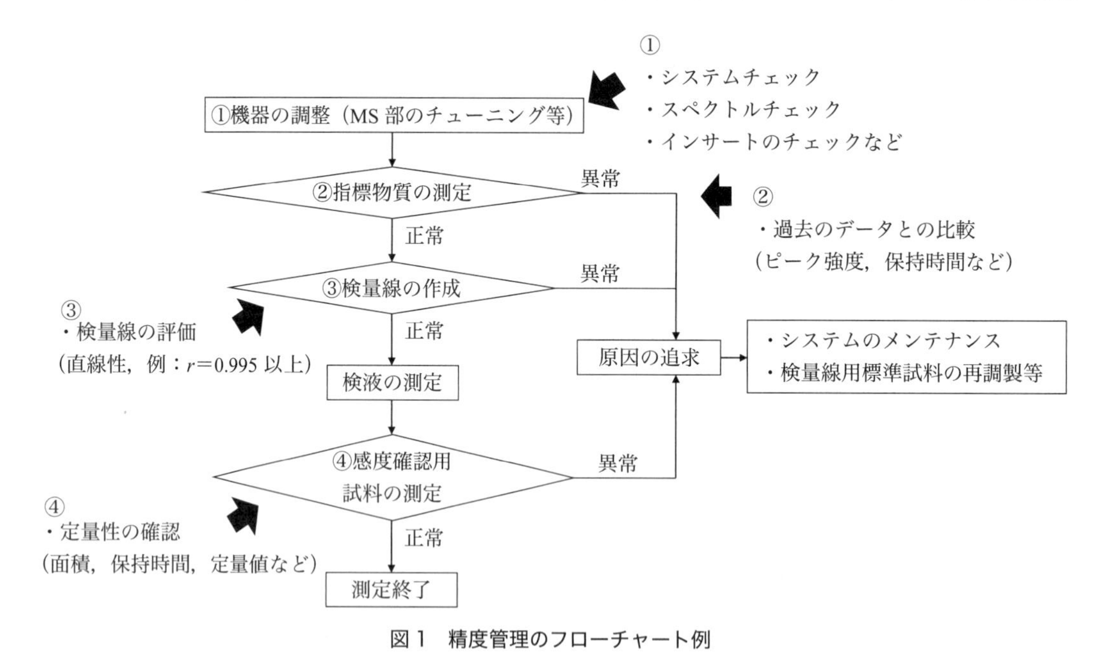

図 1　精度管理のフローチャート例

【引用文献】

1)　第十八改正日本薬局方

2)　日本水道協会，水道水質検査優良試験所規範（2018）．

QUESTION 52

GC/MS における測定で得られる各種クロマトグラムについて教えてください．

ANSWER

GC-MS などのガスクロマトグラフと質量分析計を結合したシステムではいくつかの測定モードとそれらに対応したクロマトグラムがあり，それぞれに対応する用語，略語は表 1，2 のようにまとめられます．

表 1　GC/MS における各測定モードの用語と略語

日本語	英　語	略　語	備　考
全イオンモニタリング	total ion monitoring	TIM	俗称 Scan（走査），スキャン
マスクロマトグラフィー	mass chromatography	MC	最近はあまり使用しない
選択イオンモニタリング	selected ion monitoring	SIM	
選択反応モニタリング	selected reaction monitoring	SRM（MRM）*	MS/MS のときに用いる

*　MRM（multiple reaction monitoring：多重反応モニタリング）

表 2　各種クロマトグラムの名称と略語

対応する手法	クロマトグラムの名称	英語の名称	略　語
TIM（Scan）	全イオン電流クロマトグラム	total ion current chromatogram	TICC
MC	マスクロマトグラム	mass chromatogram	
	抽出イオンクロマトグラム	extracted ion chromatogram	EIC
SIM	SIM クロマトグラム	SIM chromatogram	
SRM（MRM）	SRM クロマトグラム	SRM chromatogram	

TIM はある特定範囲の *m/z* のイオン電流の総和を連続的に検出・記録する手法で，質量スペクトルを取得することができます．検出・記録されたイオン強度（電流値）を積算したクロマトグラムを TICC と呼びます．また TIM 測定時（あるいは測定後），任意の *m/z* のイオン強度を取り出して表示する方法をマスクロマトグラフィー（MC），得られるクロマトグラムをマスクロマトグラムといいます．またマスクロマトグラムは最近，抽出イオンクロマトグラム（EIC）とも呼ばれます．SIM はあらかじめ設定した特定の *m/z* のイオン強度を連続的に検出する方法です．SIM では測定するイオンが限定されるため各イオンのモニタリング時間を長く設定することが可能であり，条件にもよりますが MC に比べて数倍から数十倍の感度で検出が可能になります．SRM（MRM）は MS/MS で可能な測定手法の一つであり，特定のプリカーサーイオンを第一のアナライザーで選択し，そのイオンを衝突ガス（コリジョンガス）により衝突誘起解離させた後に，生じたプロダクトイオンを第二のアナライザーで分離，検出するきわめて高い選択性が特徴です．なお，それぞれの用語は必ずしも統一されていないところもあります．TIM によって測定した質量スペクトルと各クロマトグラムの関係の模式図を図 1 に示します．

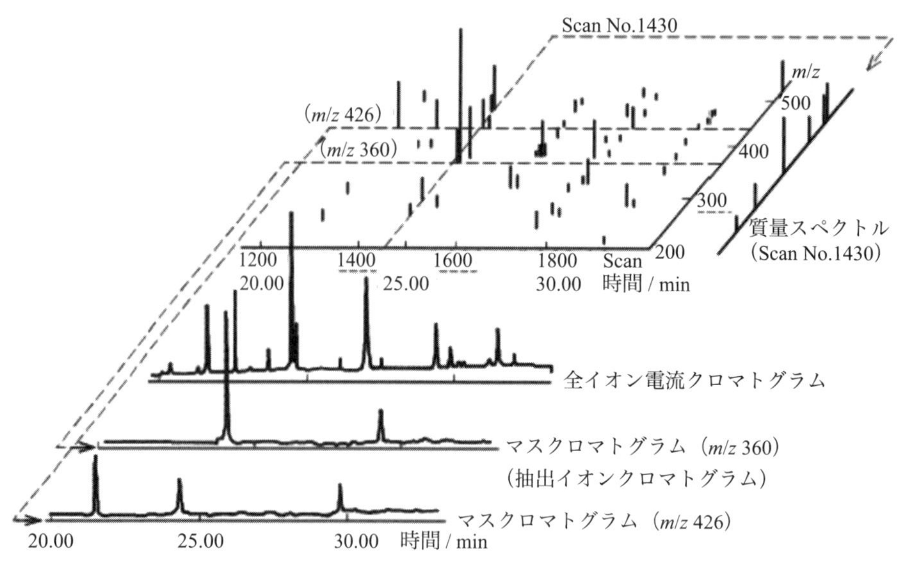

図1　TIM により測定した質量スペクトルと TICC，マスクロマトグラムの関係

［JIS K 0123(2018)：ガスクロマトグラフィー質量分析通則，図 21］

なお，目的とする成分の近傍に大きな共存成分のピークが見られる場合は，目的成分をその TICC 上で見出すことは必ずしも容易ではなく，しばしば見逃す場合があります．このような場合，目的成分を見出すにはいくつかのアプローチがあります．

まずは MC によるイオンの抽出が挙げられます．この場合，目的成分があらかじめわかっているため，その成分に特徴的なイオンの *m/z* を数個（最低二つ）選択し，その *m/z* でのマスクロマトグラムを抽出したうえで目的成分由来のピークを確認します．その際に，あらかじめ SIM による測定を行っておけばより高感度に目的成分を検出することが可能です．また，溶媒ピークなどの著しく大きなピークと共溶出する場合には，溶媒ピークの影響により目的成分のピーク形状が崩れることがあります．このような場合には，カラムの固定相を変更して溶媒ピークと分離できる条件を見つける必要があります．

その他，TICC のピークに対して質量スペクトルを抽出してライブラリー検索を行った際に，ライブラリーの質量スペクトル上で観測されないイオンが見られる場合には，ピーク中になんらかの共存成分が混在している可能性が考えられます（図 2）．その場合，各 *m/z* でのマスクロマトグラムを抽出してピークトップを確認し，適宜バックグラウンド減算を行いつつ質量スペクトルを抽出することで同定が可能です．また，デコンボリューションと呼ばれる手法で純粋な質量スペクトルを抽出し同定することも可能です（Q95 参照）．

［野原健太］

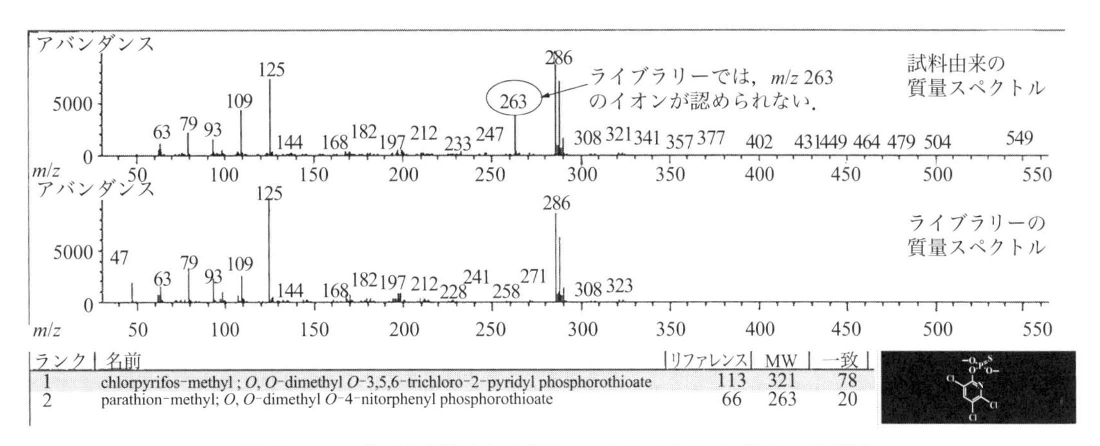

ランク	名前	リファレンス	MW	一致
1	chlorpyrifos-methyl ; *O*, *O*-dimethyl *O*-3,5,6-trichloro-2-pyridyl phosphorothioate	113	321	78
2	parathion-methyl; *O*, *O*-dimethyl *O*-4-nitorphenyl phosphorothioate	66	263	20

図２　二つの化合物が含まれる質量スペクトルのライブラリー検索例

ワンポイント 5

SIM モードの測定は，セグメントに分けた方がよいですか？

感度を重視する場合は，セグメント（グループ）に分けた方がよいです．セグメントに分けると，1 セグメントあたりに測定するイオンの数を減らすことができるため，各イオンを取り込む時間を長くすることができ，感度的に有利になります．また，ノイズレベルも小さくできるので，SN 比が改善します．

例えば，15 ピーク（定量イオン，参照イオン）を 1 セグメントで測定すると，30 個のイオンを同時に測定するため，一般的な条件では各イオンの取込み時間（ドゥエルタイム）は 10 ms となります．そこで，15 ピークのそれぞれのピークの間隔が十分に離れている（例えば 0.5〜1 min）部分で，セグメント分けを行い 3 セグメントにし，1 セグメントあたり 5 ピークを測定すると，10 個のイオンを同時に測定するため，各イオンのドゥエルタイムは 30 ms となります．両者を比較すると，セグメント分けした方が，ドゥエルタイムを 3 倍長く設定でき，ノイズレベルを約 6 割弱に小さくできるため，SN 比は約 1.7 倍改善することが期待できます．

感度的に余裕がある場合は，セグメントに分けず，30 個のイオンを同時に測定することも可能です．カラムメンテナンスや新品のカラムへの交換で，保持時間がずれるような場合でもセグメントの開始時間を更新する必要がなく，測定メソッドの更新が不要です．

最新の装置では，1 セグメントあたり 60 個のイオンの設定が可能で，最小のドゥエルタイムは 1 ms です．ドゥエルタイムは対象ピーク幅を考慮し，適切なサイクルタイム（Hz）になるようにする必要があります．1 ピークあたり十分な採取点数を確保し，ピーク面積値の良好な再現性が得られるように設定してください．

［姉川　彩］

QUESTION 53

GC/MS における **TIM 測定と SIM 測定の違い**を教えてください．

ANSWER

GC/MS は，物質の定性や定量を行う手法です．同定をする場合，全イオンモニタリング（total ion monitoring：TIM）(Scan) 測定を行って，質量スペクトルを取得し，化合物がもつ固有のスペクトルから，それらの物質の構造を推測します．定量を行う場合，測定する対象化合物の質量スペクトルがあらかじめわかっていることが前提です．各種ライブラリーに登録されている質量スペクトル，もしくは準備した標準物質を Scan 測定し，取得した質量スペクトルから必要な *m/z* のイオンのみを取り込む選択イオンモニタリング(selected ion monitoring：SIM)測定でデータを取得します．

TIM(Scan)測定では広い範囲のイオンを測定するため，それぞれのイオンで使われる時間(ドゥエルタイム）は短くなります．測定条件にもよりますが，一般的な Scan の場合，*m/z* あたりのドゥエルタイムは数百 μ〜ms レベルであるのに対して，一般的な SIM モードでは数〜数十 ms レベルとなり，一つの *m/z* に対してより長い時間をかけて測定できるため，高感度の分析が可能になります．

a．TIM（Scan）測定

全イオンモニタリングが正式名称ですが，広く使用されている四重極形質量分析計では走査(scan）によって測定が行われるため，別称である Scan 測定が一般的に使われています．Scan モードでは目的とする物質の検出に必要な質量範囲をすべて（あるいは一部分を），時間とともに連続的に走査してイオン強度を測定し質量スペクトルを得ます．得られた質量スペクトル，またそれらを構成するイオン間の強度比を標準物質の質量スペクトルと比較したり，ライブラリーに登録のある質量スペクトルと比較し，化合物の同定を行います．SIM ほど高感度を必要としない場合には，Scan 測定の結果を使用して定量解析を行うことも可能です（抽出イオンクロマトグラム（EIC）などを使用)．

Scan 測定のパラメーターの設定は，次のように行います．

① 走査速度（Scan レート）を設定

ピーク幅とそれぞれのピークに対して必要なサンプリングポイント（スペクトル採取（走査）点）の最少値を設定する方法と，1 秒あたりの走査回数，または 1 走査にかかる時間を設定する方法があります．

② 測定質量（Scan）範囲を設定　例：*m/z* 50〜650 など

③ 測定時間と取込みの閾値（threshold）などを設定

b．SIM 測定

SIM 測定では，特定の化合物がもつイオンのみを選択的に測定することができるので，Scan 測定に比べて感度・正確さ・精度が向上したデータを取得することが可能です．目的化合物に特徴的で比較的強度の大きい *m/z* を選択して検出（測定）を行います．それぞれのイオンを測定する時間と数は感度に影響を与えますので，タイムセグメント（時間ごとに採取する *m/z* をプログラムしておく）などを用いると，より感度の高いデータを取得することが可能です．磁場形質量分析計や四重極形質量分析計の SIM 測定では Scan 測定の数倍から数十倍，あるいはそれ以上の高感度が得られるので，微量成分の定量分析に有効です．SIM の設定を行う場合には，データ採取点は 1 ピークあたり少なくとも 12 以上得られるドゥエルタイムを設定し，ピーク面積値の良好な再現性が得られるように設定します．

〈SIM の特徴（優位点）〉

- 設定した特定のイオン（*m/z*）を測定する時間が長いため，感度が向上します．また，ノイズが減ることが多く，SN 比向上に寄与します．
- 広いダイナミックレンジを得ることができます．
- データ採取点を増やすことが可能なため，よりよいピーク形状を得ることができ，再現性や測定精度が増します．
- Scan に比べて取得するデータ採取点の数が限られるため，データサイズも小さくなります．

c．SIM/Scan 同時測定

最近の装置では，高速エレクトロニクスの技術によって 1 回の測定で SIM と Scan の両方を同時に取り込む（実際は交互に取り込み）ことが可能な四重極形質量分析計が開発されています．詳細は Q54 を参照してください．実際には，ピークの形状を代表し，精度の高い測定のためには，データ採取点の数は Scan 測定ではピークあたり 10 以上，SIM 測定は 12 以上にすることが望ましいです[1)]．

［姉川 彩］

【引用文献】
1） 中村貞夫，山上 仰，小野由紀子，東房健一，代島茂樹，分析化学，**62**，234（2013）．

【参考文献】
・アジレント・テクノロジー アプリケーションノート 5988-4188EN．

Question 54

Scan/SIMの具体的な条件設定について教えてください.

Answer

Scan測定とSIM測定を同時に行う分析モードをScan/SIM（もしくはSIM/Scan）といいます. Scan/SIM測定で取得したデータは図1のように, 一つのピークに対してScan測定とSIM測定の結果を並べて表示することができ, 同時に解析することができます. Scanは広く設定した質量範囲すべてを走査してイオンを検出する測定モードで, 測定対象成分をあらかじめ定める必要がありません. 電子イオン化（EI）のイオン源で成分から生成したイオンを網羅的に検出できるため, 各*m/z*の強度比パターン（質量スペクトル）をライブラリーと照合すれば定性分析を行うことができます. 一方, SIMはあらかじめ設定した特定のイオンのみを検出します. 良好な再現性で高感度に検出できるため定量分析に適しています. SIMでは質量スペクトルは得られませんが, 一般的にScanよりも1桁程度高感度に測定できます. Scan/SIMは両方の測定モードの長所を活用できる測定モードです. Scan測定ではノイズや夾雑成分に埋もれてピーク抽出や定性が困難だった成分でも, より高感度なSIM測定で検出できます. 一方, SIMで測定対象としていなかった未知成分をScanで検出し, 定性することができます. またScan測定の質量スペクトルのみではなくSIM測定で得られる正確で再現性が高いイオン強度比を用いることで, より確実な定性が可能になります.

島津製作所のGC-MSでは, Scan/SIMの同時測定は, 図2のようにScanおよびSIMモードの各イベント（図2の各行）の開始終了時間, イベント時間およびScanの*m/z*範囲, SIMでモニターする*m/z*を設定します. 図2ではイベント1をScan, イベント2以降をSIMに設定しています. SIMでモニターする*m/z*は, より定性精度を高めるためにターゲットイオンだけでなく確認イオンもあわせて検出することが多いです.

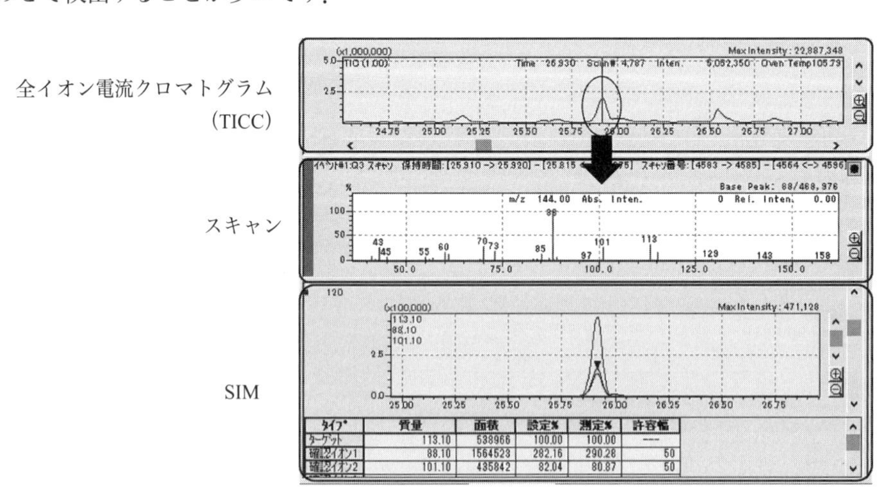

図1　Scan/SIMの分析データ

	開始時間（分）	終了時間（分）	測定モード	イベント時間(秒)	スキャン速度	開始 m/z	終了 m/z	Ch1 m/z	Ch2 m/z
1	1.50	25.00	スキャン	0.30	1666	50.00	500.00		
2	1.75	2.44	SIM	0.20				121.00	77.00
3	2.44	3.59	SIM	0.20				185.00	173.00
4	3.59	4.60	SIM	0.20				192.00	189.00
5	4.60	4.96	SIM	0.20				234.00	213.00
6	4.96	5.54	SIM	0.20				240.00	234.00
⋮									

Scan
SIM

図 2　Scan/SIM の分析メソッド

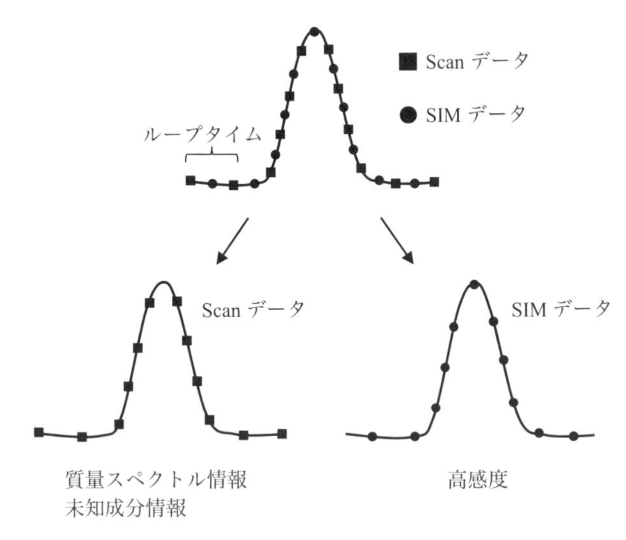

図 3　Scan/SIM 分析の概要

SIM で測定対象とする成分（イオン）数が多い場合はイベント時間の設定に注意が必要です．Scan/SIM の同時測定は，図 3 のように Scan と SIM を連続的に切り替えてデータ採取します．Scan/SIM におけるトータルのループタイム（データ採取の周期）は，スキャン測定のイベント時間と SIM 測定のイベント時間の総和となります．イベント時間が長すぎると 1 ピークあたりのデータ採取点数が少なくなり，ピーク形状や再現性が悪くなります．一般的に，良好な再現性を確保するためには 1 ピークあたり 10 以上のデータ採取点が必要です．一方，イベント時間が短すぎるとドゥエルタイム（1 イオンあたりのデータ採取時間）が短くなり検出感度が低下します．Scan/SIM の同時測定ではイベント数が多くなるので，イベント時間（またはドゥエルタイム）の適切な設定が必要になります．Scan/SIM 同時測定では，Scan のみの測定や SIM のみの測定よりも少し短いイベント時間を設定した方が高い再現性で良好な結果が得られる場合があります．　［谷口百優］

Question 55

GC/MS 測定における**サンプリング間隔，ドゥエルタイムおよびサイクルタイムの関係**について教えてください．

Answer

四重極形 GC-MS による全イオンモニタリング（total ion monitoring：TIM）測定において，Scan サイクルタイムは，サンプリング時間（sampling time）と待ち時間の合計となります[1)]．また，選択イオンモニタリング（selected ion monitoring：SIM）や選択反応モニタリング（selected reaction monitoring：SRM）測定において，サイクルタイムは各モニターイオンの取込み時間（ドゥエルタイム）と切替え時間の合計で構成されます[1)]．一般的に GC-MS におけるピーク幅は 5 秒程度であり，再現性のよいデータを採取するためには，1 ピークあたり 10 以上のデータ採取点が必要です．SIM や SRM 測定において，ターゲットとする成分が少ない場合は，ドゥエルタイムを比較的長い時間に設定することができますが，同時測定する成分数が増え，サイクルタイムあたりのモニターイオン数が増えると，ドゥエルタイムを短くする必要があります．しかし，ドゥエルタイムを短くしすぎると，取り込むイオン量が少なくなり，ピークの SN 比や再現性が悪くなります．逆にドゥエルタイムを確保しようとすると，サイクルタイムが長くなり，1 ピークあたりのデータ採取点の数が少なくなります（図 1）．そのため，採取点の数とドゥエルタイムのバランスを取った設定が必要になります．なお，GC-MS メーカーによって各パラメーター設定の可否や方法が異なるので，詳しくは装置の取扱説明書を確認してください．

また，イオンの取込み量は，ドゥエルタイムのほかに MS の分解能も影響します．質量分解能を低く設定するとイオンの取込み量は増えますが，カラムから共溶出した夾雑物との質量分離が悪くなります．一方で質量分解能を高く設定すると，イオンの取込み量は減りますが夾雑物との質量分離をよくすることができます．図 2 に三連四重極形 MS で分解能を変えた例を示します．四重極形 MS の分解能はユニットマス分解能ですが，ある程度分解能を設定できるものもあります．［河村和広］

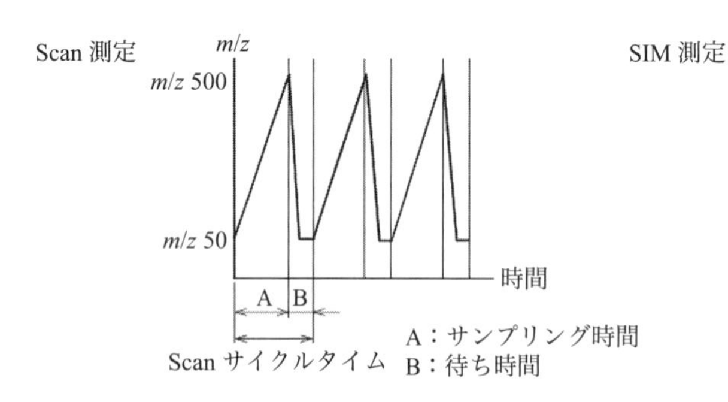

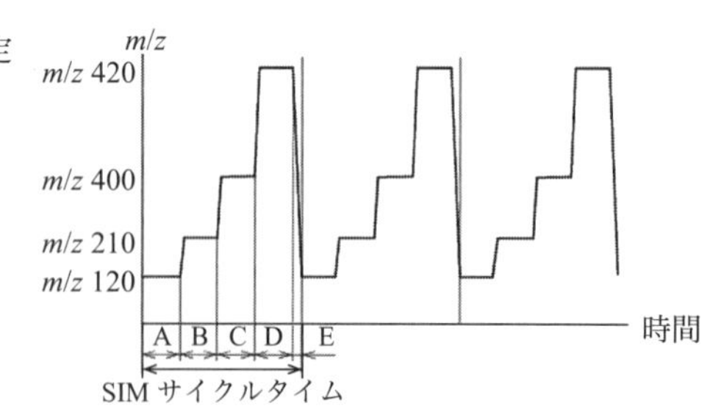

図 1　サイクルタイムとドゥエルタイムの関係

［JIS K 0123(2018)：ガスクロマトグラフィー質量分析通則，図 E.1］

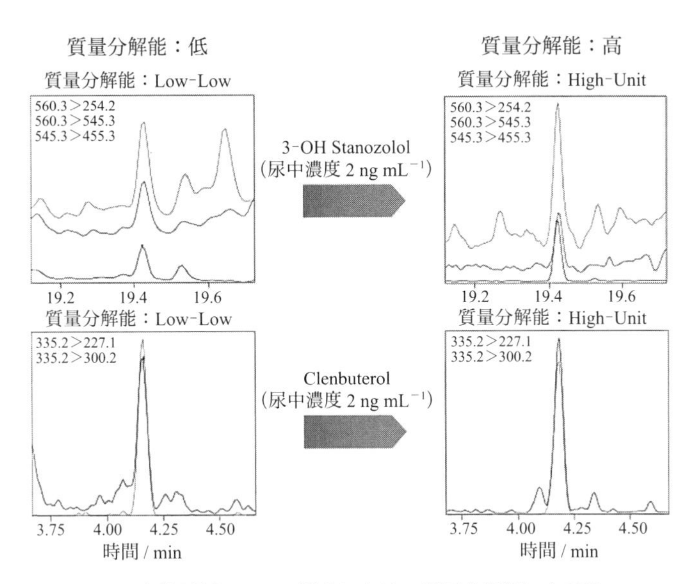

図２　生体試料の SRM 測定における質量分解能による違い

Unit：0.8 u，High：0.6 u，Low：3.0 u（PFTBA のピーク半値幅）.

【引用文献】

1） JIS K 0123（2018）：ガスクロマトグラフィー質量分析通則 付属書 E.

Question 56

測定目的に合わせて**GC-MSの分解能を調整する**場合について教えてください.

Answer

四重極形GC-MSでは，選択イオンモニタリング（SIM）や選択反応モニタリング（SRM）での測定時に分解能を変更して分析することが可能です．分解能を低くすることで感度の向上が期待できますが，その反面，選択性が低下する可能性があります．そのため，夾雑成分の少ないクリーンな試料では分解能を下げて測定することが有効な場合があります．

質量ピークの半値幅が小さいと分解能は高くなり，反対に半値幅が大きいと分解能は低くなります．半値幅はチューニング時に校正用物質を用いて調整され，例えばアジレント・テクノロジーのシングル四重極形GC-MSでは，測定する質量範囲で半値幅が一定になるように自動設定されます（デフォルトはユニットマス分解能になるように設定，数値は可変）．またMS条件のパラメーター設定項目に分解能が含まれ，HighまたはLowを選択可能です．Highを選択するとチューニング時の半値幅が適用され，Lowを選択すると半値幅をチューニング時よりも大きくして，分解能を低くした状態で測定することが可能になります（低分解能モード）．低分解能モードでSIMあるいはSRMでの測定を行うと，取り込まれるイオン量が増え，感度向上が期待できます．一方，分解能が低くなることで*m/z*の近い質量ピークの影響をより受けやすくなるため（とくにSIM），モニタリングしているイオンがほかの夾雑成分由来のイオンの干渉を受けやすくなることが懸念されます．そのため，分解能をメーカーの推奨設定から変更する際には注意が必要です．なお，より選択性の高い測定モードであるSRMでは通常，最初のアナライザー（三連四重極形の場合はQ1）は感度向上のため分解能を低くして測定することが多いですが，Q2の質量選択性のため全体の干渉は比較的少なく，実用的にはほとんど問題ありません．

また，時間飛行形（TOF）などのいわゆる高分解能のアナライザーを使用したGC-MSでも同様に，パラメーター設定により測定時の分解能を変更することが可能な場合があります．ただしその場合，分解能の変更に伴いADコンバーターのゲイン等が変化し，それに伴いダイナミックレンジも変わることがあります．そのため先と同様に，メーカーの推奨設定から変更する際には注意が必要です．

［野原健太］

Question 57

GC-MS/MS の装置構成ごとの測定モードの可否について教えてください.

Answer

ここでは，代表的な GC-MS/MS において可能な測定モードについて解説します.

a. 市販されている GC-MS/MS で可能な測定モード（表 1）

MS/MS の各測定モードはアルゴンや窒素などのガスとイオンの衝突により，イオンの開裂を誘発する CID（collision induced dissociation）セル（衝突室）を有するタンデム型の質量分析装置で可能となります．以下に CID セルを有する代表的な質量分析装置の測定モードについてまとめました．なお，MS/MS には装置の形式として空間的に分離したアナライザーを用いて行われる空間形と，同一のアナライザー内で時間的経過とともに連続的に行われる時間形がありますが，現在は前者が主流のため，ここでは前者のみ説明します.

また，シングル MS で標準的な測定モードである TIM（Scan）と SIM のうち，TIM については MS/MS 装置でも同様の測定が可能ですが，SIM については四重極飛行時間（Q-TOF）形は選択的に個別のイオンを検出できないため測定はできません.

表 1　装置構成ごとに設定できる測定モード

	三連四重極	Q-TOF	Q-オービトラップ
TIM	○	○	○
SIM	○	×*1	○
プロダクトイオン走査	○	○	○
プリカーサーイオン走査	○	×	×
ニュートラルロス走査	○	×	×
SRM（MRM）	○	△*2	△*2

*1　抽出イオンクロマトグラム（EIC）により SIM と同等の解析が可能．ただし感度は下がる可能性があります.

*2　プロダクトイオン走査のデータに EIC を用いることで疑似的な解析が可能.

b. MS/MS における各測定モードの解説

(1) プロダクトイオン走査

プロダクトイオン走査は，Q1 でイオンを選択し，q（または衝突セル）による開裂，Q2（または TOF，オービトラップ）で走査（TOF，オービトラップは TIM 相当の測定）を行うモードです(図 1)．特定のプリカーサーイオンから生成するプロダクトイオン情報が得られるため，構造推定や SRM の条件作成の過程で用いられます.

(2) プリカーサーイオン走査

プリカーサーイオン走査は，Q1 で走査相当の操作を行い，q で開裂，Q2 で特定の *m*/*z* のイオン

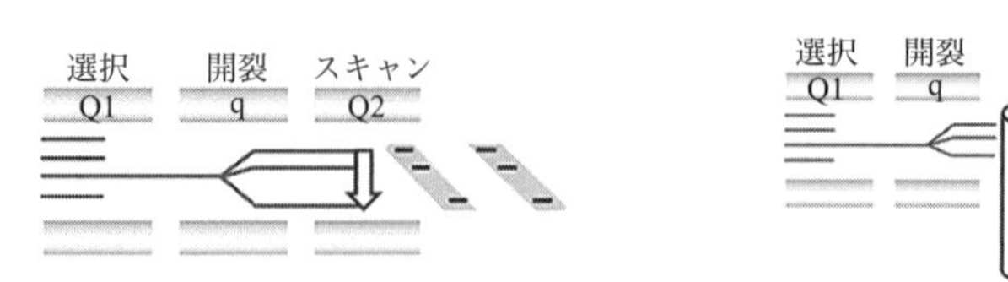

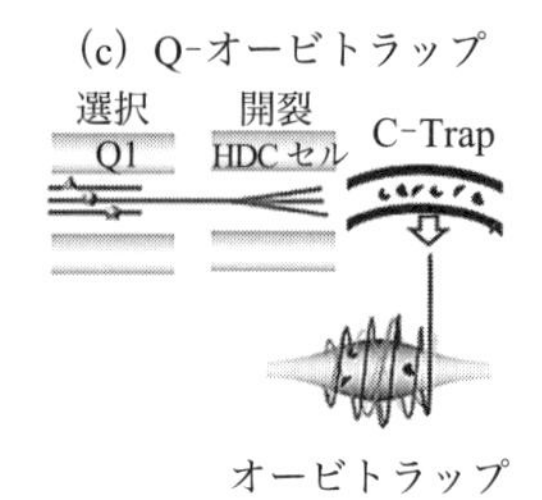

図1 プロダクトイオン走査の例

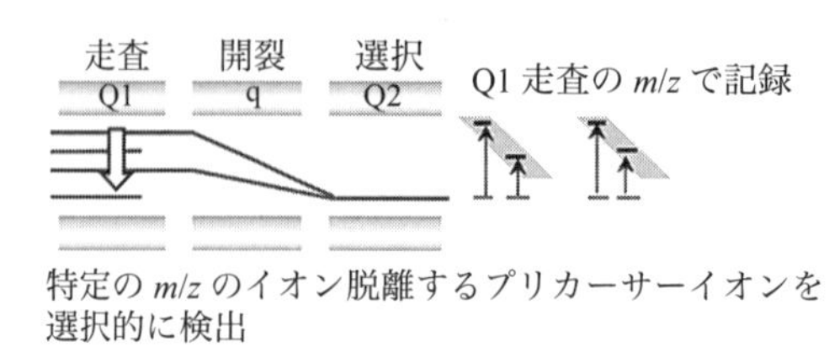

図2 プリカーサーイオン走査の例

を選択し，通過させるモードであり特定のプロダクトイオンを生成するプリカーサーイオンを検出する目的で使用されます（図2）．ニュートラルロス走査と目的は似ていますが，共通のプロダクトイオンを生成しやすい化合物の検出を得意とします．

(3) ニュートラルロス走査

ニュートラルロス走査はQ1とQ2に一定の質量差（開裂により中性化学種として脱離することが期待される部分構造の質量）を設定し同時に走査を行うモードです（図3）．Q2を通過するイオンをもつプリカーサーイオンは特定の部分構造を有する化学種の候補となるため，似通った分子構造をもつ化合物群の選択的検出手段として用いられます．

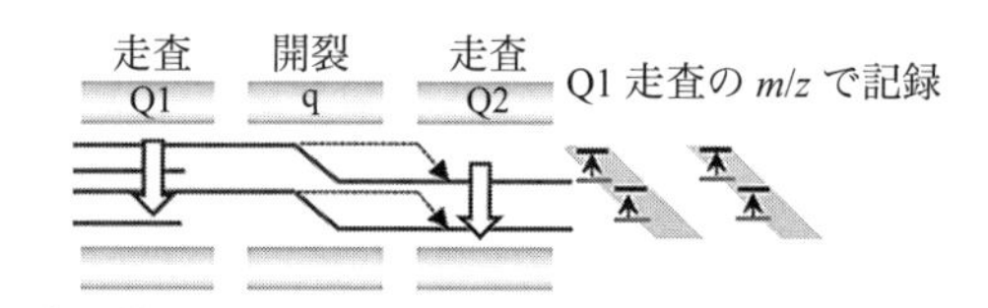

図3 ニュートラルロス走査の例

(4) SRM

Q1でイオンの選択を行い，qで開裂，さらにQ2でイオンの選択を行うモードです（図4）．Q1とQ2の二段階の質量分離により高いイオン選択性を有するため，微量成分の検出や多成分の一斉定量などで用いられます．

［秦 一博］

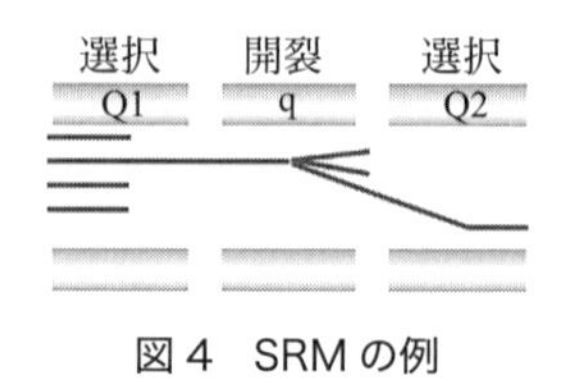

図4 SRMの例

Question 58

GC-MS/MS の測定モードにはどのような種類がありますか？　またその使い分けを教えてください．

Answer

MS/MS はタンデム質量分析とも呼ばれます．GC-MS/MS でもっとも頻用されている三連四重極形質量分析計（triple quadrupole mass spectrometer：QqQMS）は図 1 のように衝突室（コリジョンセル，q）を挟んで二つの質量分離部（Q1，Q2）を搭載しています．Q1 で質量分離されたイオン（プリカーサーイオン）は，衝突室でアルゴンや窒素などの不活性ガスと衝突して活性化することでフラグメンテーション（衝突誘起解離（collision induced dissociation：CID）または衝突活性化解離（collisionally activated dissociation：CAD））と呼ばれる開裂を起こします．フラグメンテーションはプリカーサーイオンの構造特異性を反映しますが，衝突エネルギーに関わる電圧やガス量などの条件が一定であれば同じプリカーサーイオンからは同じフラグメンテーションパターンが得られます．*m/z* が同じで Q1 で質量分離できなかったプリカーサーイオン同士でも，CID でのフラグメンテーションで生成するイオン(プロダクトイオン)が異なれば Q2 で分離・判別することができます．MS/MS は特定のイオンのみを高い選択性で検出器に到達させてほかの夾雑物から分離することができるため，定性・定量分析に優れています．ここでは，QqQ 形の MS/MS で使われる測定モードについて説明します（図 2）．QqQ 形以外の MS/MS については Q57 を参照して下さい．

a．プロダクトイオン走査（Q1：イオンの選択，Q2：イオンの走査）

Q1 で特定のプリカーサーイオンを選択的に通過させて，衝突室内で生成したプロダクトイオンすべてを Q2 で走査して検出する手法をプロダクトイオン走査といいます．この手法は後述の選択反応モニタリングモードの条件検討で頻用されています．

b．プリカーサーイオン走査（Q1：イオンの走査，Q2：イオンの選択）

Q1 でイオンを走査し，衝突室内で生成した特定のプロダクトイオンのみを Q2 で選択的に通過させて検出する手法をプリカーサーイオン走査といいます．そのプロダクトイオンを生成したすべてのプリカーサーイオンを解析することができます．

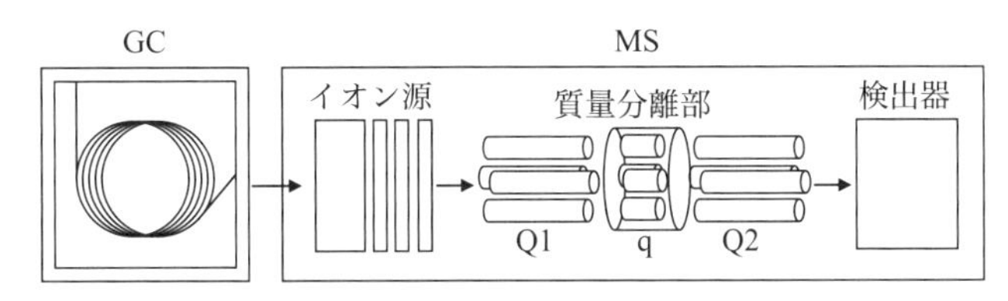

図 1　三連四重極形 GC-MS/MS の装置および測定の概要

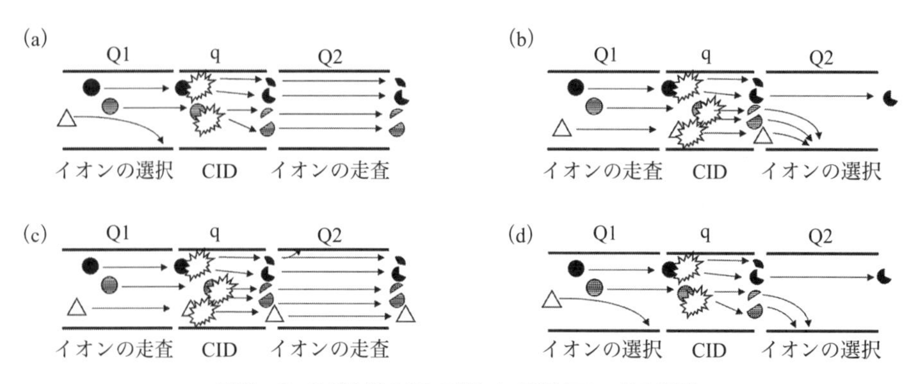

図2　QqQ形MS/MSで使われる測定モードの概要

(a) プロダクトイオン走査，(b) プリカーサーイオン走査，(c) コンスタントニュートラルロス走査，(d) 選択反応モニタリング

c.　コンスタントニュートラルロス走査(Q1：イオンの走査，Q2：イオンの走査)

Q1でイオンを走査し，Q2ではQ1に対して特定の中性化学種（分子，ラジカル）に相当する質量分（プリカーサーイオンがフラグメンテーションで減少する質量分）をずらしQ1と同じ走査速度で測定する手法をコンスタントニュートラルロス走査といいます．CIDでのフラグメンテーションにより特定の中性化学種をロスするプリカーサーイオンを解析することができます．実分析での使用は少ないですが，塩素などの有機ハロゲン物質の網羅的な解析などに有効です．ニュートラルロス走査はQ2よりもQ1で高質量側を選択しますが，その反対でQ2で高質量側を選択して衝突室において特定質量の中性化学種が付加するプリカーサーイオンを解析する手法もあります．これをニュートラルゲイン走査といいます．

d.　選択反応モニタリング（Q1：イオンの選択，Q2：イオンの選択）

選択反応モニタリング（selected reaction monitoring：SRM）は，多重反応モニタリング（multiple reaction monitoring：MRM）とも呼ばれます．SRMは，Q1で特定のプリカーサーイオンを選択的に通過させて，さらにQ2で特定のプロダクトイオンのみを選択的に検出器に導入する手法です．SRMモードは，二段階のイオン選択による質量分離を行うため，きわめて高い選択性をもって分析対象成分を検出できます．また，マトリックスやカラムからのブリード由来のノイズなどが低減するため，高感度を必要とする極微量成分分析に適しています．実際の分析ではQ1とQ2で通過させるプリカーサーイオンとプロダクトイオンの組み合わせを複数設定します．SRMは食品中残留農薬の一斉分析をはじめとして様々な分析に有効で，GC-MS/MSでもっとも多く使われる測定モードです．図3(a)は，ポリ塩化ビフェニル（polychlorinated biphenyl：PCB）である2,2′,5,5′-テトラクロロビフェニルをSIMモードまたはSRMモードで分析したクロマトグラムを示しています．SIMモードでは分子イオンに相当する*m/z* 290を選択的に検出していますが，夾雑物が多いためピークを見つけることができません．一方，SRMではQ1で*m/z* 290をプリカーサーイオンとして選択し，さらにQ2で塩素分子が脱離したフラグメントイオンの*m/z* 220のプロダクトイオンを選択して検出しています．*m/z* 290のプリカーサーイオンの中からフラグメンテーションにより*m/z* 220のプロダクトイオンを生成するもののみを分析できます．そのためSRMモードはSIM

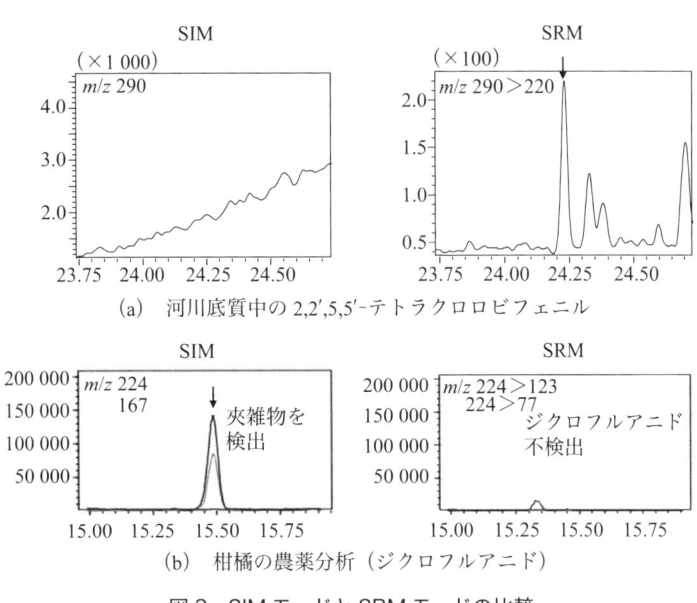

図 3　SIM モードと SRM モードの比較

モードよりも選択性が高く，分析対象成分に由来するピークを検出しやすくなります．図 3(b)は柑橘（ベニハッサク）の農薬分析の結果を示しています．殺菌剤であるジクロフルアニドはフラグメントイオンである *m/z* 224 のプリカーサーイオンから *m/z* 123 や 77 のプロダクトイオンが生じます．SIM モードによる分析では *m/z* 224 のピークが検出されていますが，SRM モードでは同じ溶出時間にピークが検出されていません．したがって SIM モードで検出されているピークは夾雑物であり，SRM モードの結果からジクロフルアニドは柑橘中に含まれていなかったことがわかります．このように SRM モードは SIM モードよりも選択性が高いため，夾雑物を多く含む食品中の残留農薬分析においても誤同定のリスクを低減し農薬の不検出を正確に判断できます．

［谷口百優］

【参考文献】
・JIS K 0123(2018)：ガスクロマトグラフィー質量分析通則.

Question 59

三連四重極形のGC-MS/MSにおける測定モードの具体的な測定条件を教えてください.

Answer

MS/MSで分析を行う際は目的に応じて測定条件を設定します. とくに選択反応モニタリング(SRM)測定の場合は, 測定対象とする化合物があらかじめ決まっており, その化合物を高選択的かつ高感度に分析できる適切な条件を検討する必要があります. SRM測定メソッドの作成では, 化合物ごとにQ1とQ2でモニターするイオンの組み合わせ(SRMトランジション)の選定と, SRM測定時間の最適化を行います(Q58図1参照). ここでは植物などに含まれる代謝物であるキナ酸のトリメチルシリル(TMS)誘導体化物を例に説明します.

a. 保持時間とプリカーサーイオンの設定

(1) MS/MS装置でのScan測定

まずは測定対象化合物の標準溶液をScan測定して保持時間とプリカーサーイオンの候補となるイオンを選択するために質量スペクトルを確認します. MS/MS装置でもQ1またはQ2のみで質量分離を行うことでシングル四重極形と同等のScan測定(全イオンモニタリング)ができます. MS/MS装置の四重極ロッドにはSIMとScanだけでなく, 質量分離を行わないRF Onlyと呼ばれるモードがあり, RF Onlyでは交流電圧(RF電圧)のみをかけることでイオンの軌道を収束させながらカットオフする低*m*/*z*以外のすべてのイオンを通過させることができます. またこのとき, 衝突室はイオンを通過させるだけなのでRF Onlyで動作させます. 例えばQ1と衝突室をRF Onlyモードに設定し, Q2をScanモードに設定すれば, Q2のみを用いたScan測定ができます.

(2) プリカーサーイオンの選定

Scanモードで測定対象のピークを検出できたらプリカーサーイオンを選定します. 図1にキナ酸TMS誘導体化物のScan測定により得られた電子イオン化(EI)スペクトルを示します. 検出された質量スペクトルの中から強度が大きく, 相対的に*m*/*z*が大きなものをプリカーサーイオンとして選択します. *m*/*z*が大きい方がフラグメンテーションによってより小さな*m*/*z*になるプロダクトイオンを検出しやすく, また夾雑物の影響を受けにくくなります. また一斉分析の場合は他成分からは検出されない*m*/*z*を選択することも重要です. TMS誘導体化物の場合では誘導体化試薬に由来する*m*/*z* 73と147は頻繁に検出されます. そのためTMS誘導体化物のSRMトランジションを作成する際は, なるべくこれらのイオンを選択しないようにします. 以上を

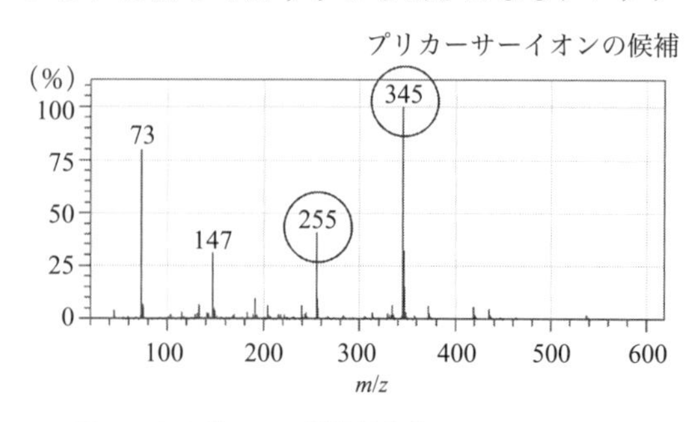

図1 キナ酸TMS誘導体化物のEIスペクトル

ふまえ，図1に示したキナ酸TMS誘導体化物の場合ではプリカーサーイオンとして*m/z* 345や255を選択します．

b．衝突エネルギーとプロダクトイオンの設定

次に衝突エネルギーとプロダクトイオンを選定するためにプロダクトイオン走査を行います．多成分の一斉分析系の場合は成分ごとに設定が必要となります．図2のようにプロダクトイオンの生成量は衝突エネルギーによって異なります．そこで衝突エネルギーを細かく変更した分析メソッドを準備し，大きなピーク強度が得られるプロダクトイオンと衝突エネルギーの組み合わせを選択します．島津製作所の装置では通常，衝突エネルギーは，3〜45 eV程度の範囲で検討し，最適エネルギー値を設定します（衝突室の構造が違うことなどによりこの数値はメーカーによって異なります，また最適なエネルギー値も異なります）．プロダクトイオンの選択では，プリカーサーイオンの選択と同様に他成分からは生じないイオン種（*m/z*）を選択するようにします．

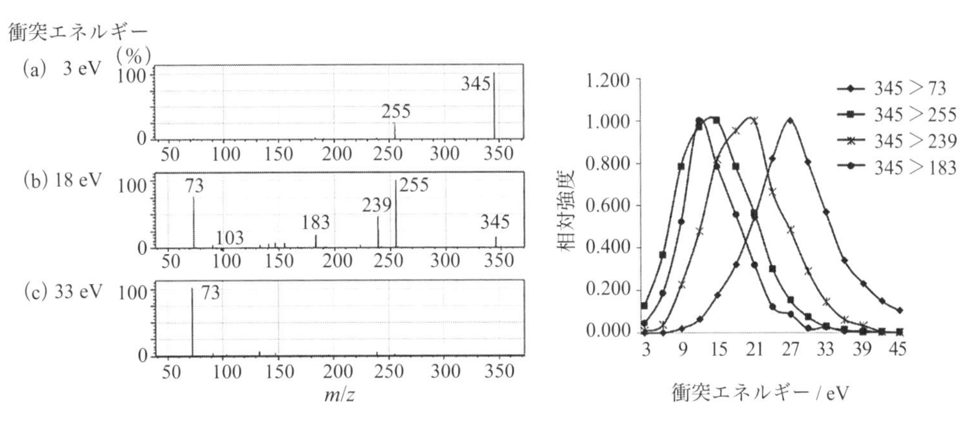

図2　キナ酸TMS誘導体化物のプロダクトイオン走査結果
衝突ガス：アルゴン

c．SRM測定時間の最適化

SRMモードで多成分の一斉分析を行う際のポイントを説明します．一斉分析では多数のSRMトランジションを時間ごとに切り替えて分析します．分析メソッドを作成する際には，各ピークのデータ採取点数や1データを取り込む時間（ドゥエルタイム）に注意が必要です．またSRM測定する時間範囲を溶出時間の近傍に合わせて調整する必要があります．同じ時間帯に多くのトランジションが重なると，データ採取点数やドゥエルタイムが減るためピーク形状やSN比，再現性が悪化します．また長すぎるドゥエルタイムはデータ採取点数の低下につながります．通常，データ採取点数はクロマトグラムのピークあたり10〜12以上を目安にします（Q53，54参照）．ただドゥエルタイムも含め，最近ではこれらのパラメーターを自動で最適化できるツールが各メーカーから用意されているので，ほとんどの場合，それらを活用してSRM分析メソッド（条件）を作成します．ただし測定対象成分やトランジションが多い場合はドゥエルタイムが極端に短くなり，SRMモードを用いた一斉分析では良好なデータが得られないことがあります．その場合はメソッドファイルを分割して分析します（Q60参照）．

［谷口百優］

Question 60

MRM(SRM)を行う際の注意点，CIDの条件設定を教えてください．

Answer

GC/MSで一般的な電子イオン化（EI）法による多重反応モニタリング（MRM，選択反応モニタリング（SRM））分析の場合は，フラグメントイオンが多く，プリカーサーイオンの選択に悩むことがあります．まず，プリカーサーイオンからプロダクトイオンへのトランジションの組み合わせの選択を行います（Q59参照）．プリカーサーイオンには，SIMを選択するときと同じように，できるだけ質量が大きく，選択性のあるイオンを選びます．またイオンは衝突室で開裂し，MS2を通過するイオン量が減少するため，それなりの強度も必要となります．同様に一つのプリカーサーイオンに対して複数のプロダクトイオンが生成しますので，多くのトランジションが候補として挙がります．初めて検討を行う場合は，候補に挙がったできるだけ多くのトランジションを試してみる必要があります．またトランジションのほかに，CID（衝突誘起解離）の条件を決める必要があります．三連四重極形GC-MS/MSでは，衝突ガスは不活性ガスである窒素やアルゴンが使われることが多く，圧力もしくは流量で調節しますが，分析中に変化させることは難しいため，通常固定の値を用います．また，衝突ガスと衝突させるときの最適な衝突エネルギーは，同じ化合物であっても，選択するトランジションによって大きく異なります．使用する機種によってトランジションそのものが異なることもあるため，必ず使用する装置で最適条件を検証する必要があります．トランジションと最適衝突エネルギーが決まったら，最終的には，実試料に，目的としている定量下限値濃度の分析種を添加し，優先順位をつけるのが望ましい方法です．

MRM条件の最適化は時間がかかる作業になるため，各メーカーでは，代表的な化合物（農薬やPCBなど）についてはデータベースを用意していることが多いです．図1には，衝突エネルギーの違いによる感度の変化の例と最適化ツールの例を示します．

EI法ではフラグメントイオンがMRMのプリカーサーイオンになることが多いため，最適条件

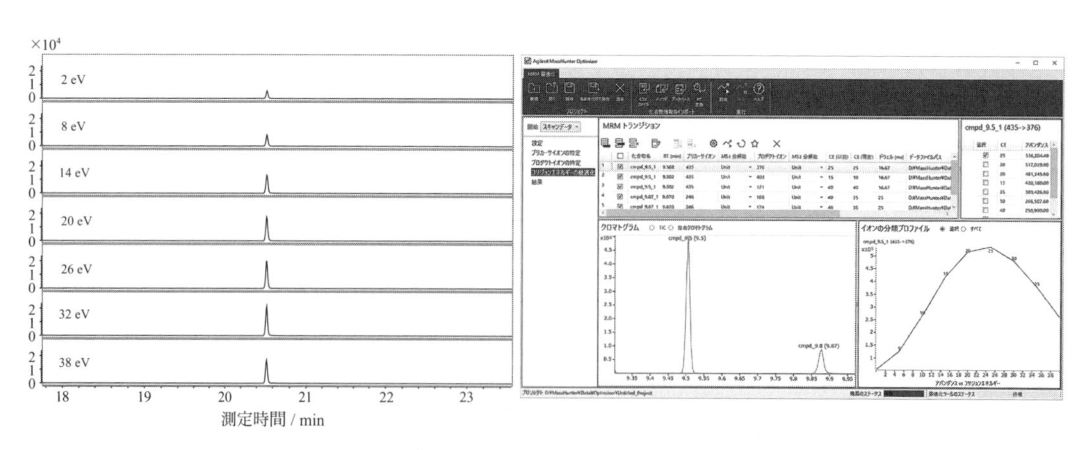

図1　衝突エネルギーによるピーク強度の違いと最適化ツールの例

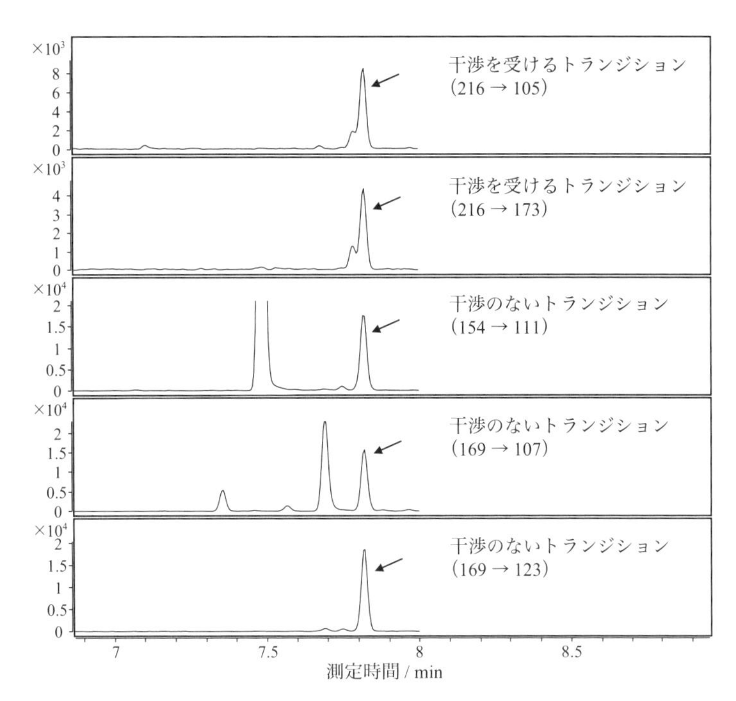

図２　シンメチリンの農薬混合溶液によるトランジションの干渉例

を決定しても，残留農薬分析のような多成分一斉分析では，使用するカラムや昇温条件，あるいは同時に測定する農薬によっては干渉を受ける場合があります．また選択性に劣るトランジションの場合には試料由来の夾雑成分による干渉を受ける場合もあります．図2には，通常の分析で使っていたトランジションが，高速分析になった際に近接する化合物の干渉を受け，トランジションの変更を検討したときのクロマトグラム例を示します．

多成分一斉分析の場合は，メソッドを組む上での注意点もあります．GC/MSで多く採用されているタイムセグメント式の場合は，できるだけタイムセグメントの切れ目に化合物の溶出が重ならないように注意しますが，試料中の夾雑成分の影響で溶出がずれることも想定して，後ろのセグメントにもオーバーラップしてメソッドを組む必要があります．また化合物が多くなるとドゥエルタイムが短くなり，SN比の低下やばらつきの原因となりますので，一つのセグメントに多くの化合物を詰め込まない工夫が必要になります．近年では，Dynamic MRM法（取り込みたい化合物の保持時間に対して，保持時間 ±0.5分，など一定時間のみ取り込みを行う方法）のように，ドゥエルタイムを効果的に増やすことのできる方法も使用できるようになっています．　［杉立久仁代］

Question 61

Scan/SRM（MRM）の具体的な条件設定について教えてください.

Answer

Q54で述べたScan/SIMと同様の考え方で，Scanと選択反応モニタリング（SRM，多重反応モニタリング（MRM））を組み合わせたScan/SRMがあります．Scan/SRMではScan測定とSRM測定を連続的に切り替えてデータ採取します．Q58で述べたようにSRM測定は三連四重極形質量分析計を用いて二段階の質量分離を行うため高い選択性を有し，微量成分の高感度分析に適しています．図1は代謝物のトリメチルシリル（TMS）誘導体化物のScan/SRM測定の結果を示しています．図中にはありませんが実際には数百成分を一斉分析しました．Scan測定（クロマトグラムは特定イオンの抽出イオンクロマトグラム（EIC）を表示）では検出感度が不足している成分でも，SRM測定では十分に検出することができています．Scan/SRMの同時測定では両方の特長を活かして，Scanで感度が不足する成分をSRMで高感度に検出し，SRMで測定対象としていなかった未知成分をScanで検出することができます．またScan測定の質量スペクトルのみではなくSRM測定で得られる正確で再現性が高いイオン強度比も合わせることで，より確実な定性が可能になります．SRMはSIMよりも選択性が高いため，一般的にScan/SIMよりもScan/SRMの方が，定性・

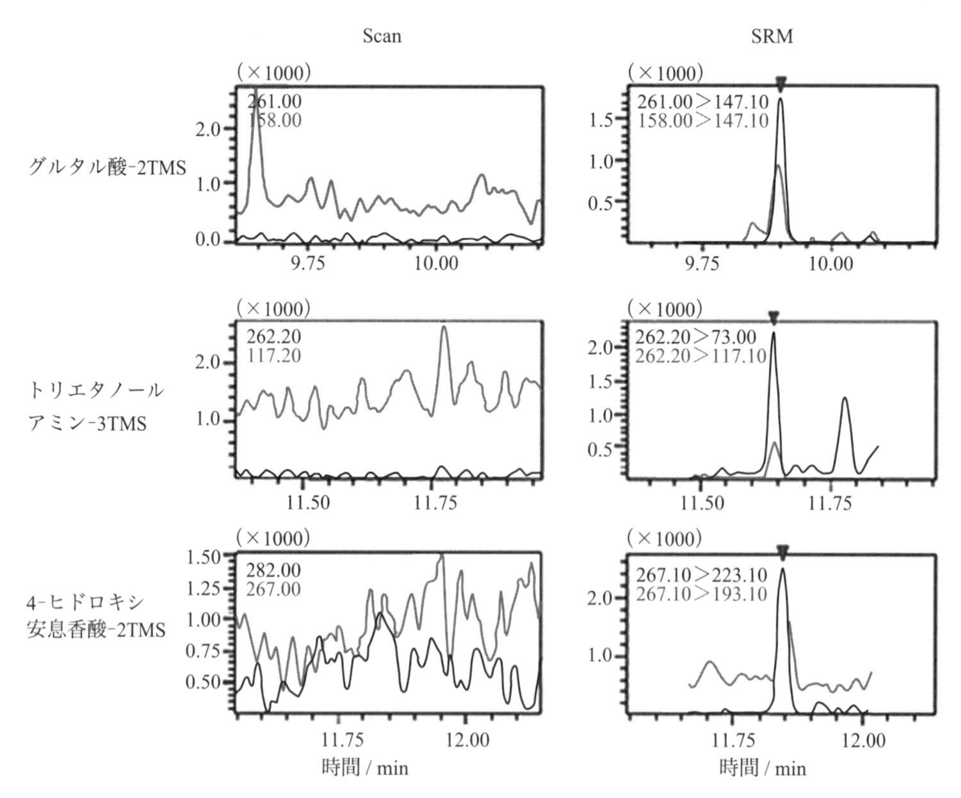

図1　代謝物TMS誘導体化物のScan/SRM測定の結果（ScanではEICを表示）

表1　Scan/SRM 測定の条件設定例（図1の分析条件）

		m/z (Scan 範囲，トランジション)	ドゥエルタイム s	衝突エネルギー eV
Scan		35～500		—
SRM	グルタル酸-2TMS	261.00＞147.10	0.025	15
		233.10＞147.10		9
	トリエタノールアミン-3TMS	262.20＞73.00	0.01	21
		262.20＞117.10		12
	4-ヒドロキシ安息香酸-2TMS	267.10＞193.10	0.01	18
		267.10＞223.10		9

定量分析に優れています．Scan/SRM においては，Q59 で述べた SRM 測定の条件設定と同様に衝突エネルギー（CE）や SRM トランジションの設定が必要です．Scan/SRM も Scan/SIM と同様にイベント数が多くなるのでドゥエルタイム（イベント時間）の設定に注意が必要です．SRM では選択性が高くノイズとの分離が得意なため，対象成分を十分に検出するために検出器電圧を比較的高く設定することがあります．一方，Scan では検出器電圧を高くするとノイズも大きく検出されて質量分析計や分析結果にとってよくないため，SRM よりも低く設定することが好ましいです．そのため Scan/SRM では検出器電圧を注意して設定する必要があります．　［谷口百優］

QUESTION 62

Q-TOF 形の GC-MS/MS における測定モードの具体的な測定条件を教えてください.

ANSWER

四重極飛行時間（Q-TOF）形の GC-MS/MS では四重極と衝突室およびフライトチューブがそれぞれ連結した構造を有しており，“TOF モード”と“Q-TOF モード”の二つの測定モードとイオン化法を目的に応じて使い分けて測定を行います.

a. TOF モード

四重極および衝突室はイオンを素通りさせ，GC/TOF に相当するモードで質量スペクトルを取得します. 後段の TOF で質量分離を行うため，精密質量の質量スペクトルが得られます. 測定条件としておもに，測定質量範囲と取込み速度を設定します. アジレント・テクノロジーの GC/Q-TOF システムでは，測定速度を最大 50 Hz まで設定可能であり，通常は 2 Hz 程度に設定します[1]. GC×GC などのピーク幅が小さい条件では測定速度をより速い値に設定し，十分なデータ採取点数を確保します. なお，電子イオン化（EI）の質量スペクトルのパターンはシングル四重極形 GC-MS のそれとほぼ同等であり，ライブラリー検索等で使用するライブラリーの共有ができます.

b. Q-TOF モード

四重極でプリカーサーイオンを質量分離し，衝突室で衝突誘起解離（CID）を起こさせ，TOF でプロダクトイオンスペクトルの測定を行います. いわゆるプロダクトイオン走査に相当しますが，後段が TOF であるため精密質量の質量スペクトルが得られます. 測定条件としておもに，四重極を通過させるプリカーサーイオンの *m/z* と衝突エネルギーを設定します. 本モードはライブラリー検索でヒットしない未知ピークの構造推定などに用いられます. アジレント・テクノロジーの GC/Q-TOF システムでは，衝突ガスとして窒素ガスを使用し，流量は 1.0 mL min^{-1} 等に設定します[2]. 衝突エネルギーは最大 60 eV まで設定可能であり，未同定ピークの推定を目的とする場合はプロダクトイオンスペクトルの全体像が把握できればよいため，例えば 5 eV または 20 eV に設定して測定を行います[2]. 複数のプリカーサーイオンを同時にモニタリングする際には，タイムセグメントによるプリカーサーイオンの切替えのほか，一つのセグメント内で複数のプロダクトイオンを設定することもできます.

上記の測定モードに加えて，イオン化法を使い分けます. GC/Q-TOF では EI 法が用いられることが多いですが，定性目的で分子組成（分子式）の情報を得ようとする場合には，ソフトイオン化である正イオン化学イオン化（PICI）法や負イオン化学イオン化（NICI）法などに切り替えて測定が行われます.

GC/Q-TOF の特徴的な使用例として，未知ピークの構造推定があります（図 1，姉妹本「ガスク

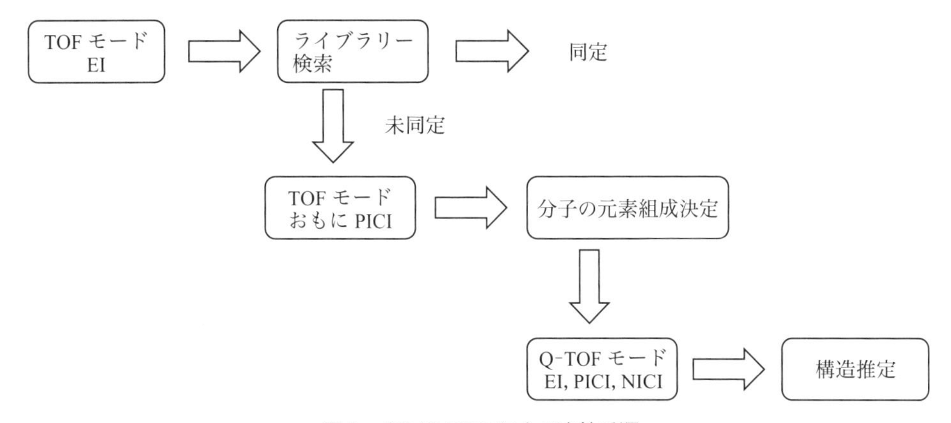

図 1　GC/Q-TOF による定性手順

［日本分析化学会ガスクロマトグラフィー研究懇談会 編，"ガスクロ自由自在　GC, GC/MS の基礎と実用"，丸善出版（2021），p.210］

ロ自由自在　GC, GC/MS の基礎と実用」，p.210 も参照）．はじめに TOF モードで得られた EI 質量スペクトルをライブラリー検索にかけるところまではシングル四重極形 GC-MS の定性と同様です．ライブラリー検索でヒットした成分ピークについてはリストアップされた化合物が一つであればその時点で定性が完了します．ライブラリー検索でヒットしない未知成分ピークについては，PICI の質量スペクトルから分子の元素組成（分子式）を決定します．分子の元素組成は EI で得られる M^{+}，PICI で得られる $[M+H]^{+}$，NICI で得られる $[M-H]^{-}$ のいずれからも計算可能ですが，それらの生成しやすさや同定の容易さから PICI が採用されることが多いです．分子の元素組成が明らかになったところで構造推定を行います．ここで Q-TOF モードが重要な役割を担います．TOF モードで得られた EI 質量スペクトルもイオンのもつ精密質量から様々な構造情報を提供しますが，一般にフラグメンテーションの過程が複雑で解釈が難しい場合が多くあります．それに比べて CID で得られるプロダクトイオンスペクトルはフラグメンテーションが比較的単純で相対的に解釈が容易です．また，EI で得られたフラグメントイオンをプリカーサーイオンとして Q-TOF モードでの測定を行うことで，構造推定を行う上で重要な部分構造に関する情報も得られます．構造推定では質量スペクトルを眺めながら自力で行うことが基本となりますが，現在ではそれを手助けしてくれる様々なソフトウェアも利用可能です．

その他，定量目的での測定も可能です．その場合の測定は TOF モードで行うことが多く，マスクロマトグラム（EIC）を ±5 ppm 程度の精度の範囲で抽出できるため選択性に優れています．TOF のダイナミックレンジは一昔前に比べて改善しており，実際の検量線で 4 桁程度の直線性が得られることから，四重極に大きく劣ることはありません．Q-TOF モードで定量を行うことも可能であり，SRM のイメージに近く，疑似 SRM とも呼べますが，プロダクトイオンの EIC を ±5 ppm 程度の精度で抽出できるぶん，SRM よりもさらに優れた選択性が期待できます．ただし，Q-TOF モードのプロダクトイオンはスペクトル測定モードで取得されるため，感度で比較すると SRM の方が有利になる傾向があります．［野原健太］

【引用文献】

1）アジレント・テクノロジー アプリケーションノート 5944-6762JAJP.

2）アジレント・テクノロジー アプリケーションノート Pub. No. GC-MS-202002OG-001.

QUESTION 63

オービトラップ形のGC-MS/MSの動作機構と具体的な測定条件を教えてください.

ANSWER

はじめにオービトラップ形MS/MSの構造を説明します. オービトラップシステムは, 四重極(Q)の後ろにC-トラップ（curved linear trap）があり, その後ろと垂直方向にそれぞれHCD（higher-energy collisional dissociation）セルとオービトラップが接続されています. 四重極はイオンの選択, C-トラップはイオン量を自動で調節, HCDセルはイオンを開裂, オービトラップはイオンのモニタリングを行う役割がそれぞれあります（HCDを用いずにQを単にイオンの透過に用いれば全イオンモニタリングやSIMを行うことも可能です）. MS/MSを行う際の動作機構としては, まずQで選択されたイオンはC-トラップを透過し, HCDセル内にて衝突ガス（窒素）との反応によって開裂を起こします（図1(a)）. 次に開裂したイオンはC-トラップへ戻され, オービトラップへ射出されて分析されます（図1(b)）. このデータ採取方法は四重極形でいうプロダクトイオン走査に相当し, プロダクトイオンが高分解能スペクトルとして観測できるため, 各イオンを構成する元素組成（分子イオン場合は分子式）の推定が容易になります. 正イオン化学イオン化（PICI）モードでプロトン付加分子を開裂させたプロダクトイオン走査のデータは, NISTタンデムライブラリーやサーモフィッシャーサイエンティフィックのmzCloud（オービトラップ専用のオンラインMS/MSライブラリー）などで化合物検索ならびに類似構造検索がそれぞれ利用できます.

GC-MS/MS分析例として, ここではPICI（メタン）によるアトラジン標準物質の測定を紹介します. あらかじめFull Scan（全イオンモニタリング）を行い, アトラジンの保持時間およびプロトン付加分子（図2左：*m/z* 216）が検出できることを確認しておきます. MS/MS分析条件は表1に示した条件を用いました. 保持時間情報, プリカーサーイオン, 四重極の単離幅（通過するイオン（質量ピーク）の幅）, 衝突エネルギー, オービトラップの設定分解能, 最大注入時間を設定しました.

本分析により, 精密質量でのプロダクトイオンスペクトル（図2右）が得られました. mzCloud

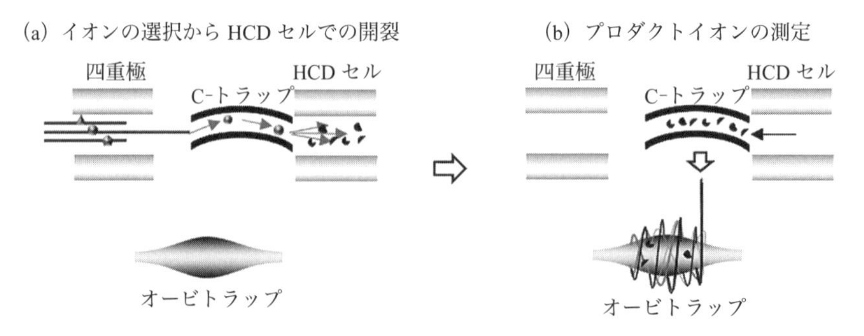

図1　プロダクトイオン走査の動作

表1　プロダクトイオン走査分析条件例

分析条件	設定値
保持時間	該当時間［min］
保持時間ウィンドウ	1.0 min
プリカーサーイオン	*m/z* 216
四重極の単離幅	1.0 Da
衝突エネルギー	15 eV
オービトラップの設定分解能（*m/z* 200）	15 000
最大注入時間	50 ms

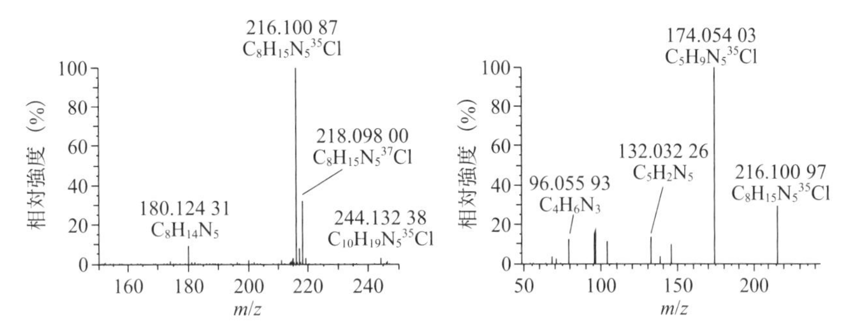

図2　PICI によるアトラジンの Full Scan スペクトル（左）とプロダクトイオンスペクトル（右）

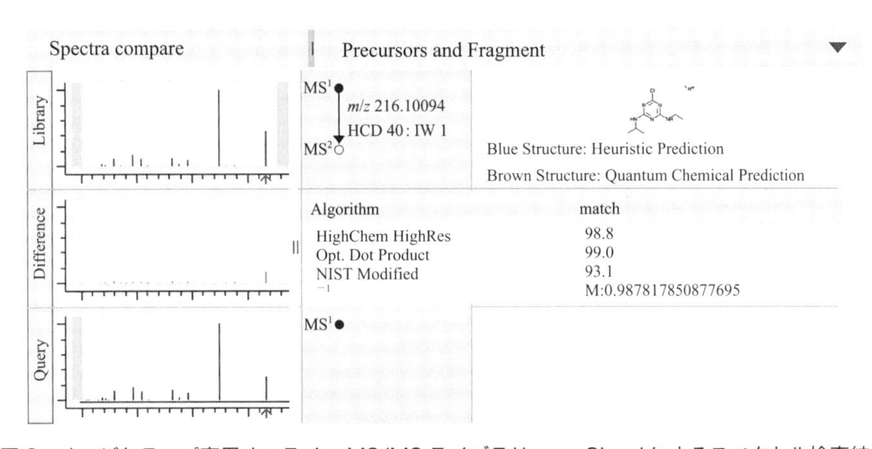

図3　オービトラップ専用オンライン MS/MS ライブラリー mzCloud によるスペクトル検索結果

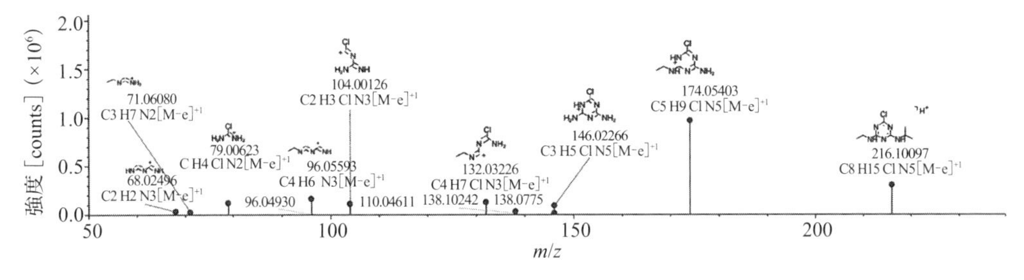

図4　フラグメントイオンサーチ（FISh）による構造推定

を用いて成分検索を行うと，アトラジンがヒットしました（図3）．

オービトラップで取得したMS/MSデータはFISh（フラグメントイオンサーチ）を行うことで，精密質量データによる各プロダクトイオンの構造を推定できます（図4）．NISTタンデムライブラリーやmzCloud推定構造の妥当性を本機能で確認できました．

以上から，PICIによるMS/MS分析を用いることで，アトラジンは矛盾なく成分同定されました．

［秦 一博］

ワンポイント6

メンテナンスでカラムをカットしたり，新しいカラムに交換した際に，測定対象化合物の保持時間はどのように修正しますか？

アジレント・テクノロジー独自のリテンションタイムロッキング(RTL)の機能は，機器コントロールのソフトウェアに付属されています．カラムをカットしたり，新しいカラムに交換した場合は，基準化合物を用いて保持時間の再ロックが必要です．ソフトウェアのバージョンにもよりますが，MassHunterではRTLのキャリブレーションの取り込み，Open Lab CDSではRTLウィザードを使用します．各種データベースでは，GCの分析条件と基準化合物が決められており，RTL用にExcelファイルが配布されています．その場合は，Excelファイルのキャリブレーションを使用して再ロックを行ってください．実測の保持時間とキャリヤーガス流量あるいはカラム入口圧力を入力すると，基準化合物を目的の保持時間に検出するためのキャリヤーガス流量・カラム入口圧力が自動計算されます．自動計算された結果を分析条件に設定し，確認作業を行うことで，再ロックがかかります．

RTLの機能がない装置では，直鎖アルカンを使用し，保持指標（RI）を分析バッチと一緒に測定しておくとよいでしょう．各アルカンの保持時間から目的成分のRIを計算し，ライブラリーに登録されたRIと比較し化合物の同定が可能です．

［姉川 彩］

【参考文献】

・アジレント・テクノロジー アプリケーションノート 5994-0551JAJP.

QUESTION 64

高速Scanを使用するメリットと，使用する際の注意点を教えてください．

ANSWER

高速Scanは，ナローボアキャピラリーカラムを用いた高速分析やGC×GCなどの溶出するクロマトグラムのピーク幅が狭い成分の検出を行う際に有用です．

Scanの条件設定では，走査に費やす時間（サイクルタイム）とデータ採取点数に留意する必要があります．Scanの走査回数や速度の設定によりサイクルタイムを長くすればノイズが低減して測定感度の向上が期待できますが，通常は特別に留意する必要はありません．サイクルタイムが長くなり，データ採取点数が少なくなることに注意すべきです．データ採取点数が少ないと実際の測定（Scan）時に溶出するクロマトグラムのピークトップを外す可能性があり，結果として得られるクロマトグラムピークの形状が悪化し，測定の再現性（ピーク面積）や測定精度の低下につながります（図1）．また，Scanの速度が遅いとScanの始めと終わりで対象成分のイオン源内での濃度依存性が生じ，質量スペクトルの正確性にも問題が生じます．そのため設定した測定質量範囲で濃度依存性を抑えた速度でのScanが必要になります．Scan測定では通常はクロマトグラム1ピークあたり10〜20程度の点数が採取できる条件を設定しますが，ピーク幅が狭い場合やより広範囲の質量範囲の測定が必要なときは高速Scanが必要です．最近の装置は，例えば四重極形では20 000 u s^{-1} 程度の走査速度が可能なので，高速Scanの実施にとくに支障はありません．

一方，クロマトグラムのピーク幅はカラムの内径と膜厚や分離条件などに左右されます．例えば，内径0.25 mmのキャピラリーカラムを使用した場合は，平均的な条件下ではピーク幅が約6秒程度とされますので，6秒で15個のデータ採取点を得るために毎秒2.5サイクル程度を目指してScan条件を設定します．より細い内径のカラムを用いた高速分析条件やGC×GCではピーク幅がそれよりもさらに小さくなるため，ピークトップを外さないようにサイクルタイムをより短くする必要があります．そのような状況においては，サイクルタイムを短くすることが可能な高速Scanを行えば十分なデータ採取点数を確保でき，ピークトップを外すことなく良好な再現性が得られます．

［野原健太］

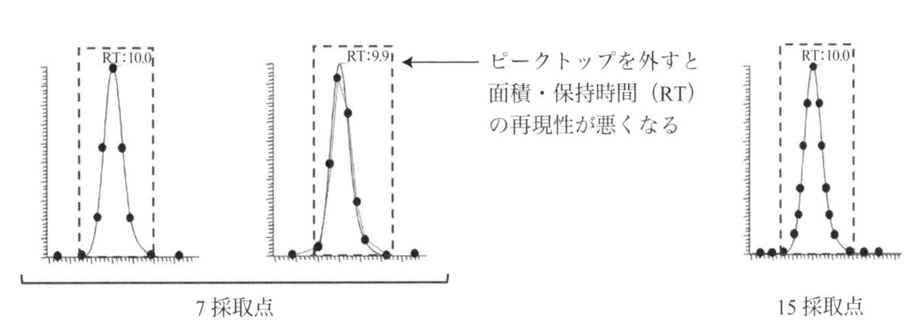

図1　データ採取点数とピークの形状や再現性の関係性
［Agilent UNIVERSITY 2018年分析機器基礎講座 GC/MSの基礎］

Question 65

GC/MS の**ノンターゲットおよびワイドターゲット分析**について教えてください.

Answer

ノンターゲット分析は事前に測定対象を定めず，全イオンモニタリング（Scan）モードで網羅的に取得したピークすべてを解析します．生体試料や製品の生理機能や品質に寄与する成分を特定することを目的として，代謝物や香気，不純物，残留農薬，法医学などの様々な分析アプリケーションで使用されています．

生体試料を Scan モードで分析すると膨大なピークが検出されます．それらのピークは同じ成分でも試料によって保持時間が変動します．また，ピーク強度についても質量分析計のイオン源の汚染，検出器の劣化，マトリックス効果，誤差などに起因して変動します．一般的には，内標準物質を用いて補正されますが，ノンターゲット分析では分析対象成分を限定しないので内標準物質としてどの成分を使用するかの選択は難しいです．試料中に存在しない，幅広い溶出時間の成分を複数使用するのがよいです．内標準物質のみでは適切な補正ができない場合は，完全に同一試料であると仮定できる QC(quality control)試料の分析を 5〜10 試料に 1 回の頻度で挿入し，QC 試料のピークを用いて試料ピークデータの溶出時間の補正や，検出感度の正規化（ノーマライゼーション）を行います．ノンターゲット分析で膨大なピークを扱いやすくするためには，保持時間や検出感度のずれが生じにくい分析系を使用することを推奨します．保持時間に関しては，試料で汚染したカラム先端部分をカットすることによって分析バッチ間でずれが生じるため，毎回，直鎖アルカンなどの保持指標を算出できる標準物質を分析しておくのがよいです．図 1 にノンターゲット分析の分析内容例を示します．

Scan モードで取得したデータは，ターゲット成分について抽出イオンクロマトグラム(EIC)を用いて解析する手法もありますが，複雑なマトリックスの試料からのデータの場合はデコンボリューションを使用します（Q95 参照）．デコンボリューションはすべての溶出時間で各質量（m/z）の EIC のピークを抽出し，各 EIC ピークの溶出時間およびピーク形状の類似度から同一成分由来であるかどうかを判断します．カラムでの分離が不完全なピーク同士でもピークトップがわずかに分

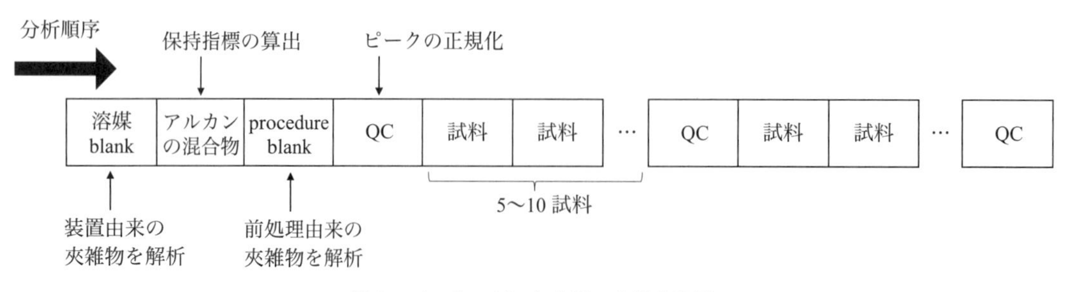

図 1　ノンターゲット分析の分析内容例

離できていれば，デコンボリューションによって対象成分のみを抽出することができます．

GC/MS によるノンターゲット分析を用いた代謝物や香気成分の解析では，特性（機能，品質，生理活性など）が異なる試料の比較分析が多く行われています．複数の試料を用意してデータを取得し，多変量解析を用いて試料間の違いを比較することで，得られた膨大なデータの中からどの成分が特性の差異に起因するのかを特定します．データの解析が終わったら，各ピークの強度を試料間で比較できるように各試料のピーク情報（溶出時間と *m/z* や，同定した成分名），およびその強度をまとめたデータマトリックスを作成します．データマトリックスを多変量解析に供することで多変量データ（成分データ）の構造を把握し特徴を抽出できます．教師なし学習であるクラスター分析，主成分分析（principal component analysis：PCA）や教師あり学習である PLS（projection to latent structure）回帰分析，判別分析などが多用されており，各試料の成分の特徴や，その特徴的だった成分と特性との相関が解析されています（Q101 参照）．メタボロミクスのワークフロー例を図 2 に示します．

ノンターゲット分析は，試料中に含まれるあらゆる成分を解析の対象とするため試料中のキー成分を発見しやすいです．しかしながら，膨大なクロマトグラムのデータを扱う必要があり，高い分析，解析技術が必要です．そこで測定対象を特定したワイドターゲット分析が使用されることがあります．ワイドターゲット分析では数百種類以上の広範囲な成分を同時に分析します．測定対象があらかじめ設定されているためノンターゲット分析と比較すると得られる情報量が少なくなる可能性がありますが，とくに高度な技術を必要としません．またワイドターゲット分析では，Scan よりも高感度検出が可能な選択イオンモニタリング（SIM）や選択反応モニタリング（SRM）を用いることができるため，微量成分の探索に適しています．ノンターゲット分析とワイドターゲット分析にはそれぞれメリット，デメリットがあります．Scan/SIM や Scan/SRM 分析を用いることでノンターゲット分析とワイドターゲット分析の両方のメリットを活用することができます．

［谷口百優］

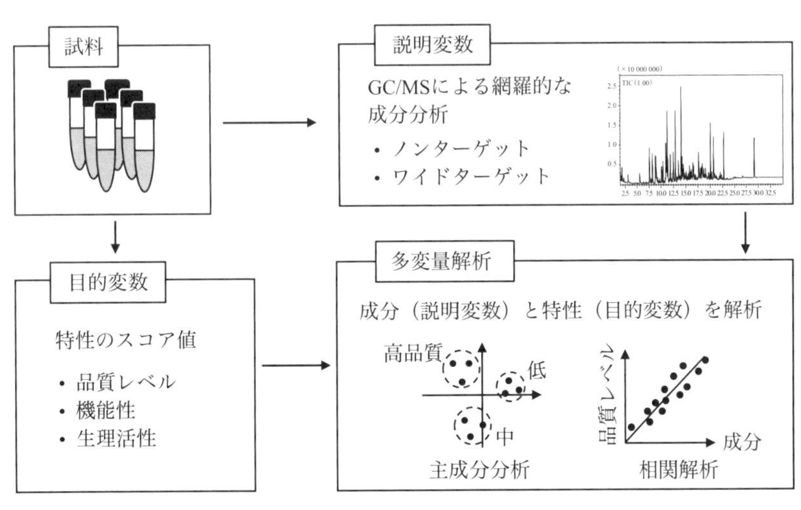

→ 成分データの特徴や特性との関連を解析

図 2　GC/MS 分析を用いた網羅的な成分分析のワークフロー例

QUESTION 66

GC-FID と GC/MS の各ピークの保持時間を一致させることはできますか？

ANSWER

GC-FID で検出されたピークを GC/MS で定性するためには，両者でクロマトグラムのパターンが一致していることが必要です．しかし，FID ではカラム出口が大気圧付近であるのに対し，MS では負圧（真空）であることから，同じ GC の分析条件（キャリヤーガスおよびカラム槽温度条件）では両者でピークの保持時間が変わります．キャリヤーガスの線速度制御，リテンションタイムロッキング（RTL）などの技術により，分析条件を調整することで，ピークの保持時間を一致させることが可能です．

a. キャリヤーガスの線速度制御

キャリヤーガスの制御方式には，圧力，流量，線速度を制御する方式があります．昇温条件を同じにしてキャリヤーガスを線速度一定で制御することで，GC-FID と GC/MS でピークの保持時間を一致させることができます．図 1 に GC-FID と GC/MS で同一カラムを使用し，線速度一定（40 cm s^{-1}）で制御したクロマトグラムを示します．

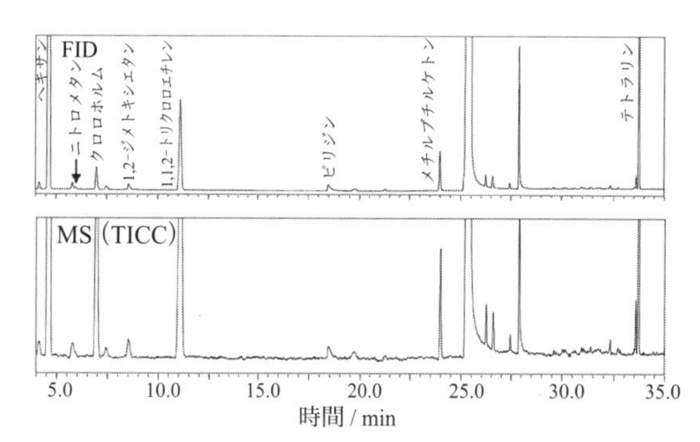

［GC 条件］
カラム：SH-I-624 Sil MS
（30 m × 0.32 mm i.d., d_f = 1.8 μm）
注入モード：スプリット（スプリット比 1：5）
カラム槽温度：40 °C（20 min）－（10 °C min^{-1}）－240 °C（20 min）
キャリヤーガス：He
制御モード：線速度一定（40 cm s^{-1}）

図 1　同一カラムで線速度制御した GC-FID（上）と GC/MS（下）のクロマトグラム

また，同じカラムでない場合（種類は同じ，寸法が違う）でも，同じ相比のカラムであれば，GC-FID と GC/MS で保持時間を一致させたクロマトグラムを得ることができます．医薬品残留溶媒試験において，GC-FID では 30 m×0.32 mm i.d., d_f=1.8 μm のカラムを，GC/MS ではより内径の細い同じ相比のカラム（30 m×0.25 mm i.d., d_f=1.4 μm）を使用し，同じ昇温速度・平均線速度（35 cm s^{-1}）で一定となるように制御し測定したクロマトグラムを図 2 に示します．一番最初に溶出するアセトニトリルから最後に溶出するクメンの全保持時間範囲において，各ピークの保持時間が一致しています．

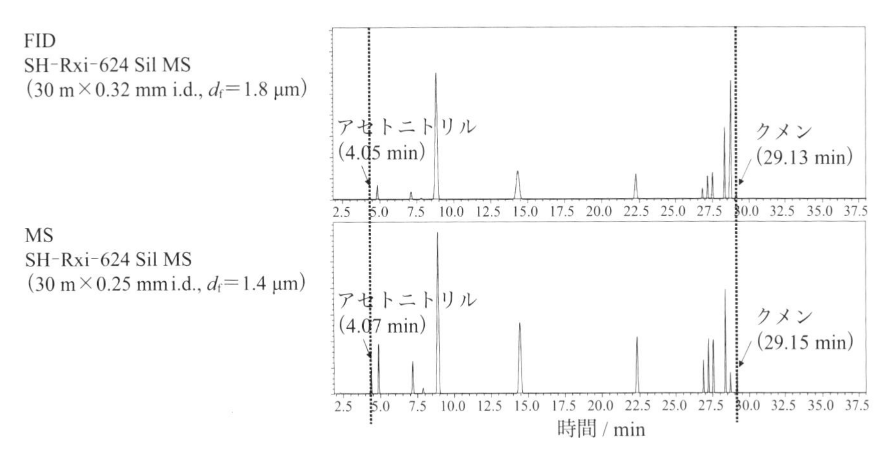

図2　相比が同じ別カラムで平均線速度制御したGC-FID（上）とGC/MS（下）のクロマトグラム

b.　リテンションタイムロッキング（RTL）

リテンションタイムロッキング（RTL）とは特定成分の溶出時間を一定に保つようカラム入口圧を微調整する技術です．詳細については，「分離・検出編」Q28を参照してください．

c.　メソッドトランスレーション

メソッドトランスレーションでは，カラムディメンジョン，キャリヤーガスの種類，カラム出口圧力などの情報をもとに，クロマトグラムのパターンを維持するように分析条件を変換するプログラムです．図3にメソッドトランスレーション画面の例を示します．メソッドトランスレーションは，ピークの保持時間を厳密に一致させる目的の技術ではありませんが，クロマトグラムのパターンを維持することができるため，FIDの各々のピークに対応するMSのピークを決めることができます．また，メソッドトランスレーションでは，異なる相比のカラムを使用する場合や，ヘリウムと水素など異なるキャリヤーガス種を使用する場合においても，同様のクロマトグラムのパターンを得られるように変換を行うことができます．　［河村和広］

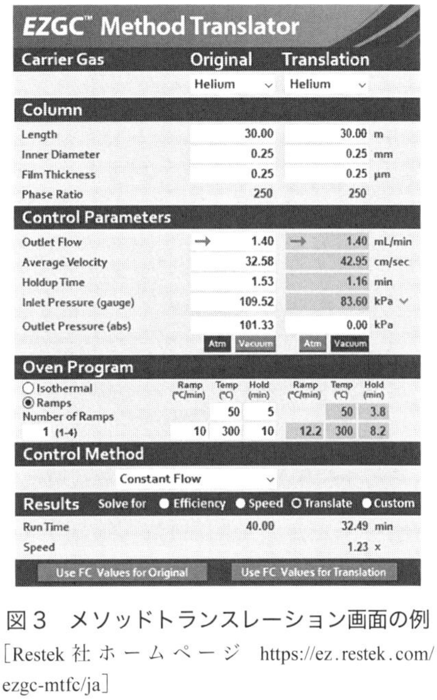

図3　メソッドトランスレーション画面の例
［Restek社ホームページ https://ez.restek.com/ezgc-mtfc/ja］

QUESTION 67

GC/MS の定量精度と，定量精度を確保する方法について教えてください．

ANSWER

GC/MS では，目的成分がカラムで十分に分離していなくても，重なり合うピークに影響されない *m/z* の異なるイオンを選択することで検出・定量が可能であるため，多成分一斉分析や夾雑物の多い試料の分析にも対応ができ，その定量精度は高いといえます．GC/MS の測定法には Scan と SIM の二つがあり，そのどちらでも定量分析が可能です．Scan 測定による定量では，目的成分の同定にあたって，質量スペクトルライブラリーを用いた検索での一致率を確認することができるため，擬陽性と擬陰性の両方を低減することができるメリットがあります．しかし，測定時の感度を比較すると，広範囲の質量範囲を測定する Scan よりも選択した特定のイオンの *m/z* だけを測定する SIM の方が，一般に 1～2 桁程度高感度になります．したがって，SIM を用いる方が微量成分を感度よく測定することができます．一方，非常に夾雑物の多い試料を分析する場合には，SIM 測定でも妨害成分による干渉が避けられないことがあります．そのような試料について，高選択かつ高感度に測定を行いたい場合は，例えば三連四重極形質量分析計を用いた選択反応モニタリング（SRM）による測定が有効です．SRM 測定では試料の組成由来に加えて，カラム固定相由来のイオンの影響を抑えることができるため，ノイズを大幅に低減させ SN 比を飛躍的に向上することができます．GC/MS による測定の定量精度の目安は，対象となる化合物の種類や注入方法および濃度レベルなどによっても異なりますが，定量値の相対標準偏差（RSD）が 5 % 程度であるかを確認するとよいと思われます．ただし，相対的に測定が難しい化合物や前処理装置を使った分析方法では，RSD が 10 % 以上になることも十分あり得ますので，あくまで目安としてください．下記では，おもに SIM 測定を前提として定量精度を確保する方法について記します．

a. 定量精度を上げる条件設定

SIM で定量する場合は，条件設定が重要です．最初に定量する目的成分を決定し，標準試料を準備し，次にその標準試料を Scan で測定し，保持時間と質量スペクトルを求めます．この質量スペクトルから SIM で定量に用いるイオン（定量イオン）を決定しますが，SIM では測定試料や分析条件によっては，共存成分の影響で目的成分が認識できないことや，十分な感度が得られないことなどがあり，状況に応じたイオンの選択が重要となります．選択するイオンは，分子イオン，フラグメントイオン，同位体イオンなどの目的成分由来のイオンであれば，どのイオンを用いることもできますが，一般的には，質量スペクトルの中から相対強度が高いイオンを選択します．ただ，選択性を重視して強度が低いイオンを選択する場合もあります．低質量域のイオンはより多くの化合物から生成する可能性があるため，なるべく高質量域のイオンを選択することがポイントとなります．一方で，カラム材質あるいは不活性化用途に使われているポリシロキサンから発生しやすい

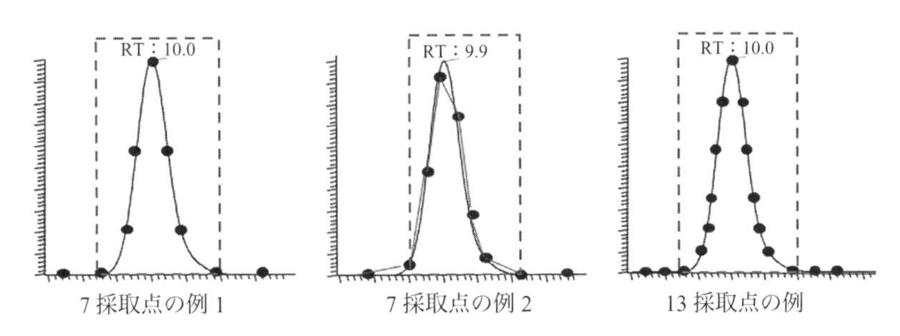

図 1　GC/MS の測定におけるクロマトグラムピークのデータ採取点数が 7（2 パターン）および 13 のときのイメージ

m/z 73, 147, 221……，および 207, 281, 355……はバックグラウンドになるため，なるべく選択しないようにします．また，例えば四重極形質量分析計の場合（質量の精度は 0.1 u），モニターするイオン（*m/z*）の設定は通常，整数ではなく小数点以下 1 桁まで確認して入力します．これは各元素の質量は，整数ではなく少数点以下の端数（精密質量）をもち，結果としてイオンの質量は小数点以下まで記した方が精度は高くなるからです．例えば，*m/z* の大きいデカブロモジフェニルエーテルの分析では，定量イオンを 799.3 に設定します．これを仮に 799 で設定した場合は感度や定量精度が悪くなる可能性があります．

選択するイオンは通常，目的成分一つに対して 2〜3 個のイオンが選択されます．これは定量を行う際，二つ以上のイオンの保持時間とそれらの相対強度を確認することで目的成分の同定精度を上げることができるからです．このとき，一つのイオンを定量イオンとして検量線を作成して定量を行い，ほかのイオンは確認イオンとして保持時間および相対強度がずれていないかの確認に使用します．定量イオンと確認イオンの強度（感度）差はなるべく 10 倍以内となるようにします．

また，定量精度を確保するためには，GC と同様にクロマトグラム上のデータ採取点を多くしてクロマトグラム全体を滑らかにする必要があります（Scan 測定で全イオン電流クロマトグラム（TICC）から抽出イオンクロマトグラム（EIC）を抜き出して定量する場合も同じ，また SRM 測定も同じ）．図 1 に模式的に示したように，データ採取点が 7 の場合では，ピークトップを捉えられるときと外すときがあり，結果として保持時間や面積値の再現性が悪くなります．一方で，データ採取点が 13 の場合は常にピークトップを捉えることができるため，再現性のよい結果を得ることができます．通常，各クロマトグラムのピークに対して 10〜20 点以上で測定することが好ましく，取込み時間（ドゥエルタイム）を設定することで決定します．通常のピーク幅は 0.1 min（6000 ms）程度であるため，すべてのイオンの取込み合計時間が 300〜400 ms を目安に設定をするとよいかと思います．一般的な装置では，一度に分析できるイオンの数に制限（例えば 60 グループ）があります．そのため，測定時間を分割（グループ分け）して測定することで，数百成分の一斉分析が可能になります．

b.　定量精度を上げる操作

GC/MS で定量分析を行う場合，まず標準試料を測定して検量線を作成しますが，GC/MS の測定ではその直線範囲は GC-FID と比較すると狭い（3〜4 桁程度）ので，目的成分の濃度範囲を確認する必要があります．定量結果が作成した検量線の範囲を超えてしまった場合は，検量線の範囲内に収まるように試料の希釈を行って再測定をしなければいけません．検量線はなるべく広い範囲で作成した方がよく，それについてはQ68を参考にしてください．

また，GC/MSの測定では，GCの注入口やカラムの状態に加えて，MSの真空度，フィラメント，イオン源の状態の変化によって，測定時の感度が大きく変動することがあるため，注意が必要です．また，感度が経時的に変化することがあるので，実試料に標準溶液を挟み込むなど感度変動について把握することが重要です．例えば，水道水のGC/MSの測定では，おおむね10試料ごとおよび一連の測定の最後に検量線の中間濃度の標準溶液などを測定し，定量値が調製濃度の±20％以内に収まるように精度管理を行います．感度変動が大きい場合には，再度MSのチューニングを実行すると感度が回復する場合があります．それでも回復しない場合は，真空を解除してイオン源の洗浄やフィラメント交換などのメンテナンスを実施します．これらの対応を行った後は，必ず検量線の作成を再度行う必要があります．

定量法は，GC分析同様に適宜，絶対検量線法，内標準法，標準添加法の三つを用いますが，質量分析計はGCの検出器に比べると感度変動等が起こりやすいため，その変動を補正することができる内標準法を使用するのが一般的です．GC/MSで内標準法を用いて定量する場合，入手可能であれば，定量目的成分と同じかまたはその異性体の安定同位体標識化合物（D(^{2}H)体，^{13}C体）を内標準物質として用いるとさらに定量精度を高くすることができます．また，残留農薬分析のように標準溶液と実試料で同一濃度のピーク強度が大きく異なる分析があり，そのような場合には工夫が必要です．その例としては，標準溶液を測定する前に実試料を測定して起爆注入すること（「準備・試料導入編」Q75参照），ポリエチレングリコール300（PEG300）などを擬似マトリックスとして標準試料および実試料の両方へ添加すること（Q39参照），マトリックスマッチング法を使用することが挙げられます．マトリックスマッチング法とは，標準試料を実試料のマトリックスに合わせて調製して測定する定量手法です（Q38参照）．これらの工夫をしても上手くいかない場合には，標準添加法を用いるのも定量精度を確保するアプローチの一つです．　[高桑裕史]

QUESTION 68

GC/MS で検量線が曲がる原因はどのようなものが考えられますか？直線範囲または領域を広くするコツを教えてください．

ANSWER

“曲がった検量線”には，図1のように“下に凸”と“上に凸”の二つのタイプがあります．また，検量線領域が広い場合，これらが組み合わさってS字の検量線になります．下に凸となるのは，GC/MSのサンプルパス（試料成分が通過する箇所，注入口，カラム，イオン源等）の活性点において化合物が吸着しているためです．サンプルパスへの吸着は濃度に関係なく生じますが，低濃度域での影響は大きく顕在化しやすいため．微量分析を行う場合によく見られます．下に凸の検量線を改善するためには，サンプルパスを不活性にすることが有効であり，これに対して装置の特定箇所や部品を不活性化処理したものがMSメーカーや部品メーカーから市販されています．アジレント・テクノロジーの例を図2に示しますが，これらを使用することによって検量線の直線性は改善します．しかしながら，これらを使用したとしてもすべての活性点をなくすことは難しく，吸着が強い化合物については，疑似マトリックスを添加（とくに高選択性のSRM（MRM）モードにおける農薬分析）したり，標準試料を実試料の組成に合わせて調製するマトリックスマッチング法や標準添加法を使わなくてはいけない場合があります．これらを使用すると，活性点をマトリックス由来の成分が覆い，化合物の吸着を抑制し，検量線の直線性が改善する可能性が高くなります．

上に凸の検量線の場合は，MSからの信号強度が飽和していることを示しています．これはイオン化室内のイオン量が多く飽和している場合と，アンプや二次電子増倍管（EM）での増倍率が高く飽和している場合のどちらかあるいは両方です．前者の場合，MSへの試料導入量を減らす必要があり，検量線用の標準溶液を希釈する，注入量を減らす，スプリット比を高くするなどが考えられます．後者の場合はMSの検出器電圧（EM電圧）を下げます．これらの操作によって，高濃度側の検量線の直線性が向上する可能性が高くなります．なお，最近のGC-MSには，一般にEMか

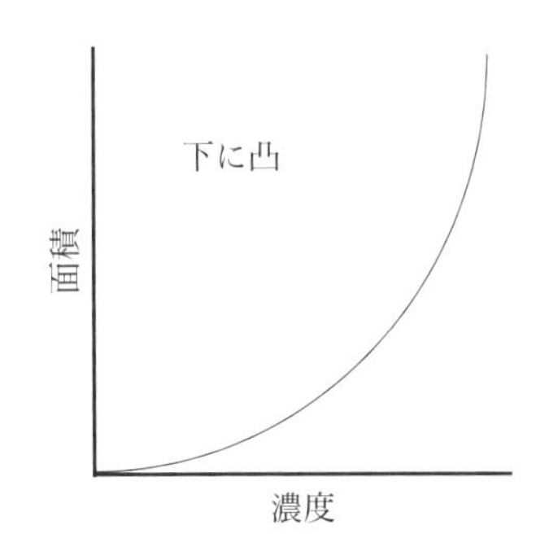

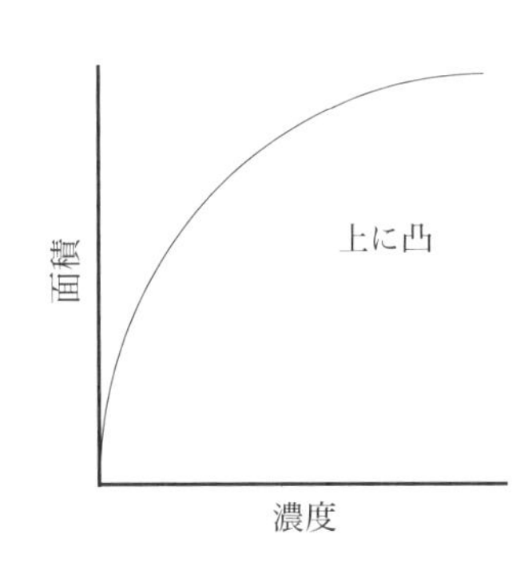

図1　曲がった検量線の種類の例

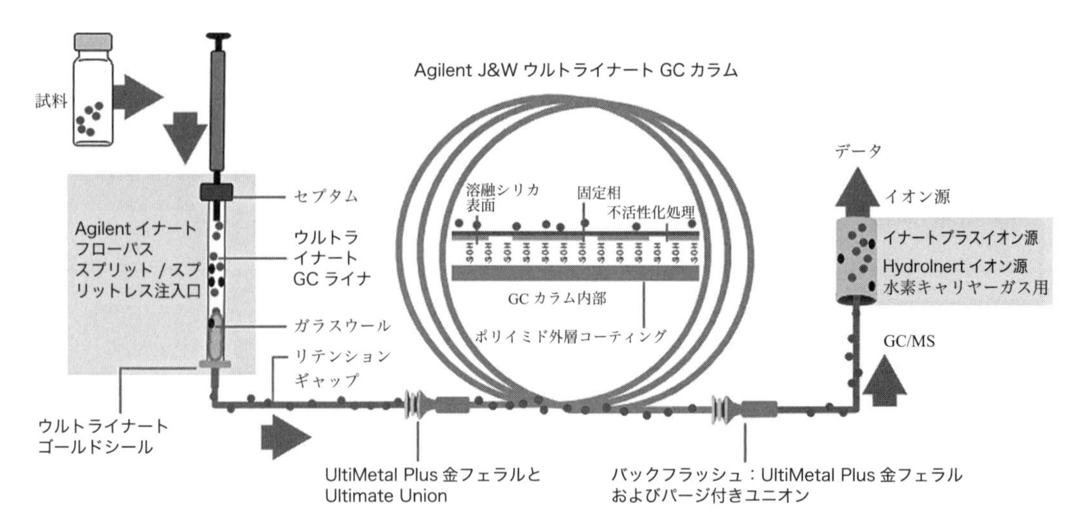

図 2　サンプルパスを不活性にした例（アジレント・テクノロジーのイナートフローパスの製品例）
とくに不活性仕様ではないもの含む，リテンションギャップやバックフラッシュ用のユニオンを用いた場合.

らの信号強度（クロマトグラム上ではクロマトグラムピークのイオン強度）が一定以上になると飽和しているとする指標がありますので，検出器電圧を最適化する方法については各メーカーの操作マニュアルを参考にしてください.

［高桑裕史］

Question 69

GC/MS の**同位体希釈質量分析法の具体的な使い方**を教えてください.

Answer

同位体希釈質量分析法（IDMS）は定量する目的物質（分析種）と同一の化学構造をもち，特定の元素が天然の元素同位体組成と異なっている安定同位体標識化合物を試料に添加し，最終的に試料中の同位体組成のずれから目的物質の濃度を定量する方法の総称です*．GC/MS だけでなく，ICP-MS を用いた金属分析や LC/MS での生体中の脂質や医薬品の分析でもよく使用されています．IDMS は標準的な内標準法や標準添加法などの一般的な校正手法よりも優れた精度と正確さを備えています．なぜなら安定同位体を含む標識化合物(サロゲート)は定量する目的物質(分析種)と物理化学的性質がほとんど同じであるため，抽出，濃縮，分離・分画，誘導体化などの分析操作を通してほぼ同一の挙動を示し，この一連の操作でのばらつきや低回収率を回避・補正することができるためです．仮に分析種がきわめて低濃度で一連の分析操作中に吸着等で損失してもサロゲートも同様に損失するため自動的な補正が可能になります．そのため，近年，国際単位系へのトレーサビリティを確立するという点からも注目されています．なぜなら現在はグローバル化により様々な物が国境を越えて移動する時代であり，分析値においても普遍的なものが求められているからです．なお，GC/MS において同位体希釈法は広義には安定同位体（D(^{2}H), ^{13}C など）標識化合物を内標準物質に用いて測定を行う場合を含んでおり，現在，この手法は日常的に行われています (Q36 参照)．

例えば GC/MS でメチル水銀の測定を行う場合（誘導体化が必要）に，^{201}Hg の同位体で濃縮した標品をスパイクして測定する IDMS が知られています．この方法では，1 回の注入で試料中のメチル水銀濃度を計算することが可能で，時間のかかる校正，標準添加，回収率補正といった手順は不要です[1)]．また，有機スズ測定においても ^{119}Sn 標識体を用いた同様の分析例があります[2)]．よく知られているダイオキシン類測定においても，その毒性の高さから極微量濃度において正確な定量性が求められるため，IDMS が採用されています．具体的には ^{13}C 標識または ^{37}Cl 標識をした毒性の高い 2,3,7,8-体をサロゲートとして試料精製の前に 0.1～2 ng 程度添加し（クリーンアップスパイク），さらに，測定時にも別途，^{13}C 標識または ^{37}Cl 標識をした別の異性体を内標準としてクリーンアップスパイクと同程度の量を添加して（シリンジスパイク），GC/HRMS（二重収束形の高分解能質量分析計）で測定する方法となっています[3)]．この方法では，ターゲットの ^{12}C のダイオキシン類（native）とクリーンアップスパイクのピーク面積比から定量値を算出し，クリーンアップスパイクとシリンジスパイクのピーク面積値の比から回収率を算出します．ここで算出した回収率は 50～120 % を満たす必要があります．また，使用したい検量線範囲（0.1～100 ng mL^{-1} など）の各濃度レベルの標準溶液測定において，native およびクリーンアップスパイクの面積値，濃度値

* 無機分析における IDMS の定義は次のとおり：分析対象試料に，その試料とは大きく異なる同位体組成をもった標準試料を既知量添加し，添加する前と後の試料の同位体組成の質量分析測定を行う．標準試料の添加量及び添加前後の同位体組成の変化量から，試料中の元素量（濃度）を定量する方法のことをいう[4)]．

によって算出した相対感度（RR）の相対標準偏差は，10 % 以内になる必要があります．

D(^{2}H)の標識体を用いた分析例も同様にありますが，これを用いる場合には水素-重水素交換を起こす可能性があるので注意が必要です．鳥貝ら[5] は環境試料中のβ-エストラジオールをGC/MSで分析する際に，2,4-d_2，16,16,17-d_3，2,4,16,16-d_4 の3種の安定同位体標識化合物を用いたところ，抱合体の加水分解中に2,4-d_2 と2,4,16,16-d_4 では明らかに質量数が2少ない物質に変化することを確認しています．重水素の置換位置によっては，加熱処理などによって脱重水素化が起こることがあるため，安定同位体標識化合物の選択には十分に配慮する必要があります．また，重水素体の標識化合物は重水素の数が多くなるほど非標識化合物である対象成分の保持時間より短くなります．そのため，水素炎イオン化検出器（FID）や電子捕獲検出器（ECD）などGC検出器を用いた分析においても内標準物質として使用できることがあります（標識体と非標識体のピークが分離します）．例えば，有機スズのGC/FPD分析においてTBT-d_{27}，TPT-d_{15} を内標準物質として使用できます．

［高桑裕史］

ワンポイント7

同位体希釈質量分析法の起原と普及

同位体希釈質量分析法（IDMS）の基礎は，Hevesy，Hoferによる人体中の水分の測定の研究により確立されたとされています[1]．ただ当初は試料中の元素量を定量する高感度・高精度な分析法として開発されてきたため，しばらくは表面電離形質量分析計を用いた高い精度が求められる研究分野（地球科学分野など，古くはウラン，セシウムの定量など）に使用が限定されていました．その後，多くの元素の濃縮同位体が入手できるようになって，1980年代よりおもにICP-MSと組み合わせた手法を中心に活発化し，現在では化学をはじめとする種々の学問分野や，工業製品，環境試料，生体試料，医薬品，食品などに含まれる微量元素分析に幅広く用いられるようになりました[2]．

IDMSはSI単位系にトレーサブルであることに加えて，注入した濃縮同位体の化学的性質の類似性が定量対象化合物ときわめて高く，分析操作上の回収率の影響や機器測定によるばらつきなどの影響をほとんど受けないため，内標準法や標準添加法と比べても非常に優れた定量方法といえます．

近年は，クロマトグラフィー/ICP-MSの手法も広く用いられるようになり，GC/ICP-MSやLC/ICP-MSを用いた環境中の極微量な有機金属化合物の定量分析などでも，IDMSが適用される事例が多く見られます．なお，^{2}Hや^{13}Cなどの安定同位体で標識した有機化合物をサロゲートや内標準物質として用いるGC/MS，LC/MSは広義のIDMSです．コストはかかりますが，測定の正規性，精度管理の必要性から食品分析や環境分析などを中心に広く普及しつつあります．

［高桑裕史］

【引用文献】
1） G.Hevesy, E.Hofer, *Nature*, **134**, 879(1934).
2） 稲垣和三，高津章子，鎗田 孝，岡本研作，千葉光一，分析化学，**58**，175（2009）.

【引用文献】
1） アジレント・テクノロジー アプリケーションノート 5989-9725JAJP.
2） アジレント・テクノロジー アプリケーションノート 5989-7001JAJP.
3） 環境省，ダイオキシン類に係る大気環境調査マニュアル（2008）.
4） 日本原子力研究開発機構ホームページ https://rdreview.jaea.go.jp/review_jp/kaisetsu/938.html
5） 鳥貝 真，沖田 智，尹 順子，橋場常雄，岩島 清，分析化学，**48**，725（1999）.

Question 70

高分解能質量スペクトルを用いた定性分析について教えてください.

Answer

磁場形，飛行時間形，オービトラップなどの高分解能な GC-MS で得られる質量スペクトルには，以下の二つの特徴があります.

① 同重体イオン（整数質量が同じで元素組成が異なるイオン）の質量分離が可能.

② 質量ピークの形状がよりシャープで重心位置が安定しているため，精密質量が得られる.

図 1 に，質量校正物質であるペルフルオロケロセン（PFK）やペルフルオロトリブチルアミン（PFTBA）などで観測されるフラグメントイオン $C_6F_{11}^+$ と，ポリジメチルシロキサン系固定相のバックグラウンドイオンとして観測される $C_7H_{21}O_4Si_4^+$ の，低分解能下（四重極形 GC-MS と同等レベルの分解能）と高分解能下で得られる質量スペクトルを示します. 高分解能下ではこれら二つのイオンを分離して検出していますが，低分解能下ではこれらイオンが混ざり合った *m/z* 281 として観測されていることがわかります.

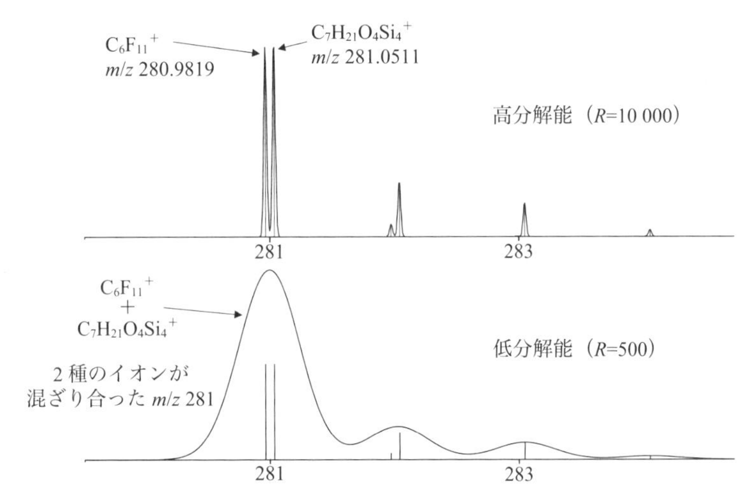

図 1　低分解能と高分解能における同重体イオン質量分離の違い
R は分解能を示す値. 詳細は姉妹本“ガスクロ自由自在 GC, GC-MS の基礎と実用”, p.168 参照.

高分解能質量スペクトルを用いた定性分析においては，はじめは高分解能質量スペクトルを整数化したものと，市販のデータベースに収録された整数質量スペクトルとの比較分析を行います. 市販のデータベースに未登録の未知物質解析を行う場合，上記②の精密質量による組成演算が有効です[1].

精密質量から組成演算する際のパラメーターとしては，元素の種類および個数，許容質量誤差，そして不飽和度（double bond equivalence：DBE）があります. 元素の種類としては通常，C, H, N,

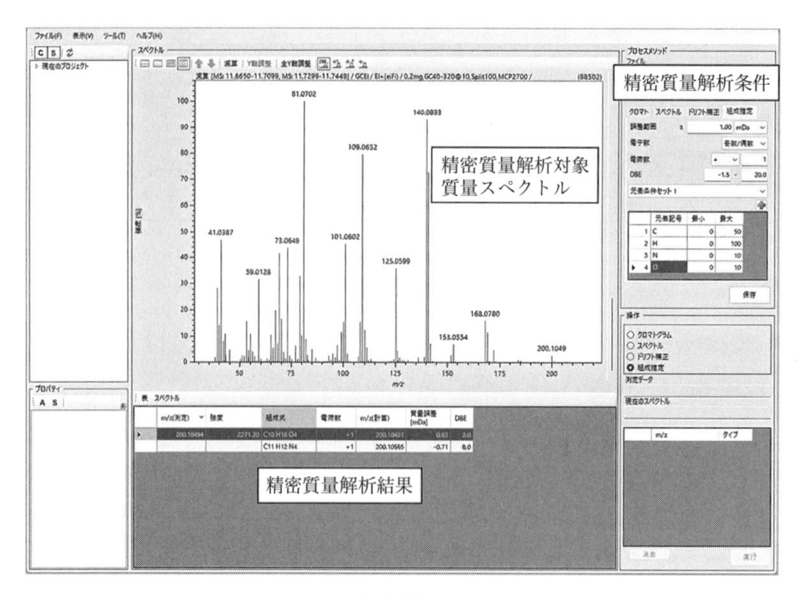

図２　精密質量解析例

O の 4 元素から始めます．試料情報や，特徴的な同位体パターンが得られている場合，それに応じて解析に使用する元素を決定します．許容誤差は，考えられる組成式を採用する閾値として使用します．装置性能に依存するパラメーターですが，許容誤差を大きくとりすぎると組成式候補数が膨大となり正しい結果を自ら選択する作業量が増えてしまいます．許容誤差を小さくとりすぎると正しい組成式候補が得られなくなる可能性があります．まずはメーカー推奨のデフォルト値で解析を始めるとよいでしょう．不飽和度は二重結合，三重結合，環状結合の数を示すものです．GC/MS 対象の有機化合物としては，不飽和度 20 程度をデフォルトの値として使用し，観測された *m/z* や試料情報などをもとに適宜変更するのがよいでしょう．

図 2 の例では，アクリル樹脂測定で観測された成分中の *m/z* 200.1049 を解析した結果を示しています．候補としては二つの組成式（$C_{10}H_{16}O_4$ と $C_{11}H_{12}N_4$）が得られていますが，測定試料がアクリル樹脂ですので，正しい組成式は $C_{10}H_{16}O_4$ と推定されます．［生方正章］

【引用文献】

1）日本電子 ホームページ，やさしい科学．https://www.jeol.co.jp/products/science/gcms.html

Question 71

高分解能質量スペクトルを用いた定量分析について教えてください.

Answer

高分解能質量スペクトルを用いた定量分析においては，Q70の前段の説明における同重体イオンおよびQ70の図1に示す高分解能測定時の質量分離の特性から，質量分離能の高さを夾雑成分が多い試料における目的イオンの選択性向上に活用できます．磁場形GC-MSでは，定量対象イオンを精密質量で指定して測定する高分解能SIM測定が可能であり，現在もダイオキシンなどの環境汚染物質の定量分析に使用されています．また飛行時間形GC-MSのように常に全域の質量スペクトルを取得している場合では，測定データから特定の質量のイオン強度を取り出すマスクロマトグラム（抽出イオンクロマトグラム，EIC）を使用します．このとき指定する質量を精密質量，そして質量幅を数十mDa程度にすることで高選択的なEICを得ることが可能になります．

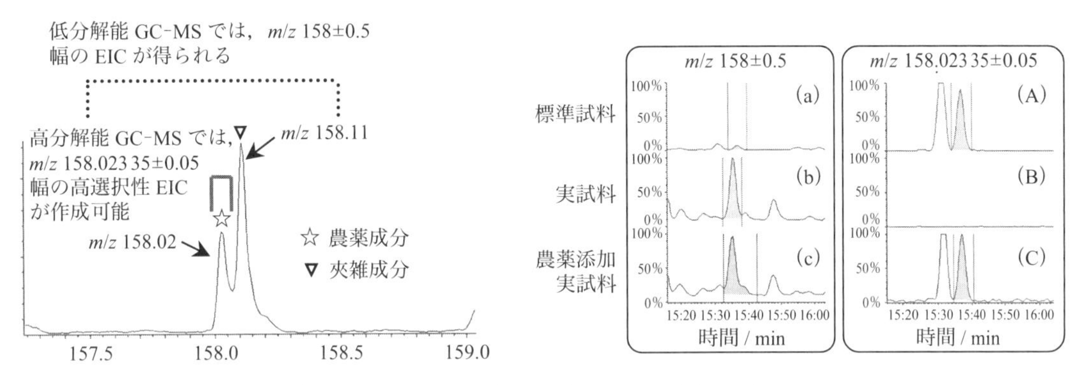

図1　*m/z* 幅の違いによるEIC選択性の違い，左：質量スペクトル，右：EIC
［生方正章，ぶんせき，**2011**，263］

図1の左は，実試料（ここではショウガを使用）にアトラジンを添加した試料を高分解能GC-MSで分析した際の，*m/z* 158付近の質量スペクトルの拡大図を示しています．*m/z* 158に二つの成分が観測されていますが，*m/z* 158.02はアトラジンのフラグメントイオン（*m/z* 158.023 35）であり，一方の*m/z* 158.11はショウガ由来の夾雑成分です．このように高分解能で測定を行うことにより，目的成分と夾雑成分のイオンのピークを分離して検出できています．図1の右に示すEICは，左列は整数質量±0.5 Da幅，右列は高分解能での精密質量±0.05 Da幅のEICです．両EICはともに，上段は標準試料，中段は実試料，下段は実試料に一定量の農薬を添加したクロマトグラムをそれぞれ示しており，強度軸のスケールは，図1中(a)，(b)，(c)のグループ，および図1中(A)，(B)，(C)のグループ各々で同一です．±0.5 Da幅のEICでは，(b)，(c)のEICにおいて，近傍により強い強度の夾雑ピークが観測されており，その妨害によって測定対象成分であるアトラジンの正確な定量値を算出することができませんでした．一方，±0.05 Da幅のEICでは，夾雑成分の影響を排除できており，実試料中にこの農薬成分がないことが明らかです．

磁場形GC-MSの高分解能SIM測定，高分解能測定が可能な飛行時間形GC-MS等の高選択性EICは，いずれも質量分析計の高分解能による，目的イオンと夾雑成分との質量分離による選択性向上を活用しています．定量分析における選択性向上としては，最近ではGC-MS/MS測定が使われ始めていますが，シングルのGC-MSでも高分解能を活用することで，夾雑成分からの選択性を向上することが可能です．なお，タンデム型のGC-MS/MSにおける三連四重極形は低分解能での測定になりますが，MRMによる選択性向上のため高分解能SIMに匹敵する定量が可能です．また，Q-TOFやQ-オービトラップなどの高分解能測定が可能なGC-MS/MSに適用すれば，CIDに由来する，多重反応モニタリング（MRM）より選択性の高い測定が可能（プロダクトイオン走査のデータにEICを用いることで疑似的なMRMが可能）になります．　［生方正章］

QUESTION 72

精密質量測定を行うときの**質量校正やドリフト補正**はどのようにすればよいですか？

ANSWER

磁場形，飛行時間形，オービトラップなどの高分解能なGC-MSでは，精密質量測定が可能です．質量精度の高い精密質量測定を行う際には，質量校正およびドリフト補正が重要です．質量校正は，通常目的サンプル測定前に行います．質量校正用の標準試料は質量範囲に応じて使い分ける必要がありますが，GC/MS測定の多くの場合，ペルフルオロトリブチルアミン（PFTBA）で質量範囲をカバーすることが可能です（Q45参照）．

ドリフト補正とは，測定時における質量分析装置がもつ質量の絶対値のずれ（質量ドリフト）を補正することを意味します．高分解能形GC-MS特有の操作で，整数質量を得る低分解能GC-MSでは行わない操作です．ドリフト補正は，通常目的試料測定後に実施します．ドリフト補正は，目的試料に補正用イオンを生じる化合物を加え同一の測定内で補正を行う内部標準法（内標準法），目的試料と補正用イオンを生じる化合物を別々に測定して補正を行う外部標準法があります．また補正用イオンを複数とするか，単一とするかでも得られる結果に違いがあります．

磁場形GC-MSでは場（磁場，電場）を走査させながら測定するため，原理的に質量ドリフトが大きくなります．そのため，ドリフト補正は内部標準法で，かつ補正用イオンは複数が使用されます．磁場形GC-MSにおけるドリフト補正はロックマス法ともいわれますが，高分解能SIM測定ではロックマス法が必須の操作となります．ロックマス法では，PFTBAやペルフルオロケロセン（PFK）などの標準試料を，測定中常時導入する必要があります．

飛行時間形GC-MSでは基本的に場の走査はなく，フライトチューブ内のフィールドフリー領域を飛行するイオンの飛行時間を計測することで精密質量を得ます．場の走査がないため，原理的に質量ドリフトは小さくなります．そのため，ドリフト補正は外部標準法で，かつ補正用イオンは単一でも高い質量精度が得られます．例えば飛行時間形GC-MSでGC/EI測定時にポリジメチルシロキサン系カラム（1系，5系）を使用した際，カラム固定相液体由来のバックグラウンドイオン *m/z* 207.0324（$C_5H_{15}O_3Si_3^+$）や281.0511（$C_7H_{21}O_4Si_4^+$）が観測されますが，これらのイオンを補正用イオンとしてドリフト補正に使用することも可能です．飛行時間形は，磁場形GC-MSに比べて質量ドリフトが小さく，ドリフト補正も簡便なことから，より精密質量測定が身近になったといえます．

図1に，飛行時間形GC-MSにおけるドリフト補正のイメージを，図2に具体例を示します．

［生方正章］

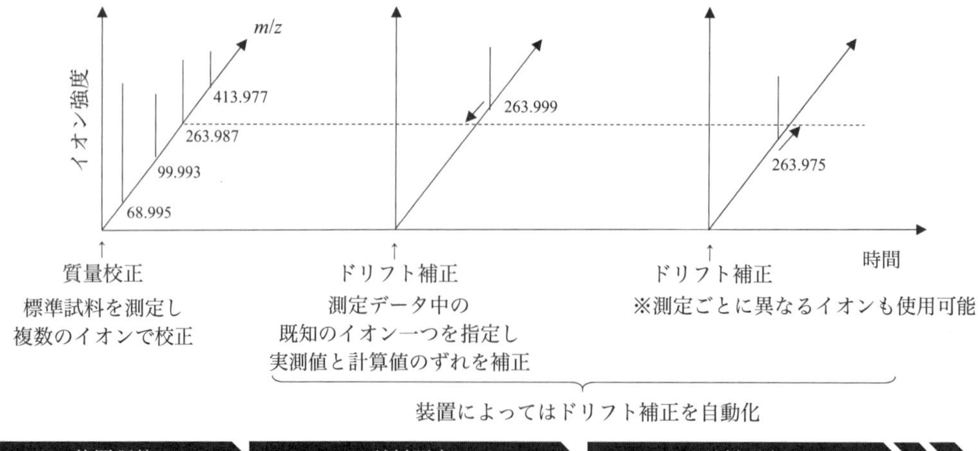

図１　ドリフト補正イメージ

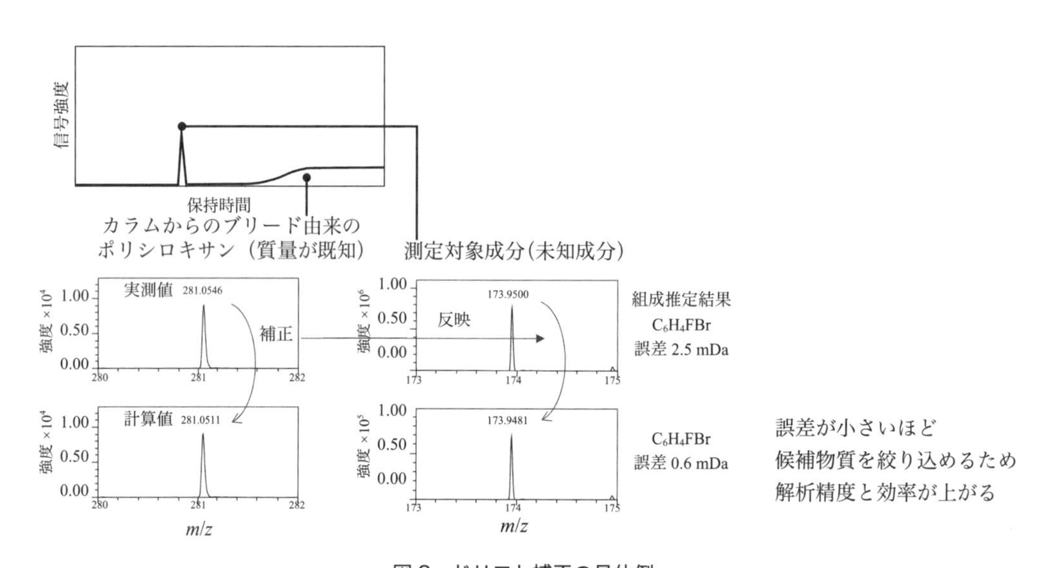

図２　ドリフト補正の具体例

カラムブリード由来のバックグラウンドイオン *m/z* 281.0511 使用の例.

QUESTION 73

GC/MS で標準試料を用いずに半定量を行う方法にはどのようなものがありますか？

ANSWER

GC/MS による環境汚染物質や食品中残留農薬などの定量分析では，一定濃度に調製した標準試料を用いて検量線を作成し，その検量線から試料中の目的成分の濃度を算出します．しかし，毒物・劇物等規制物質を含む標準試料の購入・管理・廃棄にコストがかかる，検量線作成のための試薬調製や測定に時間を要する，といった検査業務のコストや労力における課題があります．このような背景から，標準試料を用いることなく，大まかな定量値を算出（半定量）することができる手法が開発されています．

a．半定量の方法

GC/MS で半定量を行う場合，対象化合物をあらかじめ測定し，保持時間情報，質量情報，レスポンスファクター（もしくは検量線情報）をデータベース化しておきます．検査試料を測定し，対象化合物が試料に含まれるかをデータベースの保持時間情報および質量情報と照合して判断します．また，検出された化合物のピークの面積値（もしくは強度）から，データベースのレスポンスファクターを用いて大まかな濃度を算出します．保持時間やレスポンスファクターは，装置や装置状態によって異なるため，半定量分析は通常の定量分析と比較して同定や定量精度は劣ります．分野ごとに半定量用データベースとして準備されている場合もあり，これらデータベースでは同定や定量の精度を高めるための工夫がなされています．

b．半定量用データベースの例

半定量用データベースの例として，環境汚染物質測定用の AIQS-DB[1,2] と残留農薬測定用のマルチ定量データベース[3] について説明します．

(1) 環境汚染物質：AIQS-DB

GC/MS 用全自動同定・定量データベースシステム（AIQS-DB）は，約 1000 化合物の半揮発性有機化合物（SVOC）の保持時間，質量スペクトル，内標準法による検量線が登録されたデータベースです（図 1）（Q74 参照）．内標準物質を添加した試料を Scan モードで測定し，保持時間および質量スペクトルからデータベースに登録された化合物を検出し，検量線情報から検出した化合物の濃度を算出します．AIQS-DB 法では信頼性の高い測定値を得るため，一連の測定前に性能評価用試料（クライテリアサンプル）を測定し，GC 注入口やキャピラリーカラム，イオン源の状態（汚染や不活性度など）など装置性能が一定の基準を満たしていることを確認します．また，AIQS-DB 法では Scan 測定で網羅的なデータ採取を行っているため，過去のデータを遡って確認することが可能です．

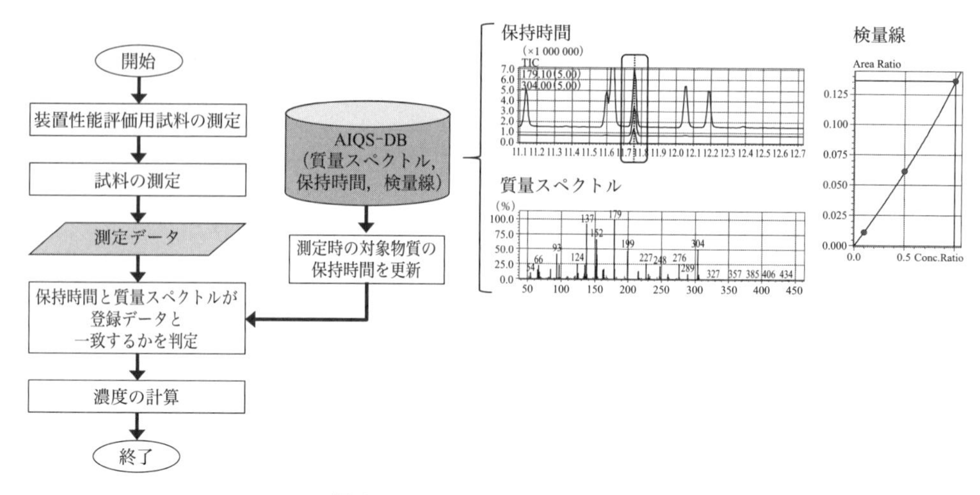

図 1　AIQS-DB による測定フロー

(2)　残留農薬：マルチ定量データベース

残留農薬用マルチ定量データベースは，約 500 成分の農薬について，農薬の安定同位体（サロゲート）を内標準物質に使用した検量線が登録されています．環境分析で内標準として用いられる多環芳香族炭化水素の重水素標識体などは安定な化合物で，残留農薬の半定量には向いていないことから，内標準として複数のサロゲートを採用し，さらに農薬の物性により各農薬への内標準の割り当てがなされています．これにより，対象農薬とサロゲートが近い挙動を示すことから，農薬の半定量においても精度の高い定量値を得ることが可能となっています(図 2)．さらに，高マトリックスの作物や食品試料においても精度の高い測定ができるよう，選択性に優れる選択反応モニタリング（SRM，多重反応モニタリング（MRM））モードや分離特性の異なる 2 種類のカラムに対応しています．Q74 も参照してください．

［河村和広］

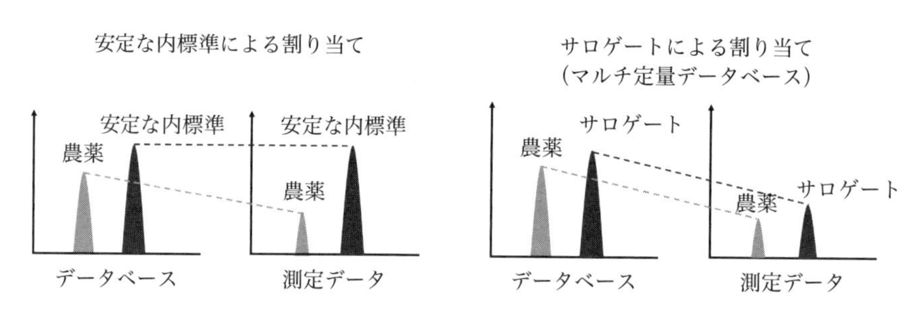

図 2　安定な内標準とサロゲートの割り当てによる定量精度の比較

【引用文献】

1)　門上希和夫，棚田京子，種田克行，中川勝博，分析化学，**53**，581（2004）．

2)　K. Kadokami, K. Tanada, K. Taneda, K. Nakagawa, *J. Chromatogr. A*, **1089**, 219 (2005).

3)　上野英二，椛島由佳，大島晴美，大野 勉，食品衛生学雑誌，**49**，316（2008）．

QUESTION 74

トリプルデータベース法（検量線データベース法）とはなんですか？

ANSWER

トリプルデータベース法（TDB 法）は，GC/MS における保持時間および応答係数（分析種の質量から得られるピーク強度に基づく値．分析種の質量 / ピーク強度）を，分析種ごとに一定化・データベース化し，これらを利用して検出と大まかな定量を行う手法です．このため，日常的には標準物質を使用しない分析が可能です．一般的に，本手法は両情報に質量スペクトルを加えた 3 種のデータベースから構成されていますので，トリプルデータベース法と称されます．また，JIS では TDB 法と同様の考え方に基づく検量線データベース法が，「分析種が非常に多い場合及び標準物質がないときにスクリーニング（又は半定量分析）を行う方法」として記載されています[1)]．

保持時間と応答係数は分析種に固有な一方で，同一測定条件下でも装置や測定日が異なると変動します．したがって，通常は試料測定と同時期に同じ装置で標準物質を測定して両情報を把握します．このため，分析種が多数の場合やできるだけ多くの化合物の検出が望ましい測定，さらには事故対応のように緊急性が要求されるケースでは，標準物質の入手やその溶液調製，および検量線の更新作業などが分析上のボトルネックになります．TDB 法はこのような課題への解決策として考案され[2)]，その後 automated identification and quantification system（AIQS）へと展開されました[3)]．最近では分析種の網羅性と迅速性から“AIQS-GC”（および“AIQS-LC”）として緊急時の環境モニタリングなどに普及しています[4)]．現在実用化されているデータベースには，環境汚染物質と農薬（約 1000 化合物）や乱用薬物などの法医学関連物質（約 600 化合物），あるいは化合物数は少ない（20 弱）ですが標準物質の入手がきわめて困難な化学兵器用剤などがあります．以下では TDB 法の骨子を説明します．上記のデータベースはいずれも四重極形 MS の電子イオン化（EI）法により作成されたものですので，ここでの記述はこの装置仕様を前提としていますが，最近では三連四重極形 MS のシングルモードでの使用例もあるようです．

a．データベース作成

データベースは，実際に標準物質を測定して得られたデータを用いて作成します．この際，保持時間および応答係数を一定にする手法が必要ですが，これについては次の b 項ならびに c 項で述べます．データは全イオンモニタリング（TIM）により採取します．GC/MS での検出・定量では分析種ごとに定量イオンおよび確認イオンの m/z 情報が必要ですが，任意の分析種について生成するイオンの m/z はほぼ不変なので，データベース作成時に感度や特異性などを考慮して適切な m/z を選択します．

b．保持時間の一定化

現在，保持時間を一定にする手法には，保持指標（retention index：RI）およびリテンションタイムロッキング（retention time locking：RTL）があります．RI は分析種の保持時間を直鎖アルカンの保持時間に対する相対値として一定にする（予測する）技術です．一方，RTL は基準化合物の保持時間とカラム入口圧力の関係を用いて，分析種の絶対保持時間が一定になるように溶出させる技術です．RI については「分離・検出編」Q18，RTL は「分離・検出編」Q28 を参照してください．

c．応答係数の一定化

現在のところ，絶対応答係数を一定にするのは困難と考えられますので，分析種および内標準物質の定量イオンのピーク強度比に基づく相対応答係数を一定化します．TDB 法では多数・多種の分析種を対象としますが，これらをいくつかの限られた内標準物質でカバーすることに起因する相対応答係数（ピーク強度比）の変動が想定されます．以下に 2 点の変動要因とこれを回避する対策（ピーク強度比一定化の考え方）について説明します．

一つは分析種と内標準物質間の定量イオンの m/z が大きく異なる場合です．m/z に差があるピークの強度比を，異なる MS 間で一定にするには，各 MS で得られる質量スペクトル（イオン強度バランス）を一致させる必要があります．このため，TDB 法では MS のチューニングに EPA625 メソッド準拠の DFTPP チューニング[5] を使用します．本チューニングアルゴリズムでは，一般的なオートチューニングと異なり，イオン強度バランスに規格が設定されていますので，異なる MS 間でも均一な質量スペクトルが期待されます．DFTPP チューニングではチューニング用校正物質にデカフルオロトリフェニルホスフィン（DFTPP）を用いていますが，四重極形 MS で一般的にチューニング用校正物質として使用されているのはペルフルオロトリブチルアミン（PFTBA）です．このため，実用的には校正物質として PFTBA を用いて，そのイオン強度バランスによって DFTPP チューニングの規格に適合させる方法が多用されています．例えば，アジレント・テクノロジーの装置ではチューニングメニューから DFTPP チューニングを選択すると，PFTBA のベースピークを m/z 69 として，50(1 %)，131(45 %)，219(55 %)，414(2.4 %)，502(2 %)（数値は m/z，カッコ内は相対強度）になるようにイオン源レンズ電圧などの調整を行い，DFTPP チューニングの規格に適合させます．

もう一つの考慮点は，分析種と内標準物質との物性差です．カラムなどの装置の劣化や汚染（以下，劣化）によるピークの出方（強度）に対する影響は，化合物の物性により異なります．このため，劣化の度合いによりピーク強度比が変動する可能性があるので，TDB 法では装置性能を一定レベル（データベース用のデータを採取した装置と同程度）以上に維持管理することが重要になります．これについては，一連の化合物の混合溶液（評価用試料）を利用します．試料測定に先立ち評価用試料を測定し，その結果に基づき GC-MS の状態の把握および TDB 法としての使用の可否を判断します．評価用試料は，GC の注入口，カラムの注入口側や MS インターフェース側の劣化のそれぞれに対して影響を受けやすい化合物，ならびに影響を受けにくい化合物の混合溶液です．評価用試料と装置評価の詳細については，Q47 を参照してください．

d．TDB 法による測定と解析

測定にはデータベース作成時と同一の GC/MS 条件を使用します．手順は，① DFTPP チューニング，② RI の場合は保持時間予測用の直鎖アルカン混合溶液の測定，RTL の場合は基準化合物を測定して保持時間（カラム入口圧力）を調整，③ 評価用試料の測定による装置状態評価（装置使用可否の判定），④ 試料に内標準物質を添加して測定，です．

解析には TDB 法に特化したソフトウェアが使われ，一般的な検出と定量に加えて保持時間の一致度や質量スペクトルの照合結果などから同定確度を判定します．また，この種のソフトウェアには評価用試料の測定結果に基づく自動装置評価機能や RI による保持時間予測支援などのユーティリティー，分析種の確認に必要な情報（定量イオンのマスクロマトグラムや質量スペクトル）を一覧表示できるマニュアル解析用データブラウザ[6] などが備えられており，その利便性と操作性の向上がはかられています．現在データベースも含めて入手可能なソフトウェアとしては，Compound Composer（島津製作所）や NAGINATA（西川計測）があります．　［山上 仰］

【引用文献】
1） JIS K 0123(2018)：ガスクロマトグラフィー質量分析通則．
2） 門上希和夫，棚田京子，種田克行，中川勝博，分析化学，**53**，581（2004）．
3） K. Kadokami, K. Tanada, K. Taneda, K. Nakagawa, *J. Chromatogr. A*, **1089**, 219(2005).
4） https://www.nies.go.jp/res_project/s17/dsstrchmrisk/2022/pss/20230228_s17_04_03.pdf
5） J. W. Eichelberger, L. E. Harris, W. L. Buddle, *Anal. Chem.*, **47**, 995(1975).
6） 西川計測 ホームページ　https://www.nskw.co.jp/solution/analytical/product/chemplus/naginata/

Question 75

GC-MS における **MS のメンテナンスの基本**を教えてください．

Answer

定期メンテナンスは，薬局方や法規制分析のための適格性評価を実施しているラボでは不可欠ですが，大学などの研究機関でも測定結果の信頼性確保に必要な作業です．メンテナンス後はオートチューニングを行い，的確なテストサンプルで検証（verification）し，GC-MS の性能が測定目的に適合しているかどうかを評価します（Q47，51 参照）．

a．日常の分析やメンテナンスの記録

図 1 に示すような試料の種類や，ワークステーションに自動的に記録される注入モード，分析回数，真空度や温度などの日常の運転記録，検証サンプルの測定結果，また図 2 に示すメンテナンス記録，そしてオートチューニングやリーク（空気や水）の結果（Q46 参照）は大切です．GC-MS のコンディションを把握し，メンテナンスの計画を立てやすくなります．

GC のメンテナンスに関しては「準備・試料導入編」の Q27，76，86，91，96，「分離・検出編」の Q39，44，62，87 を参照してください．

Analysis Record Sheet

Last user (sign):	丸善太郎
Handover & Discussion	/ /
Start date:	/ /
Temperature (℃)	26
Humidity (%)	38
He gas (MPa)	14.2

○: Changed or good
×: No change or not good

Change	Last user(times)	Current User
Septum	×(18)	×
Insert	×(18)	×
Syringe wash	○	○
Vials wash	○	○
Ion source (h)	×(2h)	×(2h)
Column (Lot.#)	#I191234	#I191234

GC/MS condition	Last user(times)	Current User
HD space	523MB	523MB
Leak check	OK	OK
Auto tuning	OK	OK

図 1　日常の運転記録の例（シートの一部）

b．四重極形質量分析計のメンテナンス

メンテナンスが必要な箇所は，イオン源まわり，質量分離部，検出器，真空ポンプです．メンテナンスの実施時期としては，一定期間で交換するものと汚れたり感度が悪くなったりしたら交換する箇所があります．イオン源まわり（フィラメント交換，イオン源ボックス，レンズの洗浄）やロータリーポンプのオイル交換などのメンテナンスは，ユーザーで実施可能で，手順書に従って行います．MS の種類やメーカーによって異なりますが，真空ポンプの分解修理や四重極ロッドの洗浄，検出器の交換などはメーカーに依頼します．

（1）イオン源（図 3）

イオン源まわりのメンテナンスは，真空を解除して大気圧に戻してから実施します．研磨や洗浄，乾燥など時間のかかるメンテナンスです．イオン源もしくはイオン源ボックスを 1 セット余分に購入しておき，使用したイオン源と交換してすぐに再起動すると，MS を止めている時間が短縮できて便利です．使用済みのイオン源は洗浄，研磨，電極や碍子の交換などの所定の作業を行って，真空デシケーターで保存し次のメンテナンスでの使用に備えます．

GCMS: Date:

Maintenance Person:

Monthly Check

Saturation check	
MaxIntensity	
Carry over	
Column name(Lot#)	Column accumulation:

Maintenance for MS メンテナンス前に汚したユーザーが洗浄していたら、その日付を書いてください。

Parts	交換	交換前の使用時間	メンテナンス後	Threshold	Comment
Filament 1	Yes No	h	h	/1000h	前回からのメンテナンス以降、サチュレーションを起こしている場合は、フィラメントのコイルの状態を確認すること。カーブしていたり、ゆるんでいないか。黒く焦げていないか。状態が悪ければ閾値に達していなくても交換してください。
Condition					
Filament 2	Yes No	h	h	/1000h	Filament1を新しくする必要があるとき、Filament2(状態良好のもの)と交換してもOK。Filament2には、Filament1で使用しなくなったまだ状態のいいもの(中古)を取り付けてもよい。
Condition					
Ion source	Yes No	h	h	/1500h	ガイシブッシュは汚れていれば洗浄します。洗浄したものでも汚れが取れなければ廃棄してください。
Socket	Yes No	-	-	-	状態記載:ゆるい ピッタリはまっている 交換するときは5本一気に交換すること。各ソケットが接触しないように注意してください。ショートします。
Condition					
Detector	サービスに依頼		h	/6000h	分解の調整エラーが出た場合は、この部品の交換が考えられます。
ターボ分子ポンプ1	サービスに依頼		h		異音(キーン)と音がしないか確認をしてください。(3年に一度のオーバーホールが推奨。高額です。)
ターボ分子ポンプ2	サービスに依頼		h		

図２　メンテナンス記録の例（一部のみ）

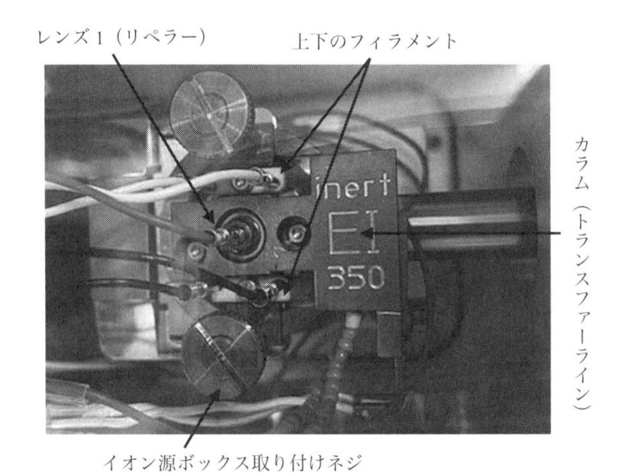

図３　イオン源の例（アジレント 7000 シリーズ）
電極やフィラメントのコネクターの緩みや接触不良に注意する．

フィラメント（Q29 図２参照）：　劣化により切れたり歪んだりして正常に電子線を出せなくなると交換する必要があります．また，低真空の状態で電子線を照射すると消耗が大きくなりフィラメントの寿命が短くなりますので，試料溶媒や大量の主成分が検出されるときにはフィラメントを OFF にするようにプログラムする，などの対策が有効です．検出器の保護にもなります．

イオン源ボックス：　フィラメントから電子線を照射すると試料成分をイオン化しますが，このときイオン源ボックス内が試料成分により汚れていきます（焼き付き）．この汚れが多く付着するとイオンの分析部への導入効率が悪くなり感度が低下します．このように感度が悪くなった時に，イオン源ボックスの汚れを取り除きます．この汚れは付着ではなく焦げ付きなのでヤスリや研磨布などで削り落とす必要があります．

レンズ系・四重極ロッド（質量分離部）：　イオン源ボックスに取り付けられているレンズ1（リペラー）もボックスと一緒に洗浄します．レンズ1の絶縁用の碍子は，汚れていたりヒビがあったら交換します．なお，質量分離部にイオンを送るレンズ系（イオンの引き出し）付近や四重極ロッドの先端部も汚れることがあります．洗浄が必要ですが，メーカーのサービスに相談してください．

(2)　検出器（Q6参照）

最近の四重極形質量分析計の検出器にはコンバージョンダイノード付き二次電子増倍管が使用されています．検出器もイオンが導入されることで検出器内部の表面が劣化していきますが，低真空の運転で気体分子が衝突しても劣化します．また，検出器のダイノードや電子増倍管の電圧を必要以上に高くして測定すると劣化が早くなりますので，設定する電圧に注意してください．

(3)　真空排気系（Q8参照）

ターボ分子ポンプ（TMP）やディフュージョンポンプ（DP）のメンテナンスはメーカーに依頼します．後段の粗引き用（1 Pa程度）のロータリーポンプのオイル交換はユーザーが実施します．オイルの中を，GCに導入されMSの真空ポンプで排気された成分（空気，溶媒など）が通過していきますので，溶媒の溶け込みや酸素の影響でオイルが酸化し劣化します．オイルが劣化すると十分な真空を得にくくなります．したがって，使用頻度によりますが，半年から1年程度で真空ポンプのオイル交換が必要になります．また，オイル交換以外にも数年に一度のオーバーホール（ベアリングの磨耗や，潤滑油を密封しているオイルシール劣化のため）が必要です．最近ではオイルレスタイプのロータリーポンプもありますが，オーバーホールは必要です．オーバーホールの時期については，メーカーや型式によって決まりますので確認してください．［古野正浩］

ワンポイント8

GC/MSで汚染や吸着ロスを防ぐため，どのような工夫をすればよいですか？

古いGCの教科書では，“注入口は試料を気化させてキャリヤーガスで（混合して）カラムに運ぶ……”と記載されていますが，オンカラム注入法などの液体注入法なども提案されています．最近のキャピラリーGCでの“気化”はカラムを劣化させるような高沸点化合物や残渣の除去という役目もあります．注入口のガラスインサートは汚染されますし，農薬などの不安定な分析種は，熱と残渣により分解します．ガラスインサートの自動交換が可能なインテリジェントオートサンプラーも販売されています．また，PTV注入口を使用し，加熱注入時だけ温度を上げ，分析中は注入口の温度を下げておくのも，カラムへの汚れの移行・蓄積を防ぎます．除タンパク，脱脂，脱塩などのクリーンアップはGC/MSには不可欠な前処理ですが，徹底した前処理を行うか，簡易処理＋インサートでの除去を採用するかは，検体数やメソッド開発の手間やコストを考えて選択されるべきでしょう．吸着ロスを防ぐためには，GC部の注入口のガラスインサート，シリカウールは，不活性化処理を行ったものを使用します（「準備・試料導入編」Q69，76，77参照）．［古野正浩］

QUESTION 76

MSのイオン源の汚れの原因と対策を教えてください.

ANSWER

イオン源の汚れはキャリヤーガス中の不純物や使用部品等から生じる成分も一因となりますが,おもにカラムから溶出された試料成分(具体的にはイオン化されない試料成分の残留物やイオン化の際に生成された中性の粒子)またはカラムブリードの沈着により発生すると考えられます.したがって,測定する試料中の化合物濃度,導入量,測定回数によってイオン源の汚染状況が大きく左右されます.実際,VOC測定などでは一年間イオン源のメンテナンスなしでもほとんど感度が下がらないケースもあります.一方,汚れやすい試料の例としては,大量の誘導体化試薬が入ったメタボローム分析用試料,パイロライザーによるポリマーからの熱分解生成物,多様な夾雑物が存在する食品から抽出された残留農薬分析用試料などです.また,MSにカラムを繋げたままカラムのコンディショニング(エージング)を長時間行うことで汚れが進行する場合もあります.

このようにイオン源の汚れはGC/MSの測定を繰り返すことによって確実に進行し,場合によっては装置の感度を低下させるなど装置の性能に悪影響を起こすことが考えられます.

ユーザーが行えるイオン源の汚れ対策については以下に示すいくつかの方法があります.

① イオン源温度を高くする

イオン源は高温ほど汚染物質の沈着が少ないので,汚れの懸念があるときはイオン源をなるべく高い温度に設定します.また,イオン源温度を上げて焼き出しを行い,汚れを低減させることも可能です.なお,CI法の場合は温度が高すぎるとデータに悪影響が出ることがあり注意が必要です.

② エミッション電流を下げる

エミッション電流の設定値を下げ,試料成分から生じるイオン量を減らしイオン源を汚れにくくします(イオン源内で生成したイオンの一部は内壁と衝突して中性化し汚れの原因になります).

③ 試料をきれいにし,注入量を少なくする

クリーンアップが可能な試料は適切な前処理を行い,なるべくきれいにし,注入量を抑えることでイオン源に入る正味の試料量を減らし,イオン源の汚れを最小限にします.

④ 汚れることを前提に計画的なイオン源のメンテナンスを実施する

イオン源の汚れは使用に伴い進行するものであるため,感度低下などデータに影響する前に計画的にメンテナンスを実施することが長期的かつ安定的な実験計画には重要です.

⑤ 真空解除をせずに,イオン源およびレンズを交換可能にする

これにより,計画的なイオン源周辺におけるリカバリーを迅速に行えます.

⑥ イオン源を変える

イオン源の内壁にコーティングを施したり,イオン源の材質を変えて汚れにくくします.

⑦ イオン源に水素を流す(Q77参照)

水素の洗浄機能を利用して,イオン源に少量の水素を流し,汚れを低減します. [土屋文彦]

QUESTION 77

MS のイオン源を自動的に洗浄する方法はありますか？

ANSWER

MS のイオン源は，測定回数が多くなるにつれ，試料中の成分（おもに有機物質）に対する電子線照射や加熱，あるいは微量の酸素による酸化などにより，黒く汚れてきます．イオン源が汚れると，イオン化効率の低下やイオン化室内の電場の変動が起き，感度の低下や安定な測定が困難になるなどの弊害が生じます．軽微な汚れの場合はイオン源の温度を上げて数時間程度焼き出しする方法がありますが，汚れがひどい場合には，酸化アルミナで物理的に汚れを落とし，さらに有機溶媒で洗浄をすることでその性能が回復します．イオン源の洗浄には，装置の真空を解放しイオン源を取り出す必要があり，分析のダウンタイムが生じます．

イオン源を自動で効果的に洗浄するためには，水素を利用する方法があります．イオン化室内に少量の水素を流すことで，その還元作用により汚れをクリーニングするだけではなく，プラズマ状態の水素による化学的なスパッタリングで汚れを剥がすことができます．また，水素を用いたクリーニングは，汚れたイオン源を洗浄するだけでなく，新たな汚れが吸着しにくくなる性質があります．図 1 に洗浄が必要なイオン源のバックグラウンドスペクトルと，同じイオン源を水素でクリーニングした後のバックグラウンドスペクトルを示します．また，少量の水素を入れながら測定する方法では，イオン源を常にクリーンな状態に保つことができ，長期的に安定した測定が可能になります．さらに，水素分子によってイオン源内壁への有機化合物の吸着を抑制できることから，副次的な効果として，マトリックス効果が抑制できることも大きなメリットとなっており，多環芳香族炭化水素類の分析や残留農薬分析のような微量の定量分析で適用されています．

近年，ヘリウム不足により，代替キャリヤーガスとして水素が利用されることも増えていますが，水素のキャリヤーガスも同様の役割を果たすと考えられます．キャリヤーガスに水素を用いる場合は Q44 を参照してください．

［杉立久仁代］

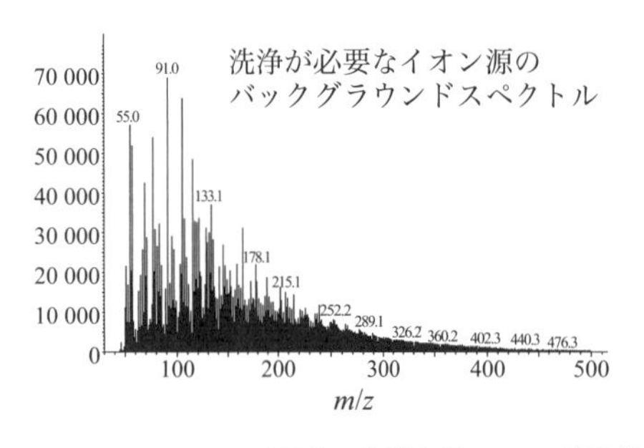

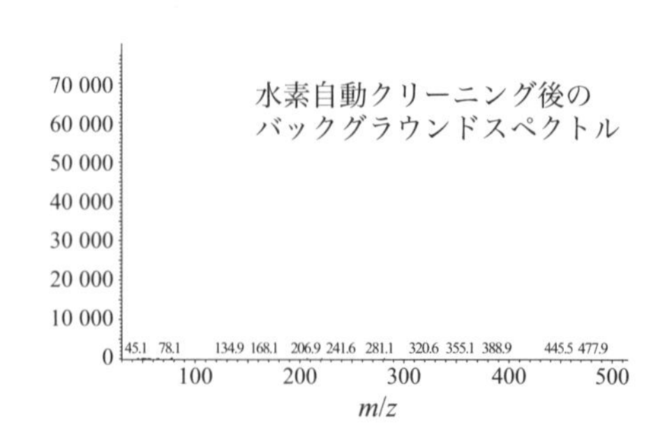

図 1　水素クリーニング前後のバックグラウンドスペクトルの変化

【参考文献】

・杉立久仁代，日本農薬学会誌，**41**，235（2016）．

Question 78

GC/MS で**キャリーオーバーを最小限にする工夫**はありますか？

Answer

キャリーオーバーは，“先に導入した試料成分が装置内に残存し観察される現象”[1] とされています．“観察される現象”にはゴーストピーク（本来出現しないはずのピーク）や装置性能の低下などがあり，本書内のいくつかの項目で取り上げられていますので，ここでは GC/MS のキャリーオーバーの原因である残存試料成分そのものの低減について説明します．

高沸点成分はしばしば装置内に残存します．以下では，その対処法のいくつかを述べますが，分析条件による改善には限界がありますので，最良の対策は前処理で除去しておくことです．

分析種よりも溶出の遅い高沸点成分がカラム内に残る場合があります．昇温分析では単純に昇温の最終温度を高くして解決できることもありますが，カラムの最高使用温度の制約などにより，不十分なことがあります．このような場合には，測定に支障のない範囲でのカラムの変更（膜厚を薄く，長さを短くし，より高温まで使用可能な固定相にする）で改善できることがあります．また，バックフラッシュの使用により解決可能な場合があります．

注入口はカラムに比べてより多くの高沸点成分が残存しやすい箇所です．対策の考え方として，① 注入口温度を高温にして高沸点成分をできるだけ揮発させる，または，② 分析種の気化が確保できる程度の温度設定にして高沸点成分はなるべく注入口インサート内に留める，の正反対の方法があります．概して実用的なのは②の方です．①ではカラム内に移動する高沸点成分への対応（上述），熱分解生成物の可能性，スプリットベント配管が汚染しやすくなる，などのデメリットがあります．ただし，②では①に比べて注入口インサートの交換頻度が高くなります．

極性の高い分析種も残存することがあり，ある程度の濃度の試料を注入した後では，分析種自体のゴーストピークが認められます．できるだけ不活性な部品類の使用や注入口温度を上げるなどで改善することがありますが，実用的には，ある化合物の濃度に対して出現するゴーストピークの強度や，どのぐらいの回数のブランク（溶媒のみ）を注入すると測定に支障がないレベルまでゴーストピークを抑えられるかを把握するのが重要です．また，適宜ブランク測定をはさんでおくことも有効です．なお，GC-MS/MS のクロストークについては Q81 を参照してください．［山上 仰］

【引用文献】
1) JIS K 0214(2013)：分析化学用語（クロマトグラフィー部門）．

QUESTION 79

GC/MSでの測定における**バックグラウンド**にはどのような種類がありますか？

ANSWER

GC/MSでの測定時，目的成分（試料成分）以外の化合物由来のイオンが出現することがよくあります．これは"バックグラウンド"とも呼ばれ，化合物によっては常時存在するものもあります．これらは質量スペクトル測定時には対象となる目的成分のピークの前後のバックグラウンドスペクトルを差し引くことにより，その影響を減少させることができますが，SIM測定時や時間とともに濃度が変化する場合などは対処が難しい場合があります．そのためバックグラウンドに関与する原因の化合物を特定することが重要です．バックグラウンドは種々の原因によって生じます．列挙すると，① 試料由来のマトリックス，② 上記マトリックスのうち，メモリー効果によってカラム，イオン源等に残存した高沸点（難揮発性），高極性成分，③ 空気のリーク，④ 真空ポンプのオイル，⑤ 質量校正物質（ロックマスに使用のものを含む）のリーク，メモリー，⑥ カラムブリード，⑦ セプタムからの汚染，損傷生成物（セプタムくず），⑧ 部品からの汚染，損傷生成物，⑨ 洗浄用および試料の溶媒(希釈剤)のメモリー，⑩ 試料中の誘導体化試薬および誘導体のメモリー，などです．なお，残存している場所としてはベントラインやそのトラップなども注意すべきです(試料注入時に溶媒のバックフラッシュで測定系内に入り込むことがあります)．

表1に③～⑩について出現するイオンの*m/z*，イオン種，対応する化合物，原因・備考などをまとめました．カラム由来のバックグラウンドについてはQ80を参照してください．

表1は電子イオン化（EI）の例ですが，正イオン化学イオン化（PICI）や負イオン化学イオン化(NICI）でもバックグラウンドの問題はあります．PICIで水は*m/z* 19にH_3O^+，溶剤類はMH^+（ヘキサンを除く），その他の化合物のイオン種はほぼEIと共通で強度が相対的に小さいなどの特徴があります．NICIでは水は*m/z* 17にOH^-，ペルフルオロトリブチルアミン（PFTBA）とペルフルオロケロセン（PFK）および硫黄（同素体）のスペクトルパターンは違うが同じ組成のイオン種を，フタル酸エステルは*m/z* 148にイオンを生じます．また，レニウムがフィラメントに使用された場合，*m/z* 233と235にReO_3^-，*m/z* 249と251にReO_4^-由来のイオンを生じます．なお，わずかなメモリーあるいはリーク等により溶媒のクロロカーボン類などから塩化物イオン($^{35}Cl^-$, $^{37}Cl^-$, *m/z* 35, 37）が生じやすい特徴もあります．

［代島茂樹］

表 1　GC/MS での測定でバックグラウンドに存在しうる化合物例（EI の場合）

対応する化合物	*m/z*	イオン種	原因	備考
水	18	H_2O^+	空気リーク	イオン源での残存もあり
窒素 酸素 アルゴン 二酸化炭素	28 32 40 44	N_2^+ O_2^+ Ar^+ CO_2^+	空気リーク（以下同）	
炭化水素 ポリフェニルエーテル	27, 41, 55, 69, 83, 97, … 29, 43, 57, 71, 85, 99, … 170, 262, 354, 446, …	$C_nH_{2n-1}^+$ $C_nH_{2n+1}^+$ —	ロータリーポンプ ディフュージョンポンプ	14 u（メチレンユニット）ごとに出現 オイルの種類で異なる
PFTBA（FC43） PFK	69, 100, 119, 131, 219, … 51, 69, 119, 131, 169, …	CF_3^+, $C_2F_4^+$, $C_2F_5^+$, … CHF_2^+, CF_3^+, $C_2F_4^+$, …	リーク，メモリー （同上）	高分解能測定ではロックマスに使用で常時存在
ポリジメチルシロキサン（シリコーン）	73, 147, 207, 281, 365, …	—	メチルシリコーン系カラムブリード セプタム（溶出，損傷）	環状シロキサン関与
フタル酸エステル	149, 167, 279, …	$C_8H_5O_3^+$, …	汚染，シール部品の損傷	可塑剤，種類で違いあり
メタノール アセトン ヘキサン トルエン	31, 32 43, 58 43, 57, 71 91, 92	CH_3O^+, CH_3OH^+ CH_3CO^+, $(CH_3)_2CO^+$ $C_3H_7^+$, $C_4H_9^+$, $C_5H_{11}^+$ $C_7H_7^+$, $C_7H_8^+$	メモリー，汚染（ベントライン等）	部品の洗浄剤，試料溶媒に使用（ほかの溶媒の場合もあり）
TMS 化試薬	73	$(CH_3)_3Si^+$	メモリー，汚染（ベントライン等）	目的成分以外の TMS 誘導体の場合もあり
硫黄（同素体）	128, 192, 256	S_n^+	メモリー	

Question 80

ブリーディング由来の質量スペクトルについて教えてください.

Answer

GC 使用時，WCOT タイプのカラムからは固定相液体（液相）由来のポリマーが熱などによって分解，溶出し，カラム槽温度が高くなると，その量は増大しベースラインが上昇します．それを模式的に示したのが図 1 です．これはブリーディング（カラムブリード）として知られ，GC/MS の測定時にはバックグラウンドに質量スペクトルを生じます．また，PLOT タイプのカラムでも固定相（固体）がポーラスポリマーの場合，同様のことが生じます．液相にポリジメチルシロキサンを用いた場合を例にとり，そのブリーディングのメカニズムを図 2 に示しました．また，表 1 におもな生成イオンを示しました．なお，MS 用カラムとしてブリードを抑えるフェニレン構造をもつ液相では，構造に由来する分解過程は PDMS のそれとは異なりおもに高質量側に特徴的なイオンを生じますが，相対的に強度は小さいです．一方，主体の PDMS 構造由来の環状シロキサンは多く生成するので，カラムブリードではそのイオンが支配的なスペクトルとなります（図 3，DB-5ms の質量スペクトル参照）．

これらは，いわゆるケミカルノイズ（化合物由来のノイズ）として測定に影響を与えますが，影

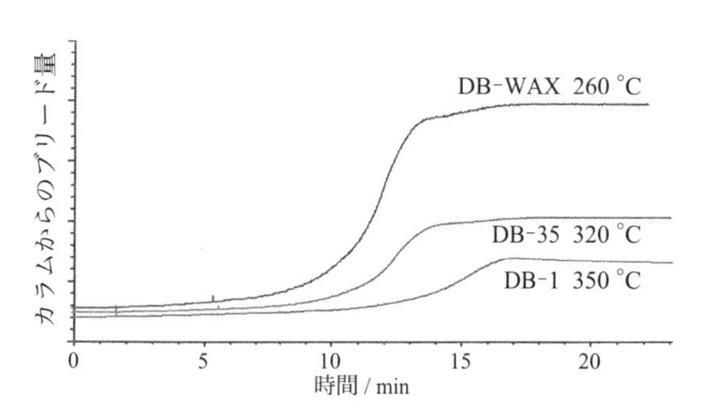

図 1　種々のカラムでのブリーディング例
［アジレント・テクノロジー　技術資料］

表 1　環状シロキサンから生じるおもなイオン

m/z	由来の環状シロキサン	イオン種
207	D_3	$(M-15)^+$
281	D_4	$(M-15)^+$
355	D_5	$(M-15)^+$
429	D_6	$(M-15)^+$

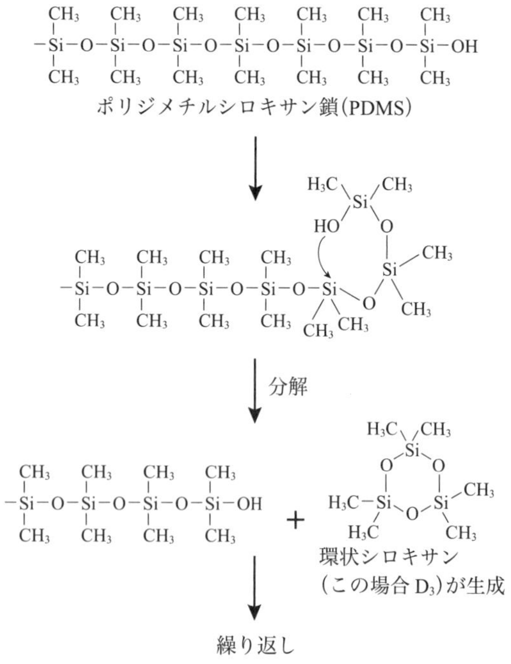

ポリジメチルシロキサン鎖(PDMS)

分解

環状シロキサン
（この場合 D_3)が生成

繰り返し

図 2　ポリジメチルシロキサンからのブリーディングの模式図（環状シロキサン生成過程の例）
詳細は「分離・検出編」Q13 を参照してください．

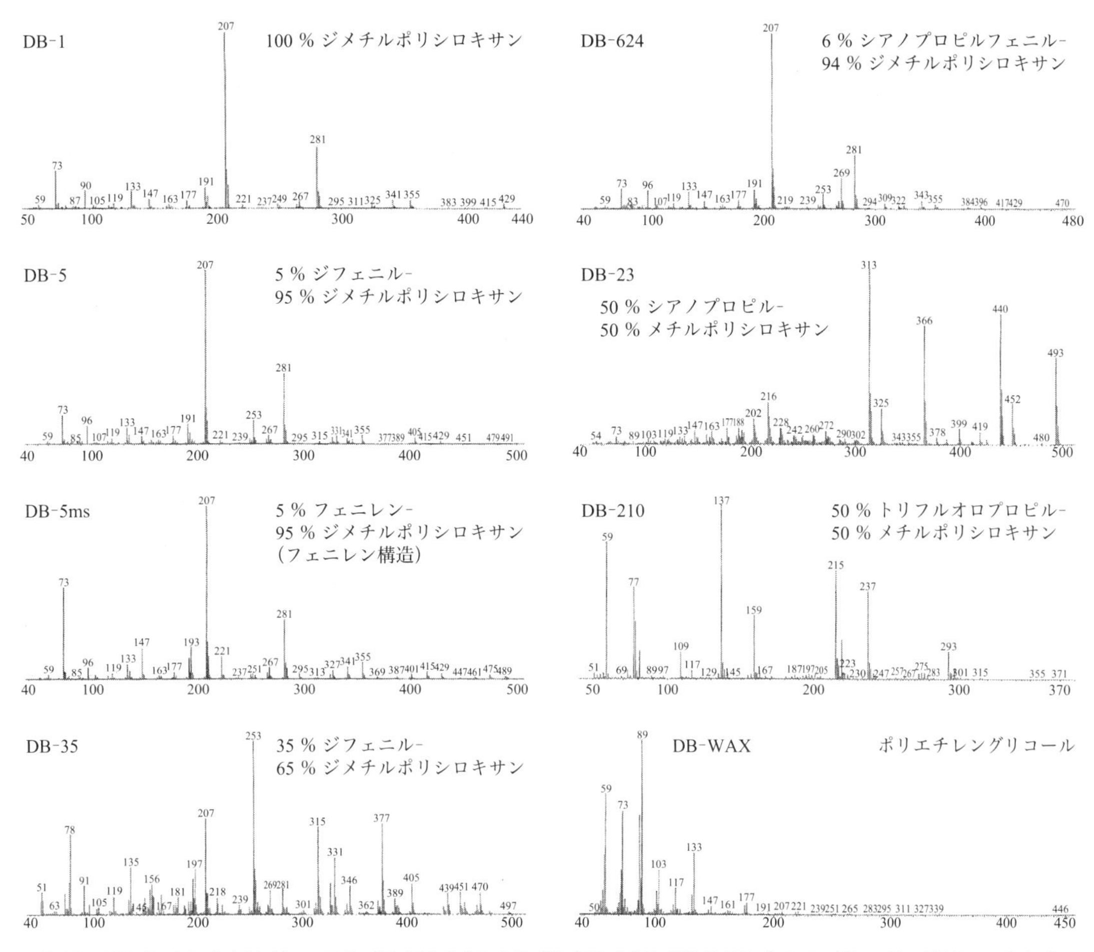

図3　DB-1, DB-5, DB-5ms, DB-35, DB-624, DB-23, DB-210, DB-WAX からのブリードの質量スペクトル
［アジレント・テクノロジー　技術資料］

響の程度はカラムの種類，GC の操作条件（とくに温度）によって変わります．ケミカルノイズの種類と特定，測定条件の改善（カラムの選択含む）等を行ううえで，その由来の質量スペクトルを把握しておくことは重要です．代表的なカラム（WCOT）の液相ごとの質量スペクトル例を図3に示しました（アジレント・テクノロジーの DB ブランドでの例）．なお，カラムからのブリードのレベルはカラムの種類（液相や製造時の各種処理），寸法（とくに膜厚），測定条件によって異なりますが，その大小の評価は通常，室温レベルから最高使用温度あるいはその付近までカラム槽温度を上げ，ベースライン（水素炎イオン化検出器（FID）で測定し，pA（ピコアンペア）などで表示）の変動幅の大きさを測定することによって行います．　［代島茂樹］

Question 81

GC-MS/MS におけるクロストークとはどのようなものですか？

Answer

クロストークは一般的にはデジタル信号の混線を意味する言葉ですが，質量分析計の分野においては三連四重極（QqQ）形の MS/MS 装置（GC-MS/MS だけでなく LC-MS/MS も含む）の衝突室（q）内で発生するイオン滞留現象による測定成分の誤検出のことを指します（電気技術者の方は前者を想像されるかもしれませんが，デジタル信号か，イオン信号かという点の違いで広義では信号の混線を指す言葉です）．以降は図 1 を用いて，クロストークが発生する仕組みを説明します．

①→②→③の時系列順で，プリカーサーイオン▲を選択した選択反応モニタリング（SRM）分析（以下，SRM 分析▲）と，イオン▲とは異なる質量のプリカーサーイオン■を選択した SRM 分析（以下，SRM 分析■）を行う場合を考えます（SRM 分析については Q58〜61 を参照）．図中①の SRM 分析▲の後，次のトランジション（SRM 分析■）においては，理想的には▲で発生したプロダクトイオンは衝突室に存在していません．しかしながら，実際には衝突室ではプリカーサーイオンが衝突誘起解離（CID）ガスとの衝突によりフラグメンテーションする過程で，衝突によりイオンが減速されるため，次のトランジションに切り替わっても衝突室に滞留してしまう場合があります（図中②．*m/z* が大きく，移動速度が遅いイオンがより滞留しやすいといえます）．ここで，プリカーサーイオン▲由来で滞留したプロダクトイオンと，次のトランジション（SRM 分析■）

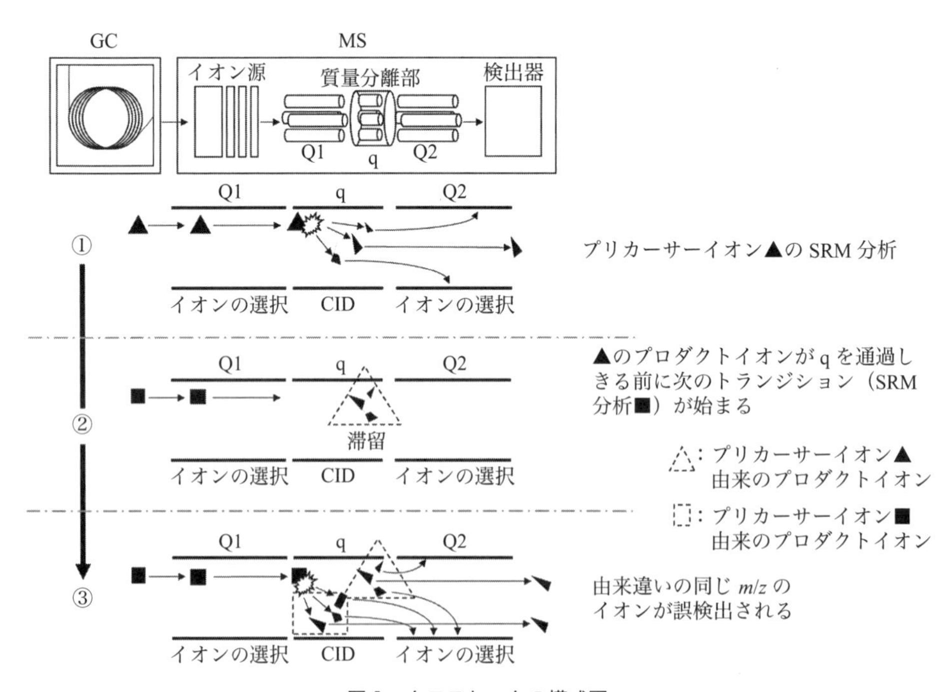

図 1　クロストークの模式図

で選択するプロダクトイオンの m/z が同じ場合には，プリカーサーイオンの由来が違っても区別することができず，プリカーサーイオン■のプロダクトイオンとして検出されてしまいます．

上述したように MS/MS 装置，とくに三連四重極形ではクロストークは大きな問題で，クロストークを生じさせないための条件設定等を工夫する必要がありました．しかしながら，幸いなことに最近の MS/MS 装置では，各メーカー三者三様でクロストークを排除するイオン搬送技術を装置に搭載するようになったため，装置のオペレーターがクロストークを考慮して分析条件設定する必要はないといえます（衝突室内のイオン滞留を避けるためのイオン搬送技術については，例えば衝突室内のイオン輸送軸方向にポテンシャル勾配を形成して，イオンを加速させる方法や，衝突室を可能な限り短くすることでイオンの輸送距離そのものを短くして滞留を防ぐ方法などの工夫がなされています）．

［小木曽舜］

データ解析編

QUESTION 82

質量スペクトル解析の基本を教えてください（精密質量，同位体比の利用，窒素ルール，化合物の違いによる特徴など）．

ANSWER

未だ質量スペクトルからその物質を同定するソフトウェアはありません．質量スペクトルの読み方だけでも一冊の本になるくらい多くのノウハウがありますので，ここではEI（電子エネルギー70 eV）による質量スペクトルの解析の基本や注意点を重要な部分を中心に簡単にまとめます．

a．ライブラリー検索

質量スペクトルの解析については，まずはライブラリー検索を用いることが一般的になってきています（Q85参照）．GC/MS導入に際してはライブラリーを同時に購入することは必須になってきていますし，ライブラリーに入っているデータも年々充実しており，2023年のNISTライブラリーには約40万のスペクトルが登録されています（Q86参照）．とくに最近はライブラリーへの登録スペクトル数が100万を超えるものもあり，以前に比べライブラリー検索が有効な場合が格段に増えてきました．ただ一方，ライブラリー検索は対象成分がライブラリーに登録されていれば非常に便利で有効性が高いといえますが，すべての化合物が登録されているわけではなく必ずしも万能ではありません．ライブラリー検索だけで未知物質を同定できるとは限らない面もあります．

ライブラリー検索は未知物質（対象成分）の質量スペクトルとライブラリーに登録された質量スペクトルとの類似度を見ているだけですので，類似したスペクトルが見つからず（そもそも対象成分がライブラリーに登録されていない場合）同定が難しい場合や，似かよったスペクトル（異性体，同族体等）が複数リストアップされ 絞り込みが困難な場合もよく経験します．また，分子構造が全く違っていても似たような質量スペクトルを与えることがあります．さらに，以前ほどではありませんが登録されているスペクトルの質は必ずしもよくなく，わずかな差はあまり意味がないことがあります．このようにライブラリー検索にはまだ限界があり，どこまで検索結果を受け入れるかの見極めが大切です．

ライブラリー検索で良好な結果が得られない場合，マニュアルで質量スペクトルの解析やほかの情報を加味して初めて同定ができることも多くあります（Q84参照）．ほかの情報とは，試料の出所，IRやNMRなどのほかのスペクトル情報，ガスクロマトグラム上のピーク出現位置（固定相液体（液相）の種類を変えた場合の保持時間），沸点等が相当します．これには経験が大切です．

b．分子イオンの取得とその見極め

ライブラリー検索で良好な結果が得られない場合はマニュアルでの解析が必要になりますが，分子イオンの有無が質量スペクトルの解析上の大きなポイントとなります．質量スペクトル上に分子イオンが出現するか否かはその分子構造に大きく依存しますが，イオン源の温度の調整やイオン化

電圧を小さくすることで出現しやすくすることは可能です．また，CI などのソフトなイオン化法を利用することでプロトン付加分子等の分子質量関連イオンを生成しやすくすることも選択肢となります（Q31 参照）．分子イオンの必要条件には以下の項目がありますが，まずは分子イオンの特定が解析の始めとなります（Q83 参照）．

① 質量スペクトル中で最高質量（*m/z* 値）のピークである（同位体ピークを除く，高質量域のバックグラウンドに存在するピークを分子イオンと見誤らないようにする）．

② 分子イオンは奇数個の電子をもち，イオンの組成が $C_xH_yN_zO_n$ の場合には $x-(y/2)+(z/2)+1$ がその不飽和数を表し，この数値が整数になる．

③ 窒素ルール（f 項参照）が成立する．

④ 主要なイオンピークとの質量差が有機化学的に可能な数値である．

なお，整数質量表示で特定の分子量に対する可能性のある分子式をまとめた一覧表もあり（分子量として 16 から 200 弱まで）解析に有用な場合があります[1)]．

c．精密質量の利用

小数点以下数桁の精密質量が得られると，そのイオンの元素組成（分子イオンの場合は分子式）が得られます（装置に付属のソフト等でイオンの元素組成を計算できます）ので，定性には有効な情報となります．GC/MS の分野では水素，炭素，窒素，酸素，ケイ素，硫黄などの精密質量が重要です．高分解能の質量スペクトルの採取が可能な装置を用いれば精密質量が得られますが，最近は汎用形の四重極形 MS でも，同位体を利用したプロファイルデータの統計学的処理から精密質量を計算するソフトなども市販され（Q94 参照），精密質量のデータを利用しやすくなっています．

d．安定同位体比の利用

安定同位体比も質量スペクトルの解析に大きなヒントとなる場合があります．GC/MS で対象となる元素として水素，炭素，窒素，酸素，フッ素，ケイ素，硫黄，塩素，臭素が挙げられます．とくに重要なのは炭素で，^{13}C 由来の同位体ピークからそのイオンのおおよその炭素数がわかります．すなわち炭素原子は ^{13}C の安定同位体が ^{12}C に対して 1.1 % 存在しますので，炭素原子 1 個では特定のイオンに対して 1 u 大きな同位体イオンは 1.1 % 生じ，炭素が 5 個あると質量が 1 u 大きな同位体イオンが 5.6 % 存在し，炭素が 10 個であれば 11.1 %，20 個であれば 22.2 % の同位体イオンが存在することになります．特定のイオンのもつ炭素数（分子イオンの場合は分子式中の炭素数）を推測できるため有用な情報となります．また塩素，臭素のハロゲンはその特異な同位体比によりスペクトルパターンからイオンに含まれるハロゲン（塩素，臭素）の種類と数を推定することが容易で定性に大いに役立ちます．硫黄やケイ素も特徴的な同位体比をもちますので質量スペクトルの解析に有用です[1, 2)]．

また C，H，N，O からなるイオンを整数質量で M（＝100）としたとき，その（M＋1），（M＋2）の安定同位体由来のイオンの量がどのような数値となるかによってイオンの組成式（分子イオンの場合は分子式）を推定することがあります．一覧表や装置に付属の解析ソフト等で提供され，解析に有用です[3)]．

e. フラグメントイオンの利用

質量スペクトル上に分子イオンが確認できないときや特定できないときは，フラグメントイオンから化合物の部分構造を推定することがマニュアル解析における基本になります(Q84 参照)．フラグメントイオンを利用した構造推定にはいくつかのアプローチがありますが，基本的なものとして，

① 各イオンの質量（*m*/*z* 値）から推定

② 分子イオンから中性種（N）が脱離した $(M-N)^+$ と N の利用

③ 化合物型ごとの特徴的なフラグメントイオン（群）の利用

があります．①は例えば *m*/*z* 29 のイオンは CHO^+，$C_2H_5{}^+$，*m*/*z* 43 は $C_2H_3O^+$，$C_3H_7{}^+$，$C_2H_5N^+$，$CHNO^+$，のように *m*/*z* 値ごとにありうる元素組成のイオン種をまとめたものを利用し，*m*/*z* 14 から 150 前後のものがよく用いられます．これらは通常，一覧表の形でまとめられ，イオンの元素組成のみでなく関与しうる化合物の型などが併記されている場合もあります．②は分子イオンからラジカルや分子などの中性種が脱離したものをまとめたものを利用します．分子イオンの確認済みが前提ですが仮の分子イオンを想定する場合もあります．$(M-N)^+$ と N の一覧表を並べて用います．N としては質量数が 60～80 程度までが多く用いられます．ちなみに $(M-1)^+$ はアルデヒド類から水素ラジカルが脱離したときに，$(M-60)^+$ は酢酸エステルから酢酸が脱離したときに生成しやすいイオンです．③は化合物の型によって出現するフラグメントイオンに規則性があることから，それを質量スペクトルの解析に用いるもので，①，②と同じく MS の専門書には一覧表の形でまとめられています[1,2]．

f. 窒素ルールの適用

窒素ルールとは，質量分析の分野で分析対象となる炭素，水素，窒素，酸素，リン，硫黄，ハロゲン元素などで構成される有機化合物において，窒素原子を含まないか偶数個含有する分子の整数分子量は偶数になり，奇数個の窒素原子を含有すると整数分子量が奇数になることをいいます．そのため，質量スペクトル上の分子イオンの *m*/*z* 値からその分子に窒素原子が含まれているか否かを判断することができます．分子イオンが奇数となるのは，窒素原子を奇数個含有する化合物以外では起こりません．また，これをフラグメントイオンに拡張すると，イオンからラジカル（窒素は含まず）の脱離は整数質量の *m*/*z* 値を奇数から偶数へ，または偶数から奇数へ変化させます．またイオンから中性分子（窒素を含まず）の脱離は偶数から偶数または奇数から奇数の *m*/*z* 値のイオンを生成しますので，これらは質量スペクトルの解析に役立ちます．　［秋山賢一，代島茂樹］

【引用文献】

1） F. W. McLafferty, F. Turecek, “Interpretation of Mass Spectra, 4th ed.”, University Science Books (1993), pp. 339-359.

2） M. Hesse, H. Meier, B. Zeeh 著，野村正勝 監訳，馬場章夫，三浦雅博ほか 訳，“有機化学のためのスペクトル解析法 第 2 版”，化学同人（2010），pp. 312-326.

3） E. de Hoffmann, V. Stroobant, “Mass Spectrometry, 2nd ed.”, John Wiley & Sons (2001), pp. 379-389.

【参考文献】

・田宮幸子，秋山賢一，自動車研究，**11**，29（1994）．

・Atomic Weights and Isotopic Compositions with Relative Atomic Masses, NIST (2020)
https://www.nist.gov/pml/atomic-weights-and-isotopic-compositions-relative-atomic-masses

QUESTION 83

GC/MS のデータを利用した**分子量推定はどのように行いますか？**

ANSWER

TICC 上の対象となるクロマトグラムピーク成分の分子量推定は，まずその EI 質量スペクトルのライブラリー検索から行います．バックグラウンドを差し引いた“きれいな”質量スペクトルが理想的ですが，成分以外由来の質量ピークが多少混在していてもよい場合が多いです．なお，最近の GC/MS システムはデコンボリューションソフト（Q97 参照）を組み込んである場合が多いので，複数成分やバックグラウンド成分が重なっていると思われるときは，当該成分を分離（単離）してからその質量スペクトルを取得した方がよいといえます．ライブラリー検索での一致率（使用するシステムによって種々の名称あり）が一定以上（例えば 95 %）あれば，そのものである可能性が高く，分子量のみならず分子式を含めた同定が可能となります．少なくとも異性体レベルでの一致や同族体レベルでの構造の一致が期待できます．一致率が 90 % 以下でも，成分強度が低い場合などではよくあることなので，あまり数字にこだわらないようにします．NIST / Wiley 版（Wiley / NIST 23）では登録 EI 質量スペクトル数が 118 万，化合物数が 95 万と非常に多く，とくに分子イオンが出現しているか否かは問題ではないことなどから，ライブラリー検索によって分子量推定，同定ができる可能性はかなり高くなります．

それでも，ライブラリー検索がかならずしも上手くいかないときがあります．同族体レベルまでは判明するも分子イオンが出現せず（あるいはきわめて小さく特定できず）分子量（分子式）までは判明しないもの，強度が小さく“きれいな”質量スペクトルが得られないもの，新規の化合物，種々の反応生成物，などが相当します．それらの分子量推定には正イオン化学イオン化（PICI）が有用です．PICI の特徴は MH^+ や $(M+R)^+$ などの分子質量関連イオンを生成しやすいことで，通常は分子量推定を試薬ガスによって異なる $(M+R)^+$ と MH^+ の質量差（*m/z* 値）から行います．Q31 の図 1 にこれらが模式的に示してありますので参照してください．

経験的に，MH^+ や $(M+R)^+$ の両者のイオンが出現するのは，メタンが試薬ガスのとき，50 % 程度です．なお，条件によっては $(M+R)^+$ が出現しても強度が小さく確認しにくいときがありますが，その際は MH^+ と $(M+R)^+$ に相当するイオンのマスクロマトグラム（抽出イオンクロマトグラム）を描かせ，各クロマトグラムピークの保持時間やピーク形状が一致することによって確認できます．メタン，イソブタン，アンモニア以外の試薬ガスを用いるときもあります．

また，メタンを試薬ガスに用いると負イオン化学イオン化（NICI）では反応イオンとして OH^- を生じ（バックグラウンドの水との反応による），そのプロトン親和力が大きいため，分子からのプロトン引き抜き $(M-H)^-$ を生じやすいことがあります．$(M-H)^-$ を PICI の MH^+ と相補的に用いると，両者の質量差は 2 u（*m/z* 値）なので分子量推定が容易になります．また，NICI では条件によって $(M+Cl)^-$ などを生じやすく，これらも分子量推定に役立ちます．

ライブラリー検索がうまくいかず，CI が利用できない状況ではマニュアルによる分子量推定が

必要となりますが，その際に必要なのは分子イオンの特定です．分子イオンであるための必要条件は，

① 質量スペクトル中で最高質量（*m/z* 値）のピークである（同位体ピークを除く，高質量域のバックグラウンドに存在するピークを分子イオンと見誤らないようにする）．

② 分子イオンは奇数個の電子をもち，イオンの組成が $C_xH_yN_zO_n$ の場合には $x-(y/2)+(z/2)+1$ がその不飽和数を表し，この数値が整数になる．

③ 窒素ルールが成立する．

④ 主要なイオンとの質量差（*m/z* 値）が有機化学的に可能な数値である．

ことです．

ただ分子イオンは，分子構造や測定条件によっては出現が望めないものもあるのでマニュアルでの分子量推定には限界があります．そのときは断片的な構造推定の積み重ね，ほかの分光学的情報等の入手などで多角的に推定を行う必要があります（必ずしも成功はしません）．

なお，分子量推定に関連し，分子式も推定する必要があるときがあります．ライブラリー検索は結果として同定まで行うので分子式推定は問題ありませんが，その他の場合はプロトン付加分子や分子イオンなどの元素組成を推定する必要があります．これには現在，二つの方法があります．一つは高分解能質量スペクトルから各イオンの元素組成を推定するもので，GC/MS システム付属のソフトウェアによって自動的に行うことができます．以前は使用する MS は二重収束磁場形が主でしたが，最近は TOF 形，オービトラップ形が多くなっています．もう一つは低分解能質量スペクトルから得られた同位体イオンの解析から推定するもので，MassWorks というソフトウェアを用います（Q94 参照）．Q 形で測定した質量スペクトルにも適用可能であるため，非常に有用です．

［代島茂樹］

QUESTION 84

ライブラリー検索でヒットしない場合の質量スペクトルを解析する方法を教えてください.

ANSWER

ライブラリー検索でヒットしない，もしくはスコアが著しく低い場合，測定した成分がデータベースに未登録だと考えられます．そのような場合，おもに以下の情報をもとに解析を行います（Q82参照）．なお，保持指標などの情報も役立つので，利用する場合はQ86を参照してください．

① ソフトイオン化法（Q30参照）を用い，分子イオンもしくはプロトン付加分子等を観測．分子量，分子式の情報を取得する．

② 電子イオン化（EI）法のデータで，フラグメントイオンおよび①との差分からフラグメンテーションを解析し，部分構造情報を取得する．

①のデータは，分子イオンやプロトン付加分子が生成すれば，高分解能GC-MSで分子式までわかります．低分解能GC-MSでは，分子量までの推定となります（最近は低分解能の質量スペクトルから分子イオンの元素組成，すなわち分子式まで推定が可能なソフトウェアも販売されています）．分子イオンの確認には経験が必要ですが，その必要条件についてはQ82を参照してください．なお，分子イオンはEIでイオン化エネルギーの低い設定（例えば20 eV）や，イオン源の温度を下げることで生成しやすくなります．ライブラリー未登録成分の解析においては，分子式がわからないと最終的な構造式までたどり着くのは困難なため，まずは分子イオン（プロトン付加分子）を得る努力が必要です．

EIのフラグメントイオンで高質量のイオン（分子量に質量が近いイオン）や，*m/z* 100以下の低質量イオンは，低分解能GC-MSで取得した整数質量のイオンからでも構造情報を取得することが可能で，化合物の種類（形）の特定や，官能基推定に有用です．なお，高分解能GC-MSを使えば，フラグメントイオンの組成式がわかるため，高分解能の装置が使用可能な状況下であればその使用を推奨します．また，特定の分子構造に関連する特徴的なフラグメンテーション反応も知られており質量スペクトルを解析するのに有用です．フラグメンテーションに関して化合物形ごとの特徴を抜粋すると以下のようになります．

● 芳香族炭化水素

・ベンジル位が切断しやすいオルト位に転位する場合がある．

・*m/z* 77（C_6H_5），91（C_7H_7），105（C_8H_9）などが特徴的なイオン．

● 飽和炭化水素

・CH_2に由来する14 uずつ離れたピークが現れる．

・*m/z* 43（C_3H_7），57（C_4H_9）のピークがとくに強く現れる．

● 不飽和炭化水素

・二重結合のβ位が開裂しやすい．

・m/z 41(C_3H_5)，55(C_4H_7)，69(C_5H_9)，83(C_6H_{11}) などが特徴的なイオン．

- ハロゲン化合物
  - ・ハロゲン，もしくはハロゲン化水素（HCl, HBr）の脱離．
  - ・芳香族ハロゲン化物の場合はハロゲンの脱離が起こる．
- アルコール，エーテル
  - ・脂肪族エーテルの分子イオンピークは EI ではほとんど現れない．
  - ・m/z 45(C_2H_5O)，59(C_3H_7O)，73(C_4H_9O) などが特徴的．
  - ・アルコールでは m/z 31(CH_2OH) も観測．

表 1　分子イオンから生じる特徴的なフラグメントイオン種

イオン	脱離する中性フラグメント	化合物	
		一般	芳香族*
M－1	H・	アルデヒド，*N*-アルキルアミン	
M－2	H_2		
M－14	CH_2・		
M－15	CH_3・		
M－16	O・	*N*-オキシド，スルホキシド	Ar-NO_2
M－16	NH_2・	第一級アミド	Ar-SO_2NH_2
M－17	HO・	酸，オキシム	
M－17	NH_3		
M－18	H_2O	アルコール	
M－19	F・	フッ化物	
M－26	C_2H_2		Ar-H
M－26	NC・		
M－27	HCN		Ar-CN，含窒素芳香族
M－28	CO	キノン，酸無水物，環状ケトン	
M－28	C_2H_4	エチルエステル，-CO-C-CH_2CH_3	Ar-O-CH_2CH_3
M－29	CHO・	アルデヒド	Ar-COOH
M－29	C_2H_5・	-CO-CH_2CH_3	Ar-C-CH_2CH_3
M－30	CH_2O・		Ar-O-CH_3
M－30	NO		Ar-NO_2
M－30	CH_2NH_2・	*N*-アルキルアミン	
M－31	CH_3O・	メチルエステル	
M－32	CH_3OH		
M－33	HS・	チオール	
M－33	CH_3・＋H_2O		
M－34	H_2S	チオール	
M－35	Cl・	塩化物	
M－42	CH_2CO・	エノールアセタート	Ar-O-$COCH_3$，$ArNHCOCH_3$
M－42	C_3H_6	-CO-C-C_3H_7	Ar-O-C_3H_7
M－43	CH_3CO・	メチルケトン	Ar-$COCH_3$
M－44	CO_2	酸無水物，ラクトン	
M－45	COOH・	カルボン酸	
M－45	C_2H_5O・	エチルエステル	
M－46	NO_2		Ar-NO_2
M－49	CH_2Cl・	塩化物	
M－56	C_4H_8	-CO-C-C_4H_9	Ar-O-C_4H_9，Ar-C-C_4H_9
M－57	C_4H_9・	-COC_4H_9	Ar-C-C_4H_9
M－57	C_4H_5CO・	エチルケトン	
M－60	CH_3COOH	酢酸エステル	
M－60	COS	チオカーボネート	

*　Ar はフェニル基（C_6H_5-）などの芳香環由来の官能基

● カルボニル化合物

・脂肪族カルボン酸は McLafferty 転移後，ラジカル開裂が起こりやすい．

・芳香族カルボン酸では分子イオンピークが現れやすい．

・*m/z* 43(C_2H_3O)，57(C_3H_5O)，71(C_4H_7O) などが特徴的．

・アルデヒドでは *m/z* 29(CHO) も観測．

● アミン関連化合物

・N の β 位が開裂しやすい，あるいは α 位でプロトン転位の後，開裂しやすい．

・アミン：*m/z* 30(CH_2NH_2)，44(C_2H_6N)，58(C_3H_8N)，72($C_4H_{10}N$)

また表 1 に，代表的な EI フラグメントイオン種を掲載しました（分子を M としたとき，$(M-X)^+$ で表されるイオン，脱離する中性種も表示）．なお，MS の専門書では *m/z* XX として表されるフラグメントイオン（通常 XX は 14 から 150 前後まで）や化合物類（形）によって特徴的に生じるフラグメンイオンなども一覧表の形でまとめられています．

EI 質量スペクトルの解析については，上記した高質量側および低質量側に存在するフラグメントイオンの解析から進めるとよいでしょう．次にフラグメントイオン間の質量差を計算し，そこから脱離種を推定します．フラグメントイオン間の脱離種も構造情報を有しているので，構造推定に有用です．高分解能 GC-MS であれば，フラグメントイオンの組成式や脱離種の組成式がわかるので，さらに構造解析は行いやすくなります．それら情報を組み上げて最終的な構造式を推定します．EI 質量スペクトルのフラグメンテーション解析については，参考文献に記載した書籍や論文に詳細が記載されているので参照してください．

高分解能 GC-MS で得られる精密質量の質量スペクトルを用いた組成演算は，基本的に装置に付随するソフトウェアで行うことが可能です．組成演算を行うことで，①のデータからは分子式が，②のデータから部分構造を示すフラグメントイオンの組成式を得ることが可能です．また最近では，①と②の精密質量の質量スペクトルを統合して解析することで分子式候補を一意に絞り込んだり，AI 技術によりライブラリー未登録成分の構造式を推定するソフトウェアも市販されています．

［生方正章］

【参考文献】

・中田尚男，“有機マススペクトロメトリー入門”，講談社 (1981)．

・E. Pretsch, T. Clerc, J. Seibl, W. Simon 著，中西香爾，堤憲太郎，梶原正宏 訳，“有機化合物スペクトルデータ集”，講談社 (1982)．

・牧野圭祐，山岡亮平，“ライフサイエンスのためのガスクロ・マススペクトル”，廣川書店 (1989)．

・J. H. Gross 著，日本質量分析学会出版委員会 訳，“マススペクトロメトリー 原書 3 版”，丸善出版 (2020)．

・中田尚男，*J. Mass Spectrom. Soc. Jpn.*, **50**, 173 (2002)．

・中村健道，*J. Mass Spectrom. Soc. Jpn.*, **57**, 213 (2009)．

・F. W. McLafferty, F. Turecek, “Interpretation of Mass Spectra, 4th ed.”, University Science Books (1993)．

・S. Bienz, L. Bigler, T. Fox, H. Meier 著，三浦雅博 監訳，安田 誠，平野康次ほか 訳，“有機化学のためのスペクトル解析法 第 3 版”，化学同人 (2024)．

Question 85

ライブラリー検索とはなんですか？

Answer

質量スペクトルをデータベース化したものを質量スペクトルライブラリーと呼びます（以下，ライブラリーと略記）．このライブラリーと試料中の成分から得られた質量スペクトルを照合する操作がライブラリー検索です．この操作により，質量スペクトルの類似性に基づき試料中の成分に該当する可能性があると判断された化合物を，ライブラリーからスコア順に選択・リストアップすることができます．図1にライブラリー検索結果の一例を示します．ライブラリーには化合物名とその質量スペクトルとともに，化合物の別名（慣用名），分子式，分子量（モノアイソトピック質量による），CAS番号などの付随的な情報も登録されており，これらも化合物のリストアップ時に表示されるのが通例です．また，ライブラリーによっては保持指標（RI）情報が収載されたものもあり，試料の成分とリストアップされた化合物間でのRIの整合性がスコアに反映される場合もあります．NISTやWileyのライブラリーが代表的です．

質量スペクトルの解釈だけでも，その化合物の構造に関する断片的情報（飽和直鎖炭化水素系である，ベンゼン環を有している，塩素を含むなど）がわかる場合もありますが，その全体構造を推定するのはそれほど容易ではありません．このため，ライブラリー検索は測定する試料に含まれる未知成分の同定や構造解析あるいは特定化合物の有無の確認にきわめて有効な手段です．

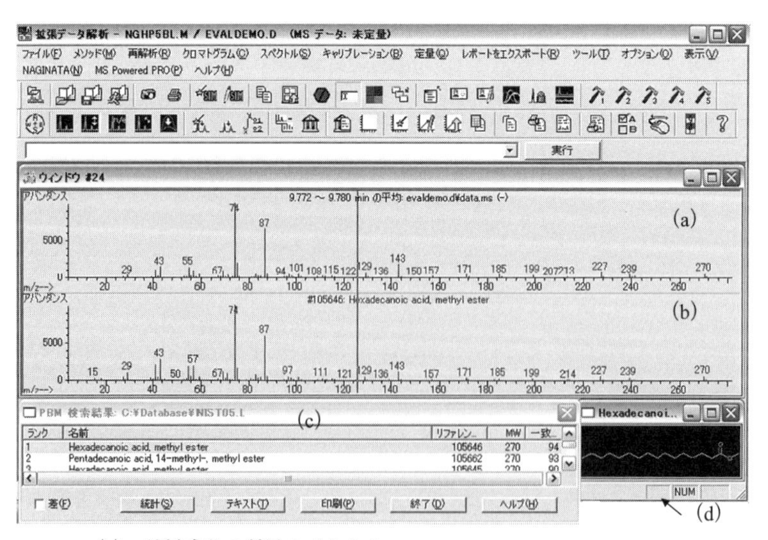

(a)：試料成分の質量スペクトル
(b)：ライブラリーからリストアップされた化合物の質量スペクトル
(c)：リストアップされた化合物の化学名，分子量などの一覧
(d)：(c) の化合物一覧中の任意の化合物の構造式

図1　ライブラリー検索結果の一例

現在広く利用できるGC/MS用のライブラリーは，電子イオン化（EI）法と四重極形MSもしくは磁場形MSとの組み合わせにより得られた質量スペクトルです．これは，EI法が化学イオン化（CI）法などのほかのイオン化法に比べて，歴史的にも古く，広く普及しているだけでなく，イオン化の条件を比較的固定しやすく，装置あるいは測定日を問わず同一化合物であればおおむね同等の質量スペクトルを得られやすいことが大きな理由です．また，四重極形MSと磁場形MSでは，後者で高質量域の*m/z*をもつピークの強度が高めに出る傾向はありますが，ライブラリー検索上はとくに区別はありません（最近の四重極形MSではポストアクセル検出器が普及したことにより両者の差は小さくなっています）．ライブラリーに登録されている（したがって照合対象となる）質量スペクトル数は，多い場合には数十万に及びますので，検索作業はコンピューターが実行します．一つの質量スペクトルの検索であれば感覚的にはほぼ“瞬時”に結果が出ます．ライブラリー検索の実用性の向上や発展には，安定したMSハードウェアだけでなくコンピューター技術の進歩ならびにライブラリーの拡充が不可欠です．なお，ライブラリーの種類や詳細についてはQ86を参照してください．

ある化合物について，異なる装置間でも類似性のある質量スペクトルが得られる理由は，生成するイオンの*m/z*が同一なためです．一方，これらの質量スペクトル上の強度バランス（パターン）は状況によって変化します．イオン化に用いる電子のエネルギーは，パターンに大きな影響を与えうる要素の一つと考えられていますが，EI法によるデータベースでは原則としてこのエネルギーは70 eVとされています．しかしながら，電子エネルギー以外にも装置の個性あるいは測定条件などによってもパターンは影響を受けるため，場合によっては同一化合物でありながらかなり違って見えることもありえます．図2に同一の装置および測定条件でチューニングを変更した場合に得られるデカフルオロトリフェニルホスフィン（DFTPP）の質量スペクトルを示します．

このように“パターン類似性”にもかなりの幅があることと後述するいくつかの理由から，単純

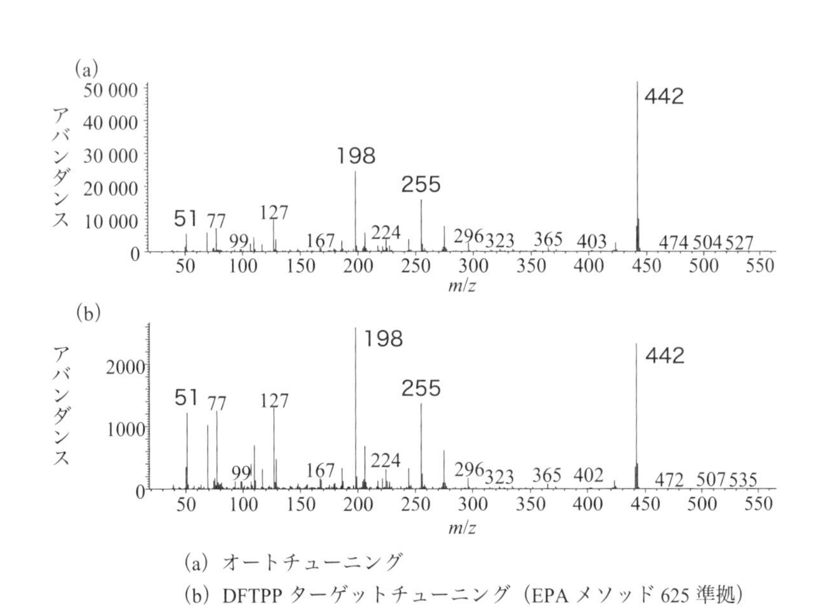

(a) オートチューニング
(b) DFTPPターゲットチューニング（EPAメソッド625準拠）
各イオンの*m/z*は同じだが，バランスが異なる

図2　チューニングによる質量スペクトルの違い

な質量スペクトルの比較だけでは“一致するもの”をうまく見出せない可能性があります．したがって，ライブラリー検索にはある程度の質量スペクトルのパターンの違いを吸収できるような考え方が必要になります．一般的にライブラリー検索にはライブラリーもしくはMS装置に付属している専用の検索プログラムが利用されますが，これらの検索アルゴリズムの多くはいくつかの代表的な考え方をベースとして，独自の工夫が加えられたものです．なお，冒頭の“スコア”に対する考え方や算出法も検索アルゴリズムによって違いがありますが，ここでは一括して“一致度の高さ”に近い概念として記載しています．検索アルゴリズム等については，Q88も併せて参照してください．

ライブラリー検索がうまくいかない場合としては，未知成分の質量スペクトルに対してその候補となる化合物がリストアップされない，またはリストアップされてもスコアが低いなどが挙げられます．十分な強度かつ単離された質量スペクトルが得られていても結果が思わしくない原因としては，当該化合物がデータベースに収録されていない，あるいはMS装置の特性や条件などにより実測データとライブラリーの質量スペクトルに不一致があるなどが考えられます．未知成分の質量スペクトルがライブラリー未登録の場合は，スコアが低いながら類似構造をもつ化合物がリストアップされることがあります．このようなケースでは，両者の質量スペクトルを比較することで，化合物の基本骨格，官能基あるいは部分的な構造の同一性などが見出せる可能性があります．また，スコアが低いにもかかわらず，未知成分とリストアップされた化合物の質量スペクトルが見かけ上よく一致している場合には，検索にかけるクロマトグラム上の質量スペクトルのデータ採取ポイントを若干ずらす，あるいは平均化するなどの操作で結果が改善することがあります．

一方，検索に供した質量スペクトルに問題があってうまく検索できないケースも想定されます．質量スペクトルの問題としては，未知成分の保持時間にほかの成分も共溶出して質量スペクトルが干渉を受けている，未知成分の導入量が少なく質量スペクトルから検索上重要な m/z のイオンが欠落している，もしくはその両方が考えられます．以下にいくつかの例を挙げて説明します．

図3は二つの化合物が見かけ上1本のピークとして溶出している質量スペクトルを検索した結果で，異なる二つの化合物がリストアップされています．1番目の候補は比較的高いスコアを示していますが，2番目はかなり低い値になっています．このため，スコアだけで判断すると2番目の化合物は棄却される可能性がありますが，実は二つとも正解です．未知スペクトル（図3(a)）には，候補となる化合物の質量スペクトル（図3(b)）には含まれていない m/z 263のイオンが明瞭に検出されていますので，別の化合物の存在が示唆されます．図4は異なるGCの分離条件による図3と同じ化合物の主要 m/z による抽出イオンクロマトグラム（マスクロマトグラム）です．条件1では両者がほぼ完全に重なっているために互いの干渉を排除するのは困難ですが，条件2であればわずかながら保持時間がずれていますので，質量スペクトルをうまく差し引くことで互いの影響を回避できます．図5はそれぞれ単離した質量スペクトルと当該化合物のライブラリー中の質量スペクトルです．これらを検索に供すればどちらも高いスコアが得られます．

図6は導入量の違いによる α-BHCの質量スペクトルを示しています．200 pg，20 pgのどちらを検索に供しても正解が得られていますが，スコアには違いがあります（前者95，後者58）．強度の大きな m/z（181，183，217，219など）のピークについては両者に差が認められませんが，強度的には大きくなくても検索上重要な m/z（分子からHClが脱離して得られる252，254，256，258）のピークが20 pgでは強度的にバックグラウンドと同レベルになっているため，このような

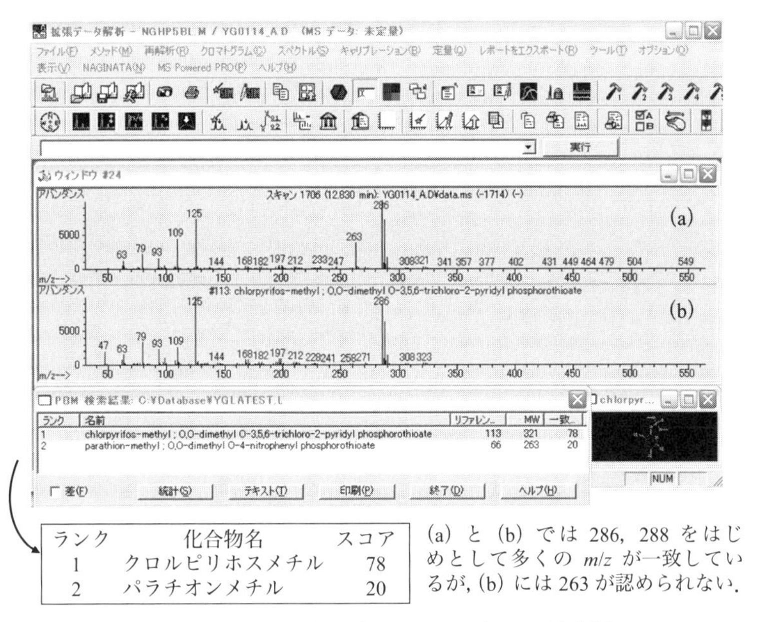

図 3　見かけ上一本のピークのライブラリー検索例

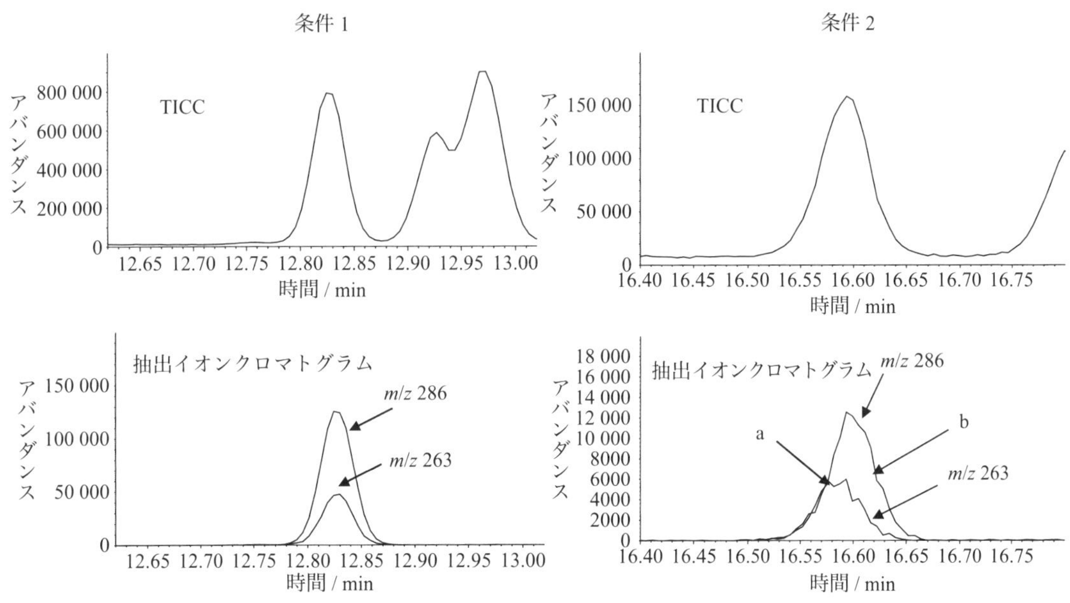

条件 1 では抽出イオンクロマトグラムでも 2 本のピークが完全に重なっており，相互の質量スペクトルへの干渉を排除できない．条件 2 では若干分離が認められる．例えば, a から b のデータを差し引けば *m/z* 263 を有する質量スペクトルを単離できる．

図 4　異なる GC 条件による抽出イオンクロマトグラムの分離状況

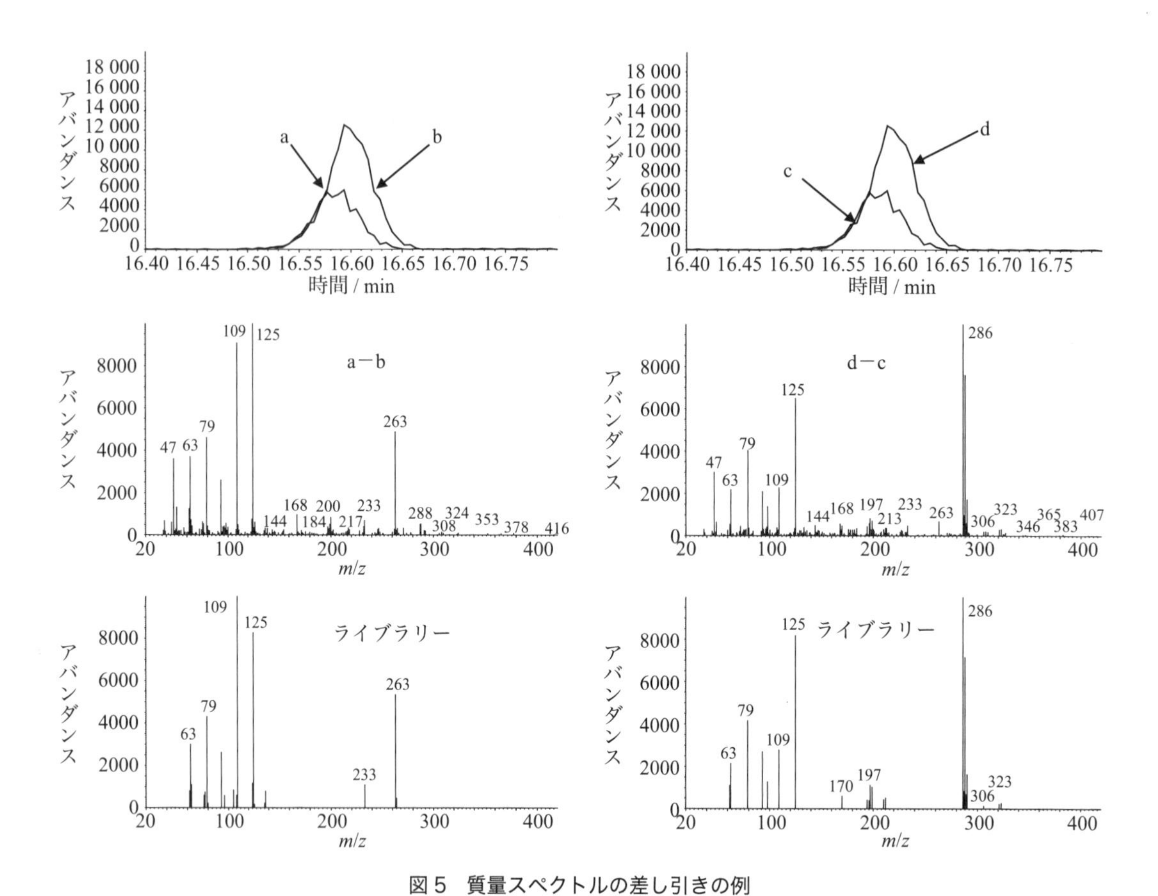

図５　質量スペクトルの差し引きの例

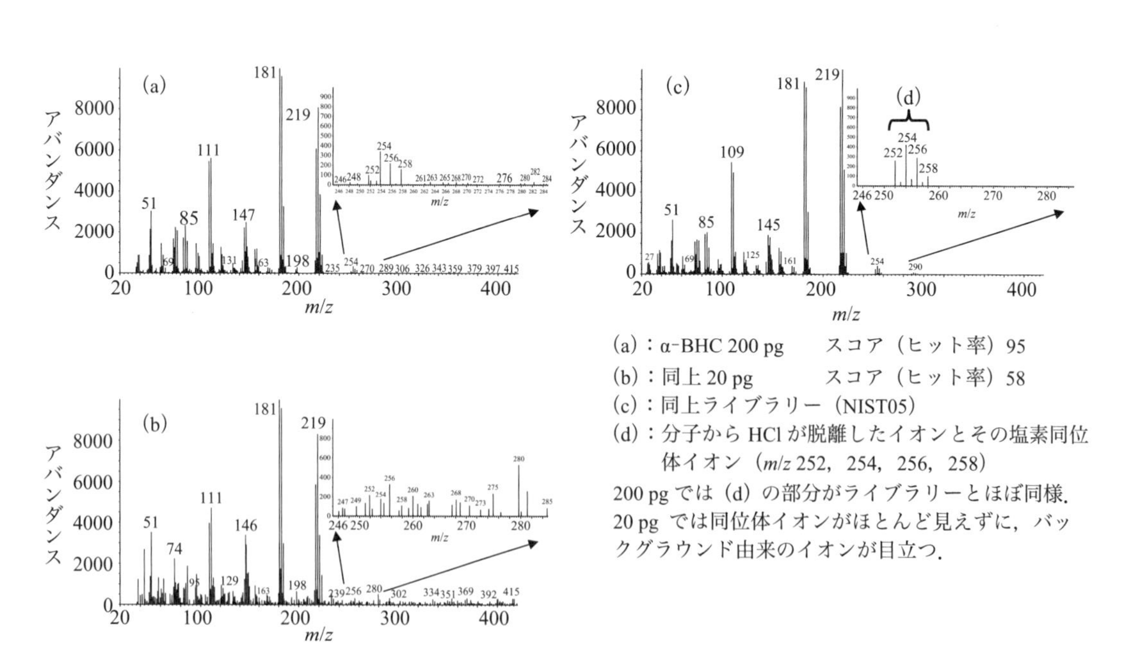

図６　導入量と質量スペクトル

結果の違いになります．

図 7 は多量の共存成分中の微量成分の検索例です．TICC 上のピークトップの質量スペクトルそのままでは，バックグラウンドの影響が大きく別の化合物が検索されますが，バックグラウンドを差し引くことでほぼ単離した質量スペクトルが取り出せるので，正しい化合物が検索されています．ただし，このようなケースでは TICC 中に当該化合物のピークを見出すことが難しい場合も少なくないので，ライブラリー検索に先立って化合物の存在に“予想”をつけておく必要があります（このあたりは試料の出自に関する情報把握が重要です）．このように関心のある化合物が TICC ではピークとして認められない可能性がある場合には，その化合物の有する *m/z* の抽出イオンクロマトグラムを描くと探せることがあります．この際，対象とする化合物の質量スペクトルが不明ではこの操作ができません．このような場合には，ライブラリーに登録されている化合物の情報を引き出す逆引き機能が便利です．また，産業技術総合研究所から提供されている SDBS のような無償データベースも有用です．この際，化合物の名称，分子式，CAS 番号などをキーワードにして目的化合物のデータを探しますが，名称はライブラリー（データベース）によって表記に違いがあることがありますので，分子式もしくは CAS 番号の利用が確実です．

なお，多数のピークが出現するあるいは多量の共存成分が存在するなどの複雑な試料については，AMDIS（Automated Mass spectral Deconvolution and Identification System）の有効性が高く，図 4 の場合のようにわずかな保持時間の差やピーク形状の違いがあれば自動で質量スペクトルを取り出せるとされています．この機能については，Q95 を参照してください．

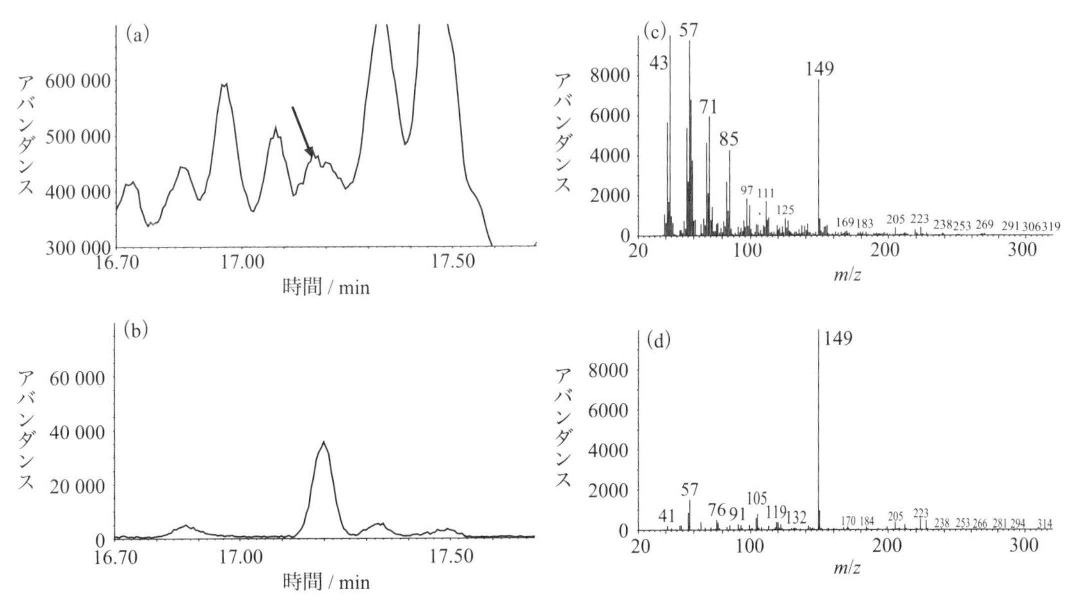

(a)：TICC
(b)：*m/z* 149 の抽出イオンクロマトグラム
(c)：TICC 上ピークトップの質量スペクトル（*m/z* 43, 57, 71 などが大きく直鎖アルカンとして検索される）
(d)：*m/z* 149 の抽出イオンクロマトグラムのピークトップからピーク始点を差し引いた質量スペクトル（フタル酸ジブチルとして検索される）

図 7　バックグラウンドの影響が大きい質量スペクトル例

ライブラリー検索は大変便利な機能ですが，その使用に際してはいくつか注意すべき点があります．よく指摘されている事項は，ライブラリー検索の結果を吟味しないまま採用することは避けるべきということです[1,2]．リストアップされた化合物について，試料の出自に照らした存在の妥当性，試料成分の質量スペクトルとの精細な視覚的比較（*m/z* の一致度や過不足等），保持時間（保持指標）の整合性，標準品測定による確認など，人的な検討と考察が必要です．また，ライブラリーに質量スペクトルが登録されている化合物は GC/MS で測定可能なものの一部であり，前述のように未知成分の質量スペクトルは必ずしも登録されていない可能性があることも念頭に置いておくべきでしょう．

［山上 仰］

ワンポイント 9

ライブラリー未登録成分を解析するソフトウェアについて教えてください．

ライブラリー未登録成分の解析には，高分解能の GC/MS で取得した精密質量（measured accurate mass）質量スペクトルの解析が有効です（Q70 参照）．分子イオンやプロトン付加分子が得られるソフトイオン化法での精密質量の質量スペクトルからは分子式情報が得られ，EI 法での精密質量の質量スペクトルからは構造情報が得られます．しかしながら，それらの質量スペクトルを手動で解析するのは難易度が高く，ソフトウェアでの自動解析に対する要望が高まっています．以下に，AI 技術の一つであるディープラーニングモデルが予測したライブラリー未登録成分の EI 法質量スペクトルデータベースと，ロジスティック回帰モデルによる部分構造の有無を判定する機能を有する市販ソフトウェアの画面を示します．

［生方正章］

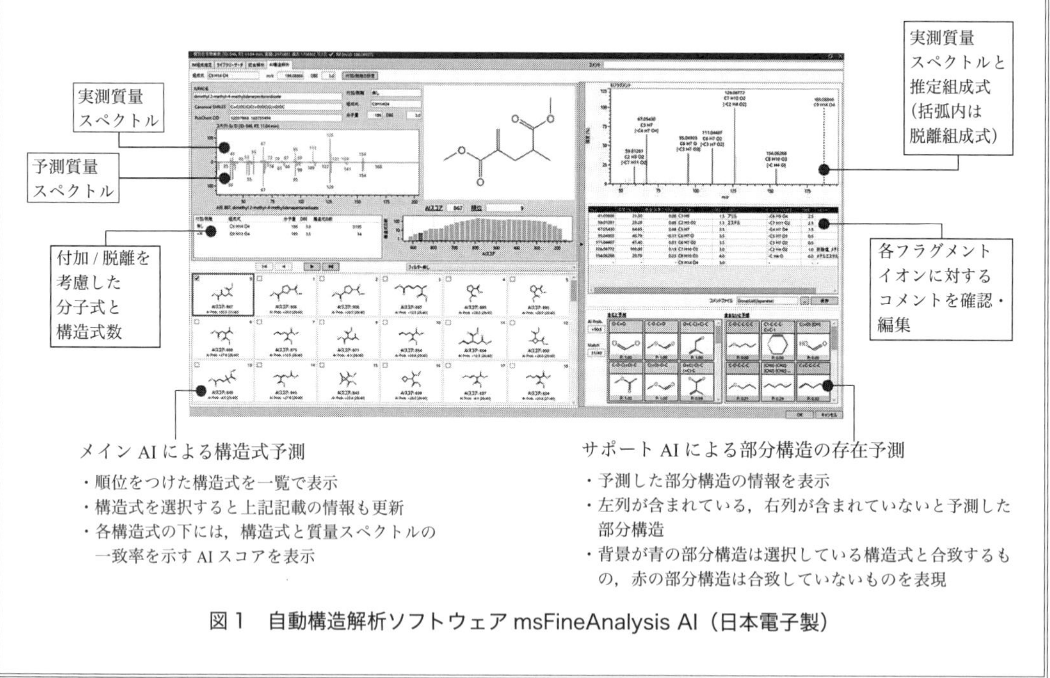

図 1　自動構造解析ソフトウェア msFineAnalysis AI（日本電子製）

【引用文献】

1）O. D. Sparkman, Z. E. Penton, F. G. Kitson, “Gas Chromatography and Mass Spectrometry, A Practical Guide, 2nd ed.”, Academic Press (2011), p. 153.

2）H. J. Hübschmann, “Handbook of GC/MS: Fundamentals and Applications, 2nd, Completely Revised and Updated ed.”, Wiley-VCH (2009), p. 320.

Question 86

化合物の同定に役立つ一般的なライブラリーやデータベースを教えてください.

Answer

様々な化合物の質量分析データを登録したものを質量スペクトルライブラリーや質量スペクトルデータベースと呼びます. 未知成分の同定（ライブラリー検索）は, ハードなイオン化法の一つである電子イオン化（EI）法により得られた質量スペクトルパターンとライブラリーを照合することで行います. また, ライブラリーには保持指標等の保持時間情報が登録されている場合もあり, 同定の際にこれを利用することも可能です. ここでは, GC/MS の測定において広く使用されているライブラリーやデータベースを紹介します. また最後に, プライベートライブラリーの作成についても述べます.

a. 質量スペクトルライブラリー

(1) NIST ライブラリー

米国国立標準技術研究所（NIST）, 米国国立衛生研究所（NIH）, 米国環境保護庁（EPA）によって製作されている約 35 万（2023 年版）の化合物の EI スペクトルと 237 万の MS/MS スペクトルを含むライブラリーです. 医薬品, 違法薬物, ステロイド, 毒物, 農薬, 天然化合物, 汚染物質など GC/MS で分析対象となるすべての分野の化合物データが登録されています. 質量スペクトルだけでなく, CAS 番号, 分子量, 組成式, 保持指標, 分子構造を参照できます. 世界中でもっとも広く使用されているライブラリーの一つで, ほとんどの MS メーカーのデータ解析ソフトウェアでサポートされています.

(2) Wiley ライブラリー

こちらも NIST ライブラリーと同様に広く使用されているライブラリーで, 約 74 万化合物（2023 年版）の EI スペクトルを含みます. NIST ライブラリーと Wiley ライブラリーを組み合わせることで, 市販ライブラリーで登録されている質量スペクトル情報のほとんどを網羅できます. また, NIST と Wiley の各ライブラリーを合わせたものも販売されています（重複したものを除いてあります）.

現在普及しているもの（2023 年）および新たにリリースされた（2023 年 7 月～9 月）, NIST, Wiley および NIST / Wiley の合版の登録スペクトル数等をまとめたものを表 1 に示します.

(3) 分野に応じたライブラリー

NIST ライブラリーや Wiley ライブラリーは幅広い化合物が登録されていますが, 特定の分野に特化したライブラリーやデータベースも販売されています. 例えば, 食品・香料などの分野で分析される香気成分には, FFNSC（Flavor and Fragrance Natural and Synthetic Compounds）ライブラリーがあります. 一部の MS メーカーは, 自社の GC/MS に対応させたライブラリーやデータベースも提供しています（有償, 無償の両者があります, 自社の装置で取得したデータを基にして構築した

表 1　NIST，Wiley，NIST / Wiley の各ライブラリーの登録スペクトル等一覧表

ライブラリー名	EI スペクトル数	化合物数	RI（化合物数）	その他
NIST 23	394 054	347 100	491 790（180 618）	約 237 万の MS/MS データ
NIST 20	350 643	306 869	447 285（139 693）	約 132 万の MS/MS データ
Wiley 2023	873 300	741 100		841 100 の分子構造表示
Wiley 12th	817 290	668 435		785 061 の分子構造表示
NIST / Wiley 23	1 180 000	950 200		1 148 600 の分子構造表示

*　ライブラリー名の後に付く数字は発行年（Wiley 12th は版）を示します．

ものを含みます）．また，Wiley なども各種の質量スペクトルライブラリーを販売しています．残留農薬，代謝物，香気成分，薬毒物などの様々な分野に向けたものがあります．NIST ライブラリーは保持指標が登録されている化合物もあります．しかしながら，その保持指標を取得した際のカラムや分離情報などの分析条件が不明瞭なため，保持指標はあくまでも参考程度になります．一方，各 MS メーカーで提供されているライブラリーのほとんどは分析条件が明記されており，保持指標を活用しながら化合物を同定することができます（図 1）．

質量スペクトルのライブラリー検索結果

Hit	Simila	Rogi	Compournd Name	Mol Wt	Formula	Library Na
1	96	☑	Terpinolene $$ Cyclohexene, 1-methyl-4-(	136	C10 H16	FFNSC 3.1ib
2	95	☐	Terpinene 〈alpha-〉 $$ 1.3-Cyclohexadiene	136	C10 H16	FFNSC 3.1ib
3	93	☐	Carene 〈delta-2-〉 $$ Bicycllo [4.1.0]hept-2	136	C10 H16	FFNSC 3.1ib
4	91	☐	Carene 〈delta-3-〉 $$ Bicycllo [4.1.0]hept-3	136	C10 H16	FFNSC 3.1ib
5	90	☐	Terpinene 〈gamma-〉 $$ 1.4-Cyclohexadie	136	C10 H16	FFNSC 3.1ib
6	89	☐	2.2-Dimethyl-5-methylene norbornane $$	136	C10 H16	FFNSC 3.1ib
7	88	☐	Sylvestrene 〈iso-〉 $$ Cyclohexene, 1-met	136	C10 H16	FFNSC 3.1ib
8	86	☐	Ocimene 〈(E)〉-, beta-〉 $$ 1.3.6-Octatriene,	136	C10 H16	FFNSC 3.1ib

RI でフィルターした検索結果

Hit	Simila	Rogi	Conpournd Name	Mol Wt	Formula	Library Na
1	96	☑	Terpinolene $$ oyclohexene, 1-methyl-4-(	136	C10 H16	FFNSC 3.1ib

図 1　保持指標を活用したライブラリー検索

b.　プライベートライブラリーの作成（Q91 参照）

プライベートライブラリーとは，会社や大学等の各研究室で独自に構築したライブラリーのことをいいます．実際に運用している分析装置や条件を用いてライブラリーを構築することで，高精度に化合物同定を行うことができます．

プライベートライブラリーの作成の一例を示します．まずは標準溶液を分析して質量スペクトルと保持指標を記録して作成します．質量スペクトルの記録では，他成分やノイズに由来するスペクトルが含まれない，単一成分のきれいな質量スペクトルを使用します．また高濃度な標準溶液を用いるとピークが飽和し，正しいスペクトルパターンが得られないため注意してください．もしもピークが飽和した場合はピークトップ付近以外の飽和していないところで質量スペクトルを記録しま

す．一方で，標準溶液が低濃度すぎても強度が小さなフラグメントイオンが検出できずに正しいスペクトルパターンが得られません．保持指標の記録では，保持時間から保持指標を算出するために，無極性カラムにはアルカン混合物，極性カラムには脂肪酸メチルエステル（fatty acid methyl ester：FAME）混合物や脂肪酸エチルエステル（fatty acid ethyl ester：FAEE）混合物を用います．これらの炭素数に応じた保持時間と，分析対象成分の保持時間との相対値から保持指標を算出します．

［谷口百優］

QUESTION 87

分野に特化したライブラリーについて詳しく教えてください．

ANSWER

Q86 の a 項で FFNSC などの分野に特化したライブラリーがあることを記しましたが，ここではさらに詳しく分野別のライブラリーを紹介します．GC/MS の EI モードで測定を行った場合，各社の GC/MS の質量スペクトルは類似したスペクトルパターンが得られるよう調整されています．そのため市販ライブラリーがどの装置でも使用できるのが GC/MS の利点ですが，一部のライブラリーは特定のメーカーへの提供に限定されることがあるので注意が必要です．また使用する装置によっては，若干イオン強度比などが異なるものありますが，もっとも普及している四重極形 MS についてはその心配もありません．豊富なライブラリーは，質量スペクトル解析において命綱のようなものですから，うまく活用することで化合物予想の効率や精度の向上が期待できます．

a． 分野別ライブラリー

一般的に GC/MS 用として使用されているのは Wiley と NIST の質量スペクトルライブラリーですが，このほかに各分野に特化した興味深い化合物が登録されている質量スペクトルがあります．以下に代表的なものを列挙します．また，MS メーカーごとに特徴的なライブラリーがありますので詳細については各メーカーにお問い合わせください．

(1) エッセンシャルオイルライブラリー

米国 Texas 州，Bayler 大学の R．P．Adams 監修の植物精油成分ライブラリーです．四重極形 MS を用いて採取された 2205 化合物の質量スペクトルと保持指標（RI）情報が登録されています．

(2) Mondello ライブラリーシリーズ

イタリアの Sicilia，Messina 大学の L．Mondello のチームが作成したライブラリーで，Q86 で紹介した FFNSC 以外に，① Lipids（脂肪酸エステル類を中心とした 430 スペクトル，1400 RI），② Pesticides（農薬 1300 スペクトル）の 2 種類があります．

(3) 生物学，環境学における重要有機物ライブラリー

2020 年にポーランドの Bialystok 技術大学の V．A．Isidorov の研究チームが発表したライブラリーには，植物組織中新規化合物の TMS 誘導体化物などの情報が多く含まれています．

(4) デザイナーズドラッグライブラリー

30000 化合物以上が登録された，ドイツ北部の Kiel 大学出身の P．Rösner 監修のライブラリーです．

(5) 薬物，毒物，農薬，汚染物質，および代謝物ライブラリー

ドイツの Hamburg にある Saarland 大学臨床毒性学部門の H．H．Maurer の研究チームにより作成されたライブラリーです．7800 代謝物を含む 1 万以上のスペクトルが登録されています．

(6) メタボロミクスライブラリー

米国の California 大学 Davis 校の O．Fiehn によって作成されたもので，アミノ酸，有機酸，糖

類，脂肪酸を中心に約1200の化合物とその質量スペクトルが登録されています．分析を行う際のメソッドやRI，RT（保持時間）情報もついています．

(7) 地球化学・石油化学物質ライブラリー

オランダ海洋研究所(NIOZ)，海洋生物地球化学部門の研究グループにて採取された質量スペクトルライブラリーで，芳香族類，テルペン類，含硫黄化合物など1093スペクトルを登録しています．

b. 解析ソフトウェアに組み込まれたライブラリー

専用ソフトウェアの下のみで解析することができる質量スペクトルライブラリーには，ほかにはない分野に特化した化合物情報が含まれるものがあります．ここでは二つの例をご紹介します．

(1) 香気成分ライブラリー FrFlLib

香気成分ライブラリーFrFlLibは，2015年にオランダのM. Ruijkenによって国際的な大手香料会社のために開発されたGC/MS解析ソフトウェアGC-Analyzerへの組み込み型の質量スペクトルライブラリーです．このライブラリーは，精油由来成分や合成香料のほか，植物や食品香気成分などの数多くの“匂う化合物”のみを登録しています．10年以上をかけて，大手香料会社，国立研究所の植物や食品の研究者などによって構築されたライブラリーの登録化合物数は9000を超え，市販品の中では最多レベルともいわれています．さらに，データの約75 %には3種類の固定相のカラムのRIデータが含まれています．このライブラリーに含まれるRIで使用されるキャピラリーカラムは1系（100 % PDMS），5系（5 % phenyl PDMS)，WAX系などが中心です．

近年，食品香気分析などでRIを使用する際に，5系とWAX系のカラムを組み合わせる例が多くみられますが，カラムメーカーを選ばず，その溶出順序から誤認識を防ぐことができる1系カラムは，分析経験の長い研究者等から再度見直されており，分析メソッドの一つを1系カラムに切り替える研究者も増えてきています．目先の分離だけにとらわれないRIを使用することは，ライブラリーでの化合物同定において強力な助っ人となります．ライブラリーの充実とともに，100 % PDMSカラムのよさを考え直してみることも化合物同定の鍵となるでしょう．

また，本体のソフトウェアは，植物や食品抽出物中の大きなピークからクロマトグラム上で分離していない微小ピークの探索に優れた独自アルゴリズムを有します．分離能力の優れたソフトウェアと，RIデータを含む豊富なライブラリーの組み合わせは，今後の化合物予測の重要要素です．

(2) テルペノイドライブラリー

テルペノイドライブラリー（Terpenoids and Related Constituents of Essential Oils Library）は，Hamburg大学のW. A. Königの研究チームであるHochmuth，およびRobertet社のJoulainらによって採取された精油成分約2000化合物の質量スペクトルとRIデータを登録したライブラリーです．質量スペクトルは二重収束形質量分析計で採取したもので四重極形MSのスペクトルにも対応しています．RIは100 % PDMSカラムで取得されています．おもに，香粧品，タバコ，食品，飲料，生薬，および植物学の分野向けに作成されており，専用の解析ソフトウェアMassFinderの中で稼働します．ソフトウェアは，昨今普及している多機能ソフトウェアとは異なりシンプルな化合物検索を行うもので，教育的な利用などにも適しています．

［羽田三奈子］

【参考文献】
・https://www.gen-scent.com/product

3章 データ解析編

Question 88

ライブラリー検索の**おもな方式，種類と得られる結果**を教えてください．

Answer

ライブラリー検索は，未知試料から得られた質量スペクトルを質量スペクトルデータベース（ライブラリー）に照合して，その類似性から未知成分の候補となる化合物をリストアップする操作です．操作は，コンピューターと専用のソフトウェア（検索プログラム）により実行されます．なお，ライブラリー検索全般ついてはQ85もご一読ください．

一般的に使用されている検索プログラムは，ライブラリーもしくはMS装置に付属しているものです．これらの多くは，いくつかの基本的な考え方をベースに独自の追加・変更等が加えられたもので，基本的には電子イオン化（EI）法による質量スペクトルを対象としています．EI法では，装置やGCの分離条件が異なっても，おおむね同等の質量スペクトルが得られますが，各ピークの強度のバランス（パターン）はそれほど一定ではありません．したがって検索プログラムは，ある程度のパターンのあいまいさを許容できるような設計になっています．また，ほぼすべての検索プログラムでは，ライブラリー検索時間を短縮する目的で，ライブラリーおよび未知成分の質量スペクトルの詳細な一致度評価（メインサーチ）に先立って，両者の質量スペクトルの簡略化などとこれを用いた未知成分の候補となる質量スペクトルのライブラリーからの選別（プレサーチ）が行われます．ここでは，ライブラリー検索で比較的よく使われている用語であるフォワードサーチとリバースサーチについて触れた後，いくつかの主要なライブラリー検索方式（考え方）として，開発された年代順にBiemann法，probability based matching（PBM）法，INCOS法，およびNIST法を取り上げて概説します．なお，質量スペクトルの“一致度”に対する考え方や結果（表記）はライブラリー検索の方式によって異なりますので，この点についても各方式と併せて説明します．

a．フォワードサーチとリバースサーチ

質量スペクトル照合の考え方としては，フォワードサーチとリバースサーチの2通りがあります．前者は未知成分の質量スペクトルをライブラリーの質量スペクトルに照合する方法で，未知成分の質量スペクトルの主要 m/z と共通するピークを多く含むライブラリー中の質量スペクトルを一致度が高いと判断します．後者はその逆でデータベース中の質量スペクトルを未知成分の質量スペクトルに照合していく方法で，ライブラリー中の質量スペクトルの m/z を有するピークが未知成分の質量スペクトルに多く見出されると一致度が高いと考えます．共存成分などの影響で未知成分の質量スペクトルの純度が悪い場合は，リバースサーチが有利とされています．図1に両法のイメージを示します．

b．Biemann法

1970年初頭頃にMITのBiemannらにより開発された手法です．全質量域を最小の m/z 6から

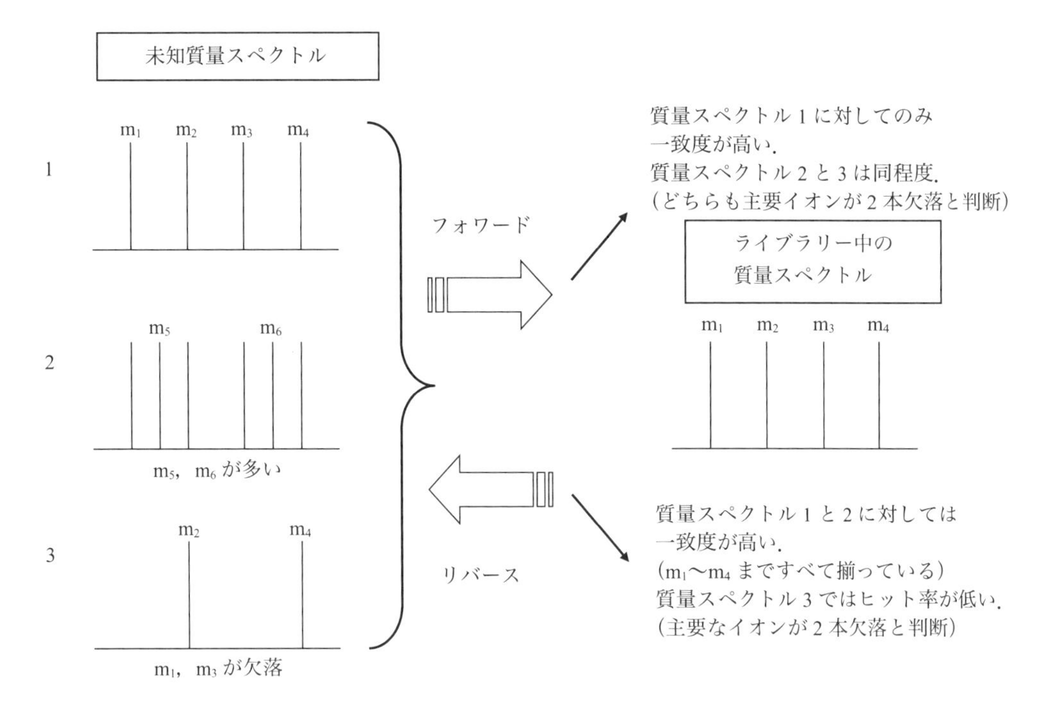

図 1　フォワードサーチとリバースサーチのイメージ

14 u ごとに分割（6〜19，20〜33，34〜47，……）し，各ユニット中の強度の高い上位 2 ピークを残して簡略化質量スペクトルとして，これを用いてライブラリー検索を行います.

プレサーチの要件は，① ライブラリー中の質量スペクトルのもっとも強度の高いピークと同一の *m/z* をもつピークが未知成分の質量スペクトル中で 25 % 以上の相対強度で存在し，その逆も成り立つこと，および② 両者の質量範囲が約 3 倍以内に収まる，というものです[1].

メインサーチでは，ライブラリーおよび未知成分の質量スペクトルについて，下記の式により "similarity index" を算出します.

$$\text{similarity index} = (\text{強度比の加重平均}) / \{(\text{不一致ピークの強度の割合}) + 1\} \qquad (1)$$

強度比の加重平均は，双方の質量スペクトルに共通する *m/z* のピークについて相対強度の高い方を分母として比を取ったものの加重平均です. 重み付けは分母とするピークの質量スペクトルにおける相対強度が 10 % 以上で 12，1〜10 % が 4，1 % 以下で 1 とします. 不一致ピークの強度の割合は，片方にしか存在しないピーク強度の和を両者に存在する全ピークの強度の和で除したものです[2]. 結果の "similarity index" は両質量スペクトルの類似性指標の意味合いをもちますが，1 に近いほど一致度が高いことになります.

なお，現在では開発当時に比べてコンピューター性能が大幅に向上しており，プレサーチおよび質量スペクトルの簡略化を行わないような使用例もあるようです. また，"similarity index" という用語は NIST 法（後述）でも一致度として使用されていましたが，Windows 版以降のプログラムでは使用されなくなっています.

c．PBM 法

1970 年代半ばに Cornell 大学の McLafferty らにより考案された手法で，下記の式により算出される confidence index（確度指標）K を用いて，未知成分の質量スペクトルがライブラリーの質量スペクトルである確率を評価します．

$$K = \Sigma K_j = \Sigma (U_j - A_j - D + W_j) \quad (2)$$

ここで U は m/z の特異性（uniqueness）を示す値で，対象とする m/z のピークが 50 % を超える相対強度（ベースピークに対する強度）で質量スペクトルに出現する統計的確率に基づくものです．出現確率の逆数の 2 を底とする対数が付与されます（例えば，出現確率が 1 / 32 の場合は U= 5）．A は対象 m/z のピークにおけるライブラリーの質量スペクトルの相対強度による補正項です．相対強度が低いと出現確率が高くなる（特異性が低くなる）ため，相応分の A の値が U から減算されます．D は“希釈係数”で未知成分に共存成分がある場合に適用されます．W は対象の m/z を有するピークの相対強度に関して，未知成分の質量スペクトルとライブラリーの質量スペクトル間での一致度による補正項を表します．

U および各補正項の詳細ならびに上記の式に含まれているいくつかの仮定と近似についてご興味のある方は，原著[3] を参照してください．なお，元来 K は任意の化合物が試料中に存在する確率として導出されたもので，$(1/2)^K$ はその K を有する質量スペクトルが偶発的に出現する確率とされています[3]．

PBM 法でのプレサーチは，基本的にライブラリー中の質量スペクトルと未知成分の質量スペクトルが同一の m/z にベースピークを有することを基準とします[4]．しかしながら，この点については脆弱性（候補となりえる質量スペクトルを棄却する可能性）が指摘されており[4,5]，多くのプログラムでは単純なピーク強度によるベースピークの使用に代えて，例えば，m/z の特異性と相対強度に基づく有意性（significance）における上位数ピークを基準とする[6]，などが用いられています．

メインサーチは，プレサーチを通過したライブラリー中の質量スペクトルでのリバースサーチによる照合を行い（プログラムによっては m/z が一致するピークが少ない候補は棄却して），共通する m/z のピークを用いてライブラリーおよび未知成分の質量スペクトルについてそれぞれ K を算出します．この処理では，未知成分の質量スペクトルのみに存在する m/z のピークは共存成分など別の要因に由来すると見なされ，計算からは除外されます．

結果としての評価は，“未知成分の質量スペクトルがライブラリーから選択された化合物として正しく同定された”確率としての“probability”として得られます．両質量スペクトルの K が近いほど一致度が高いことになりますが，“probability”に基づく両質量スペクトルの一致度に対する評価（数値化）は，使用するプログラムにより異なっているようです．例えば，結果を“match factor”（最大値 99）とするような表記が使われています[6]．なお，結果としての“probability”という用語は後述する NIST 法でも見られますが，別の意味合いになりますので注意が必要です．

d．INCOS 法

1970 年代後半に INCOS（Integrated Control System）社の Sokolow らにより開発された手法で，the dot-product algorithm（ベクトル内積法）としても知られています．本検索プログラムでは，質量スペクトルを各ピークの m/z を座標軸とする行ベクトルとして扱い，ライブラリー中の質量スペクトルおよび未知成分の質量スペクトル（の行ベクトル）の内積から求められる角度（余弦（cos）として算出）に基づき一致度を評価します．

プレサーチでは，未知成分の質量スペクトルの強度上位8本のピークとライブラリーの質量スペクトルの強度上位16本のピークについて比較を行い，共通する *m/z* を有するピークの本数により選別します．ピーク選択の関係上，一致する *m/z* の最大数は8ですが，選別に必要なピーク数は任意に変更します．

メインサーチは，プレサーチで検索された質量スペクトルから化学的に重要と見なされる50個の *m/z* を選択したもの[7]と，未知成分の質量スペクトルについて実施します．この計算の際には，各ピークの強度の平方根に *m/z* 値を乗じた補正強度を用います．結果は，PURITY，FIT，およびRFITの3種類の数値で表されます．PURITYは対象とした質量スペクトルの全ピークから得られるベクトル内積に基づくもので，3種の結果の中ではこのPURITYが高い順に表示されるのが一般的です．FITおよびRFITも内積によるものですが，前者はリバースサーチ，後者はフォワードサーチで，それぞれ一致した *m/z* を計算に使用します．FITは，ライブラリーの質量スペクトルが未知成分の質量スペクトルに存在する度合い，RFITは未知成分の質量スペクトルのピークがライブラリーの質量スペクトルに含まれている度合いを示します．PURITYには未知成分の質量スペクトルの純度も関連していますが，これはFITとRFITの関係からも推測できます（純度が悪いとFITが高くRFITが低い）．なお，RFITはReverse FITの意ですが，上述のように概念的にはフォワードサーチですので，多少混乱が生じやすいかもしれません．

e．NIST法

1990年代前半にNIST（National Institute of Standards and Technology）のSteinがINCOS法をベースにいくつかの変更・修正を加えて作成したものです．基本的な考え方はINCOS法と同様で，比較する質量スペクトルから作成される行ベクトルの内積を使用します．NIST法には装置メーカーなどによって多くのバリエーションがありますが，ここでは結果表記の仕方を除いてほぼNIST 17 MS Database and MS Search Program v.2.3[8]に従って説明します．

プレサーチにおける質量スペクトルのピークの重み付けは，ピーク強度にその *m/z* 値の2乗を乗じます（補正強度）．プレサーチでは，① 補正強度について未知成分の質量スペクトル中の上位8本とライブラリー中の質量スペクトルの上位16本を比較して *m/z* が共通するピークの本数，② 補正強度についてライブラリーおよび未知成分の質量スペクトルの各強度14位までの比較，③ 未補正強度について，ライブラリーおよび未知成分の質量スペクトルの各上位6位までの比較，④ 未補正強度について，両者の最大質量ピークおよび各強度上位5位までの比較，の4項目を組み合わせて選別を行います．

メインサーチの強度補正もプレサーチと同様（ピーク強度にその *m/z* 値の2乗を乗じる）です．ベクトル内積を用いた一致度評価はINCOS法に準じますが，一致度として“match factor”が用いられます．また，結果としては“reverse match factor”や“probability”も使用されます．前者はINCOS法の“FIT”とほぼ同義です（手法的にはリバースサーチですので，こちらの方が用語としての整合性は取れていますが，INCOS法と見比べると紛らわしいです）．“probability”の意味は前出のPBM法のそれとは少々異なります．PBM法では比較対象とした二つの質量スペクトル間の一致度に関連していますが，こちらは検索されたすべての質量スペクトルとの関係性を示しており，ライブラリーに収載されている質量スペクトルの特異性に関わっています．例えば，未知成分の質量スペクトルがキシレンの異性体のいずれかである場合には，ライブラリー中の *o*-，*m*-，*p*-の三つの異性体およびエチルベンゼンのすべてで高い“match factor”が得られる可能性が高いですが，これらのどれかに確定するのが難しく同定確率が分散されるため，“probability”は低い値になります．一方，未知成分の質量スペクトルの特異性が高いケースでは，一致度が高い質量スペクトルとして検索される化合物の数が少なくなりますので，仮に“match factor”がそれほど大きくなくても，“probability”は高い値になります．

なお，上記の説明はNIST法の“Normal Identity Search”に関するものです．このほかの検索プログラムとしては，“Quick Identity Search”，“Similarity Search”および“Neutral Loss Search”があります．“Quick Identity Search”はプレサーチの基準として上記の①のみを使用します．“Similarity Search”ではピークの重み付けが行われません．また，“Neutral Loss Search”ではいくつかのニュートラルロスにより生成する *m/z* を使用します．詳細はNIST Mass Spectral Search Program[8]を参照してください．

おもなライブラリー検索の方式の概略を説明しましたが，いずれも完璧な（ライブラリー中の正しい質量スペクトルが100 % 検索される）わけではありません．Q85にもありますが，どの検索プログラムで得られた結果に対しても，試料の由来なども含めて多方面からの吟味が必要です．また，同じ質量スペクトルでも異なる検索プログラムでライブラリー検索を行ってみると結果が変わる場合があります．検索プログラムはMS装置とデータ形式に依存しているものもありますが，最近ではAIA形式などの共通フォーマットへのデータの変換も比較的簡単にできますので，複数の検索プログラムの使用の可能性も高くなっていると思われます．その意味では，使用している検索プログラムのベースとなっている方式を確認しておくのも有用でしょう．　［山上 仰］

【引用文献】

1） 金子竹男，小林憲正，ぶんせき，**1992**，774.
2） 溝口次夫，安原昭夫，伊藤裕康，新藤純子，国立公害研究所研究報告，**86**（1986）.
3） F. W. McLafferty, R. H. Hertel, R. D. Villwock, *Org. Mass Spectrom.*, **9**, 690 (1974).
4） J. T. Watson, O. D. Sparkman, “Introduction to Mass Spectrometry, 4th ed.”, John Wiley & Sons (2008), p. 435.
5） O. D. Sparkman, “Mass Spectrometry Desk Reference”, Global View Publishing (2006), p. 121.
6） Agilent GC-MSD ChemStation and Instrument Operation Volume 2 G1701DA Version D. 02. 00 (2005), p. 23.
http://www.pacificcrn.com/Upload/file/201703/05/20170305062920_51965.pdf
7） O. D. Sparkman, “Mass Spectrometry Desk Reference”, Global View Publishing (2006), pp. 121-122.
8） NIST/EPA/NIH Mass Spectral Library (NIST 17) and NIST Mass Spectral Search Program (Version 2.3) User's Guide (2017), p. 63.
https://chemdata.nist.gov/dokuwiki/lib/exe/fetch.php?media=chemdata:nist17: nistms_ver23man.pdf

Question 89

SRM（MRM）ライブラリーとはどのようなものですか？

Answer

MS 用のライブラリーの代表的なものとして NIST[1] の質量スペクトルラブラリーがあります．化合物の組成式，CAS 番号，質量スペクトルや構造式などの情報が掲載されています．全イオンモニタリングモードで取得した質量スペクトルと照合するときに役立つライブラリーとなります．

このようにライブラリーというと，質量スペクトルが登録されているイメージが強いですが，SRM（MRM）ライブラリーには，プリカーサーイオンとプロダクトイオン（トランジション）および衝突エネルギーの数値情報（主体となるデータベース的なもの）と附属的なプロダクトイオンスペクトルのライブラリーが含まれます．すなわちタンデム形 MS/MS では，MS1 は特定の *m/z* をもつプリカーサーイオンを選択し，MS2 でそのプロダクトイオンを Scan もしくは TOF モードなどで測定すると，プロダクトイオンの質量スペクトルの取得が可能なため（同様なことがイオントラップ形 MS でも可能です），これらを集めることでプロダクトイオンスペクトルのライブラリーが作成できるわけです．このプロダクトイオンスペクトルライブラリーは，装置メーカーによって使用する衝突ガスの種類，衝突エネルギー，そして衝突室の構造そのものが異なりますので，ライブラリーは装置メーカーごとにつくることになります．

MRM ライブラリーのデータベース部分は，プロダクトイオンスペクトルと同様，装置メーカーごとに異なる条件を使用して得られる数値情報のため，各メーカーからオリジナルのものが販売または提供されています．通常は Excel のような表形式のデータベースです．EI 法による GC/MS/MS の MRM の場合は，プリカーサーイオンの候補になるイオンが複数あり，それぞれに対して複数のプロダクトイオンの候補があるため，一つの化合物でも多くのトランジションが考えられます．そのためデータベースでは，感度と選択性を考慮して，優先順位がつけられている場合もあります．

図 1 には三連四重極形 GC/MS/MS のプロダクトイオン走査によるライブラリーの例を示します．この例では，同一化合物でも，プリカーサーイオン別にデータを分けており，さらに衝突エネルギーを変化させたときの様子を示しています．

また NIST 17 より MS/MS ライブラリーが追加されています．NIST 17 より以前のライブラリーが，EI の質量スペクトルライブラリーであることから GC/MS/MS のプロダクトイオンライブラリーだと考えられがちですが，当時の MS/MS 装置の普及を反映して LC/MS/MS 主体のライブラリーとなっています．装置には種々の形のものが用いられ，MS の形や衝突ガスの違い，メーカーによる最適条件などが異なりますので，装置の機種名やイオン化のモードなども併せて記載されています．図 2 に NIST 20 に登録されている MS/MS の画面の例を示します．

2023 年の 6 月にリリースされた最新版の NIST 23 では各種 MS/MS 装置で測定された 51 501 化合物の種々のプリカーサーイオン（39 万 9 千種）からの 237 万におよぶプロダクトイオンスペクトルが登録されています．

［杉立久仁代］

3章 データ解析編

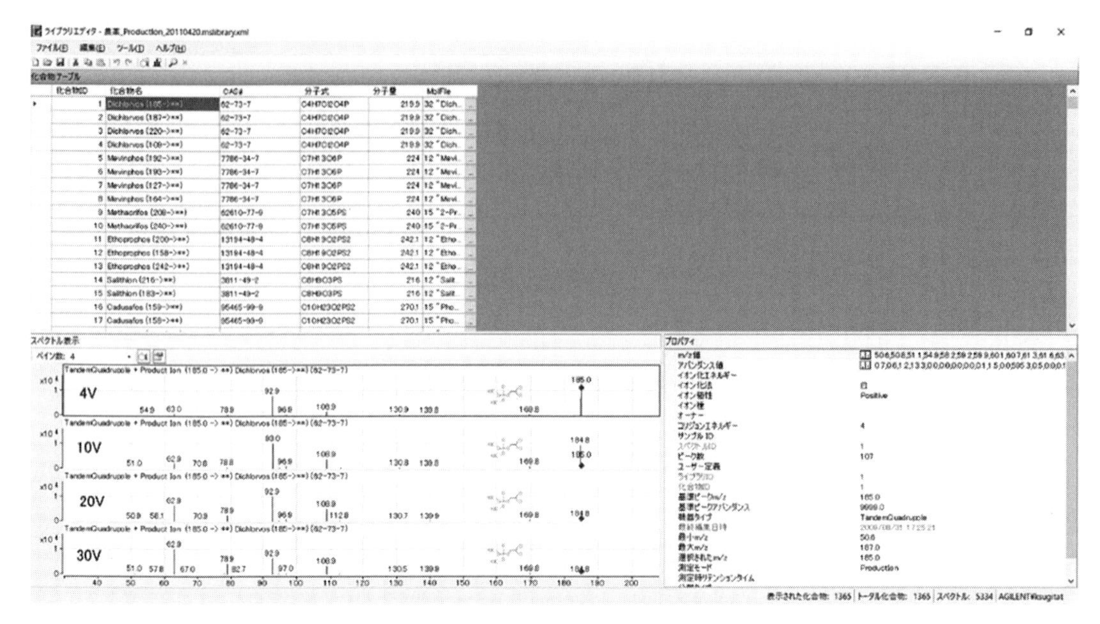

図１　プロダクトイオンライブラリーの例

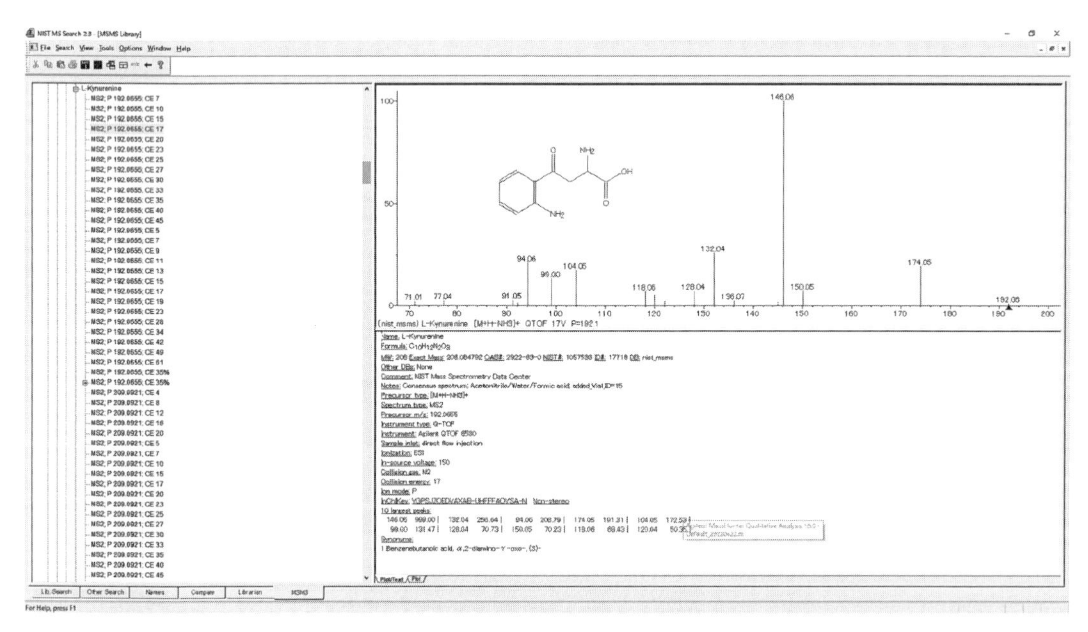

図２　NIST に登録されている MS/MS ライブラリーの例

【引用文献】

1）National Institute of Standards and Technology（NIST）, Mass Spectrometry Data Center
https://chemdata.nist.gov/

QUESTION 90

MassBank の使用法を教えてください.

ANSWER

MassBankは, 質量分析に基づく化学物質のデータを集約したオープンアクセスのデータベースです[1]. このプラットフォームは, 世界中の研究所や研究者によって提供された多種多様な化学物質に関する質量分析スペクトルデータを含んでいます. これには, EIMS以外にも, ESI-MS/MSやFABなど, 様々な手法で取得されたものが含まれます. 登録されている分子としては天然物, 環境汚染物質, 医薬品, 代謝産物などがあり, 科学的研究や教育目的で広く利用されています.

ユーザーはオンライン上で自由にデータベースにアクセスし, 必要な情報を検索・ダウンロードすることが可能です. また, 化合物名, 分子式, *m/z* など, 多岐にわたるパラメーターに基づいてデータを検索できるため, 非常に具体的な情報ニーズに対応することができます. さらに, スペクトルの類似性に基づく検索機能も提供されており, 未知の化合物の同定に役立ちます. ここでは, そのMassBankの基本的な使い方について紹介します.

a. MassBankの見つけ方と基本機能

① インターネットで"MassBank"と検索する (MassBank.jp).

② メイン画面 (図1) にて, "Search Spectra"を押す.

図1 MassBankのメイン画面

b. Basic Searchの使い方

もっとも基本的な使い方であるBasic Searchの使い方を説明します. 例えば, 自分の取得したスペクトルがもっともらしいか, といった確認が可能になります. EIMSの場合は, 図2のような設定にするとよいです (例は, "caffeic acid"を検索した場合). その結果, 図3のように検索候補が表示され, InChIKeyや化合物名などの化合物情報がリストアップされます.

c. Peak Listを用いた検索方法

Basic Searchの右のタブである"Peak List"のところに, 自分が調べたい (例えば未知の) EIMSスペクトルを, *m/z* とintensityをスペースで区切ったリストとして記入します (図4). 先ほどと同様，GC/MS データの場合は，EIMS が検索対象になっていることを確認して，Search ボタンを押します．

結果は図 5 のように閲覧可能であり，スペクトルの一致率がスコアとして表されます．

［津川裕司］

図 2　Basic Search の設定例

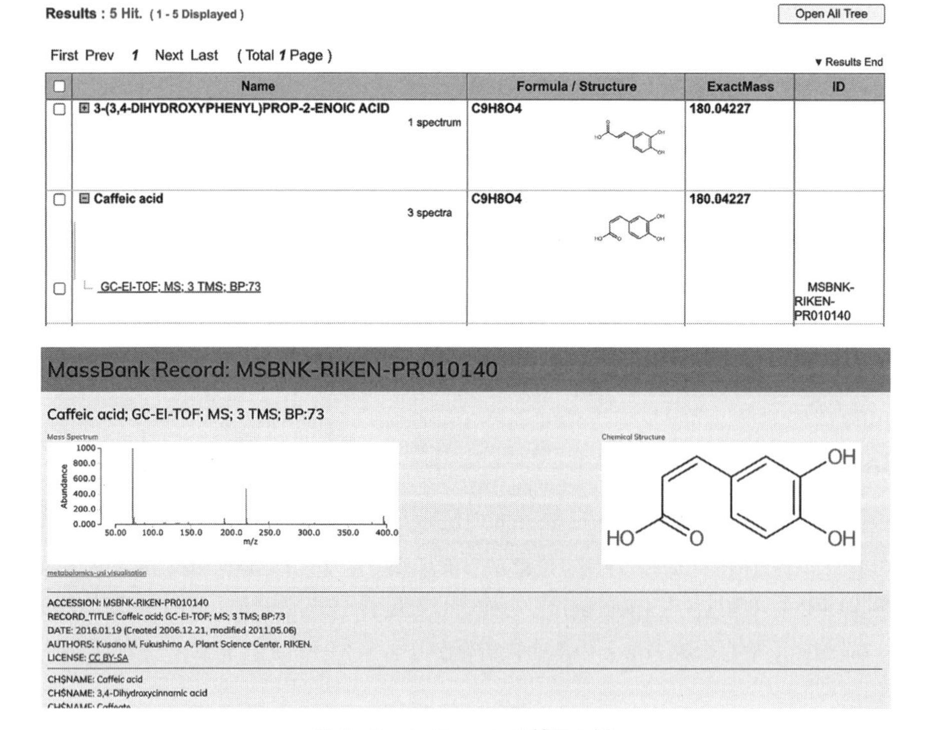

図 3　Basic Search の結果の例

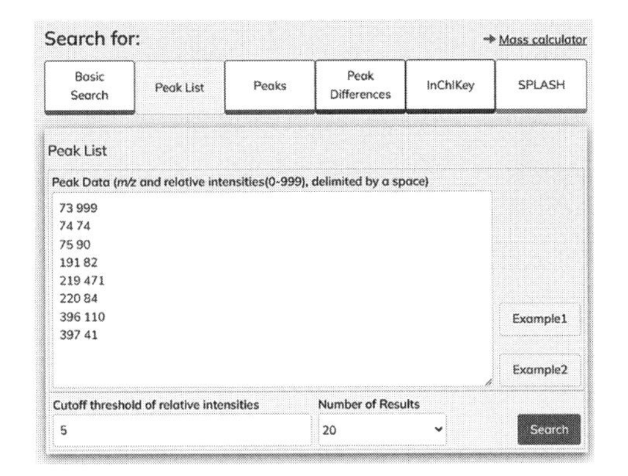

図 4　Peak List Search の設定例

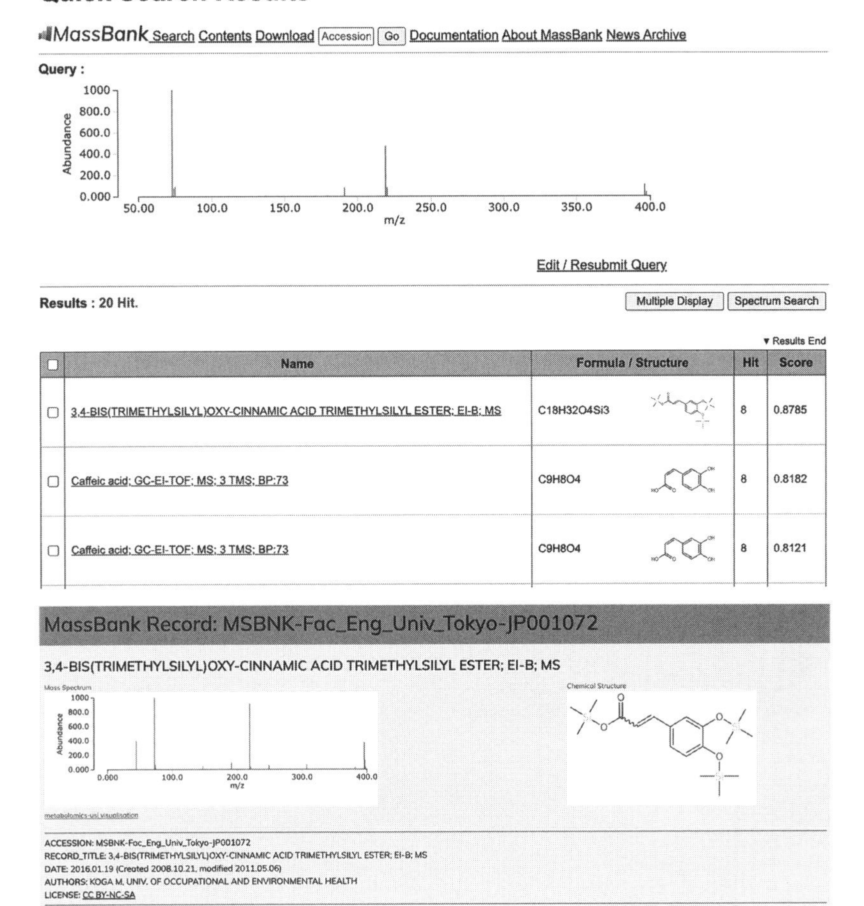

図 5　Peak List Search の結果の例

【引用文献】
1)　H. Horai *et al., J. Mass Spectrom.*, **45**(7), 703(2010).

Question 91

自分専用のライブラリーをつくるにはどうすればよいですか？

Answer

質量スペクトルライブラリーはNISTやWileyのような市販されているものもあれば，MassBankのように公共データとして利用できるものなど様々に存在します．そして当然，自前で構築したライブラリーであってもかまいません．市販のNISTやWileyのライブラリーから，農薬や香り成分などの欲しいスペクトルを抽出してライブラリーを編集する方法は，おおむねMSメーカーのソフトウェアがサポートしています．ここでは，メーカーのソフトウェアを利用する方法と，無償のソフトウェアを利用する方法の二つを紹介します．

a．メーカーのソフトウェアを利用する場合

メーカーから提供されるデータシステム内でライブラリーに新たに化合物を登録する場合の例を簡単に説明します．まずは感度が十分でイオン強度が飽和していない質量スペクトルを登録するようにします．質量スペクトル上にノイズがある場合は，フィルタリング機能があればそれを使うことが可能です．構造式はMolfileを使って登録し，化合物名，分子式，分子量，CAS番号，保持指標(RI)，保持時間(RT) などの情報は直接入力するのが一般的で，最終的に図1に示すようなユーザーライブラリーを作成することができます．また，ソフトウェアによっては，質量スペクトルの自動登録機能がある場合があります．全イオン電流クロマトグラム（TICC）をデコンボリューションによりピーク検出し，ライブラリー検索後，それらの情報をライブラリーソフトウェアに出力します．必要に応じて，それらの情報を修正します．

ただ，このライブラリーはユーザーが使用する装置に合わせたものですので，限定された範囲内で使用するのはよいのですが，汎用性の点で問題があります．

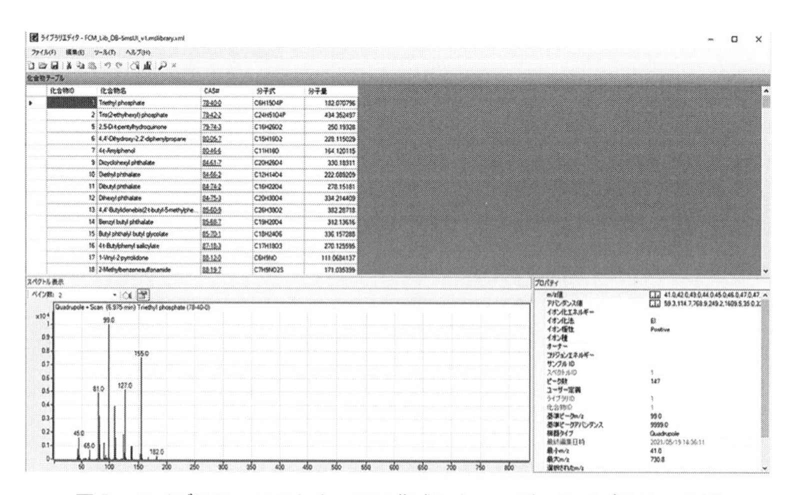

図1　ライブラリーソフトウェアで作成したユーザーライブラリーの例

b. 無償のソフトウェアを利用する場合

どのように，そしてどのような形式でスペクトルを登録すれば“自分専用の”ライブラリーが構築できるのかを説明します．もちろん，このライブラリーのつくり方というのは，使用しているソフトウェアによって異なります．そこでここでは，無償利用可能なNIST MS Search ProgramやMS-DIALというソフトウェアで読み込むことが可能な“自分専用のライブラリー”のつくり方を紹介します．NIST MS Search Programとは，その名の通りNISTが提供するライブラリー検索プログラムです．MS-DIALは，質量分析の計測データ（生データ）そのものをインプットし，そこからピーク検出・デコンボリューション・ライブラリー検索までを一貫して行うためのソフトウェアです．

企業のソフトウェアに実装されているライブラリーは人が理解できない形式（バイナリー形式）として記述されていますが，MS-DIALのようなフリーソフトウェアは人が理解できる形式，つまりASCII（テキスト）でライブラリーを作成しています．化合物名やそのスペクトルの登録フォーマットは，NISTが定義するMSPと呼ばれる仕様に従って記載します．フォーマットの詳細は，NIST Mass Spectrometry Data CenterやMS-DIALのWebサイト（下記）に記載されています．

・https://chemdata.nist.gov/dokuwiki/doku.php?id=chemdata:libraryconversion

・https://systemsomicslab.github.io/msdial5tutorial/#database-msp-or-text-for-compound-identification

また，MS/MS由来の質量スペクトルとEIMSのそれでは若干フォーマットが異なりますが，ここではEIMSライブラリーフォーマットについて説明します．オリジナルのNIST MSPフォーマットはかなり簡易的なものであり，化合物構造を定義するSMILESやInChIKeyなど必要な化合物メタデータ情報をすべて登録可能な入れ物は存在しません．そのため，MS-DIALでは独自に，SMILES・InChIKey・化合物オントロジーといったフィールドを読み込む機能が用意されています．ここではMS-DIALが想定しているフォーマットを紹介します（NIST MS Search Programでは，Commentsと呼ばれるフィールドに，自分が記載しておきたい情報を書き込む仕様があります）．

MSPフォーマットとは，具体的には以下のようなフォーマットを示します．

```
NAME: Molecule X
EXACTMASS: 276.1321364
FORMULA: C11H20N2O6
SMILES: OC(=O)CCC(NCCCCC(N)C(O)=O)C(O)=O
ONTOLOGY: Glutamic acid and derivatives
INCHIKEY: ZDGJAHTZVHVLOT-UHFFFAOYNA-N
RETENTIONTIME: 15.451
RETENTIONINDEX: 2442.662
QUANTMASS: 156
IONMODE: Positive
COLLISIONENERGY: 70eV
LICENSE: CC BY-SA
```

```
Comment:
Num Peaks: 4
85	111
86	59
87	8
88	6
NAME: Molecule Y
EXACTMASS: 180.0633881
FORMULA: C6H12O6
……（以下，化合物ごとにリストを続ける）
```

アンダーラインで示したところが，NIST が定義する必須項目です．1 行ごとに，必要なメタデータが記載されます．化合物レコードごとに，1 行空けて登録します．Num Peaks フィールドには，EIMS スペクトルのピーク数（プロダクトイオンの数）を入力後，そのあとから *m/z* と intensity のペアを羅列します．上記は，*m/z* と intensity をタブ区切りで格納していますが，スペースでもよいです．ここは，NIST のオリジナル定義を参照してください（かなりフレキシブルなフォーマットです）．

MSP フォーマットとは，以上のようなテキストファイルです．つまり，自分専用のスペクトルライブラリーは，テキストエディターで編集可能です．Windows OS の場合メモ帳(notepad)が標準でインストールされているテキストエディターになります．著者はより利便性の高い Notepad++ を利用していますが，好みのものを使用してください．

一方，このようなライブラリーフォーマットを手作業で作成するのはとても面倒ですし，タイプミスなども考えられます．そのため，例えば MS-DIAL では，登録したいスペクトルを MSP フォーマットでエクスポート（クリップボードにコピーすることや，ファイルとしてエクスポートも可能）することができます．また，このような自作 MSP ファイルを NIST MS Search Program で利用したい場合は，lib2nist（https://chemdata.nist.gov/dokuwiki/doku.php?id=chemdata:nist17#lib2nist_library_conversion_tool）より MSP フォーマットから NIST ライブラリーフォーマット（バイナリー形式）に変換できます．これにより，NIST MS Search Program で検索に利用することが可能となります．一方，MS-DIAL では，このようなバイナリー形式は読み込むことができず，ASCII 形式の MSP フォーマットのみをサポートしていることから，この変換が必要になってきます．

なお，ここでは MS-DIAL を例に説明しましたが，ほかの無償のソフトウェアでも同様なデータ取込みやバッチ処理，多検体同時処理が可能な場合が多く，解析時間の短縮や効率化を達成できます．

［津川裕司，中村貞夫］

QUESTION 92

MS Interpreter とはどのようなソフトウェアですか？

ANSWER

MS の解析を行うソフトウェアは多変量解析を含むものが急速に普及しつつありますが，従来の質量スペクトルの解析に主眼を置いたソフトウェアも多く使用されています．装置に付属のデータ解析ソフトウェアに組み込まれている場合も多いですが，そのほかにフリーで公開されているもの，および有償のものがあります．フリーのソフトウェアのうち，NIST が公開している MS Interpreter（https://chemdata.nist.gov/dokuwiki/doku.php?id=chemdata:interpreter）は NIST ライブラリーの利用と相まって広く使われているソフトウェアです．NIST の場合，よく知られているように NIST MS Search Program（MS を制御するソフトウェア（メーカーのソフトウェア）に標準機能として組み込まれている場合が多い）で質量スペクトルを検索することができ，一致率上位の化合物をリストアップし，測定データの質量スペクトルとライブラリーの質量スペクトルを比較することができます．NIST MS Search Program 上のライブラリーでヒットした質量スペクトルを MS Interpreter へ転送して解析を行うと，例えば質量スペクトル全般にわたってフラグメンテーションを推定できます．図 1 のようにフラグメンテーションを説明できるピークは黒色で，説明できないピークは白色で表示されます．各ピーク上部のマークをクリックすると，その開裂の様子が化学構造とともに表示されます．赤色がフラグメントイオン，黒色が脱離した中性フラグメント，緑色点線が開裂部位を示します（ここではカラー表示はできませんので，NIST のサイトへ実際にアクセスして体験することをおすすめします）．

［中村貞夫］

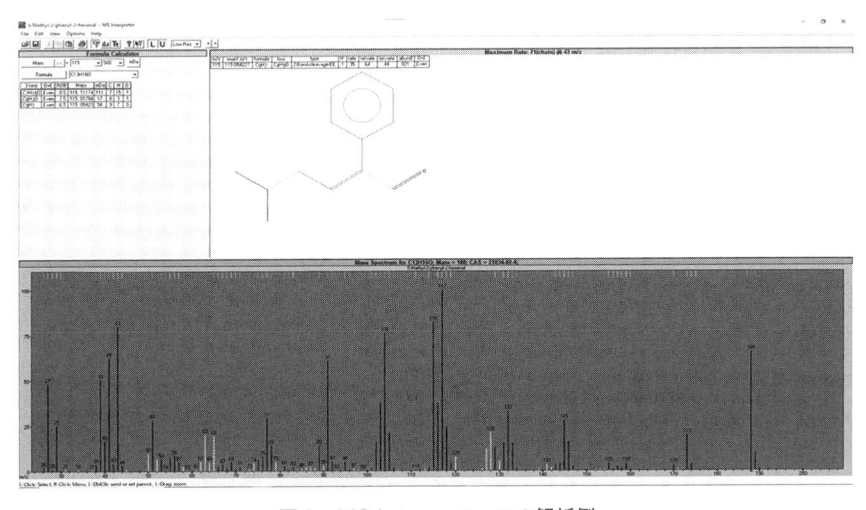

図 1　MS Interpreter での解析例

QUESTION 93

MS の**解析に用いるソフトウェア**について教えてください．

ANSWER

質量分析のデータの場合は，ピーク検出，デコンボリューション，ライブラリー検索，未知スペクトルの解釈，多変量解析といった様々なタスクに応じたソフトウェアが存在します．装置を制御するソフトウェアでは，計測データのクロマトグラムやスペクトルを確認するための機能が付属されていることが多いですが，一方で，すべてのタスクが一つのソフトウェア内で完結しているものもあります．昨今では，精密質量に基づく組成式計算やフラグメントイオン解釈ツール，ならびにNIST ライブラリーへの検索機能が標準機能として付属されているケースも多いです．

また，オミクス解析や多変量解析など，特殊なデータ処理が必要な場合もあります．その場合には，別途市販のソフトウェアを購入するか，フリーソフトウェアを自ら探して評価・検証のうえ，使用することになります．ここでは，GC/MS データの解析が可能な無料のフリーソフトウェアについて代表的なものを記載します．有償のものについては，各メーカーが出しているアプリケーションを参照して下さい．

〈ピークピッキングからデータ統合（データ行列の作成），簡便な多変量解析〉

・MS-DIAL：https://systemsomicslab.github.io/compms/msdial/main.html

・MZmine3：http://mzmine.github.io/

・OpenMS：https://openms.de/

・XCMS：https://xcmsonline.scripps.edu/landing_page.php?pgcontent=mainPage

〈統計解析や多変量解析〉

・MetaboAnalyst：https://www.metaboanalyst.ca/

〈未知スペクトルの探索〉

・CFM-ID：https://cfmid.wishartlab.com/

・MS-FINDER：https://systemsomicslab.github.io/compms/msfinder/main.html
（精密質量および分子質量関連イオンが同定される場合に限る）

上記には，生データの読込みやピークピッキング，さらには多検体データの統合などが一通り行えるものを記載しています．一方，“どのソフトウェアがよいのか？”について正確な回答は困難です．どちらかというと，ユーザーの大部分は性能・品質を評価して選ぶというよりは安さ・評判・好みで選ばれることの方が多いように思います．とくに有償ソフトウェアに関しては高価であるため，購入前にデモライセンスで使用感や目的との合致について確認することを推奨します．

［津川裕司］

QUESTION 94

イオンの精密質量を推定できる MassWorks というソフトウェアについて教えてください．

ANSWER

米国 Cerno Bioscience 社が開発したソフトウェアである MassWorks では，四重極（Q）形などユニットマス分解能の質量分析計で得られる質量スペクトルから小数点以下 4 桁までの精密質量を算出することができます．また，MassWorks では同位体比の補正も同時に行っており，同位体比率プロファイルの一致率（spectral accuracy，質量ピーク確度）を用いて組成式推定の精度を向上させています．

a．精密質量の算出と組成式推定

(1) 測　定

MassWorks で解析を行うためには，プロファイルモードによる測定とキャリブレーション用既知標準物質の測定が必要になります．キャリブレーションには既知標準物質，もしくは質量分析計の校正（チューニング）で使用されるペルフルオロトリブチルアミン（PFTBA）を用いることもできます．後者は広い質量範囲でフラグメントが得られ，あらかじめ測定試料に添加する必要もないため（測定中に質量分析計から自動添加），使い勝手に優れています．

(2) キャリブレーションと精密質量の算出

Cerno Bioscience 社の特許技術である TrueCal[1] を用いたキャリブレーションでは，測定で得られた既知標準物質の質量スペクトルを理論値に変換するための補正関数を算出します．解析対象物質の質量スペクトルはこの補正関数により正規分布（ガウス分布）に変換されることで，質量軸の精度が向上し，精密質量の算出が可能になります．図 1 に PFTBA のフラグメントイオン $C_4F_9^+$（m/z 218.9851）のキャリブレーション適用前後の質量ピークを示します．キャリブレーションを適用することで $C_4F_9^+$ の精密質量が 218.9855 と算出され，理論値との誤差は 0.46 mDa となっています．

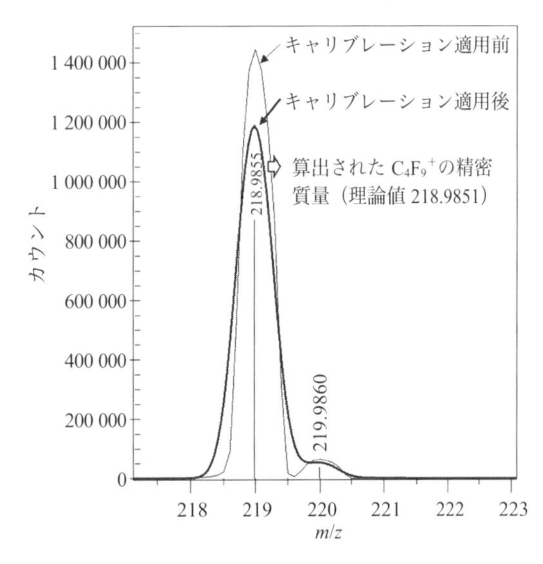

図 1　PFTBA のフラグメントイオン $C_4F_9^+$（m/z 218.9851）のキャリブレーション適用前後の質量ピーク

(3) 組成式推定

MassWorks では Calibrated Lineshape Isotope Profile Search（CLIPS）による組成式推定を行います．CLIPS では算出された精密質量情報

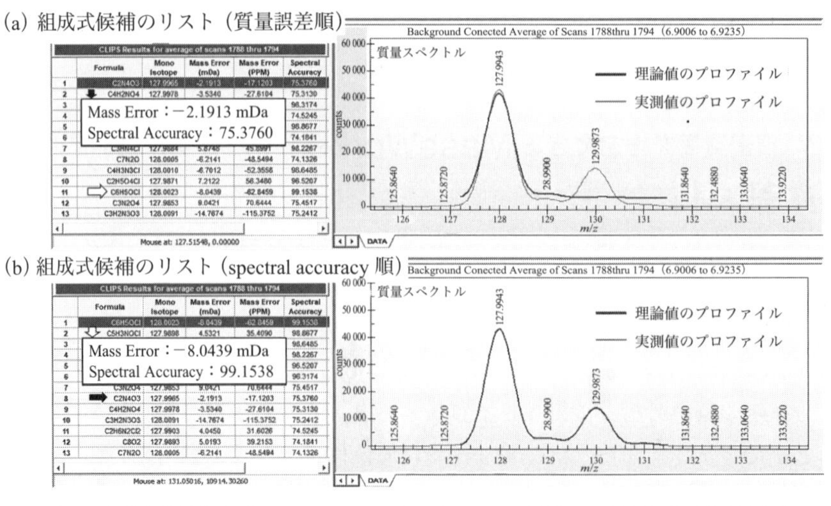

図２　標準試料溶液中のp-クロロフェノール（C_6H_5ClO）の CLIPS 解析結果画面

（a）質量誤差順，（b）spectral accuracy 順

に基づき，検索質量範囲で得られる組成式候補をリスト化します．次に，組成式候補の同位体比率プロファイルを実測値と比較し，その一致度（spectral accuracy，質量ピーク確度）に応じて順位付けを行うことで，組成式推定の精度を向上しています．

質量分析計への導入量が 1 ng となる条件で標準試料溶液の GC/MS 測定を行い，p-クロロフェノール（C_6H_5ClO）の分子イオン（ベースピーク）を CLIPS により組成式推定した結果を図 2 に示します．質量誤差順では $C_2N_4O_3$ が 1 番目の候補となり，C_6H_5ClO は 11 番目の候補でしたが（図 2(a)），spectral accuracy 順を用いることで C_6H_5ClO が 1 番目の候補となり，$C_2N_4O_3$ は 8 番目となっていることがわかります（図 2(b)）．

b．応用例

組成式推定では，解析対象物質の質量スペクトルにおける分子イオンの強度が重要となります．また，より質の高い質量スペクトルを得るため夾雑物質との分離も重要となり，元素情報なども組み合わせた解析が有用になります．落合ら[2] はダイナミックヘッドスペース法による試料抽出，二次元 GC-MS と元素選択形検出器である硫黄化学発光検出器（SCD）との同時検出を組み合わせ，ウィスキー中の未知硫黄化合物の組成式推定を行っています．

また，MassWorks では同位体組成の異なる質量ピーク同士の比率を推定することも可能です．力石ら[3] はアミノ酸の 1 種であるアラニン（誘導体化物）の質量ピークについて，標識した安定同位体の存在割合を計算し，分子内の標識位置を特定することが可能であることを報告しています．

［笹本喜久男］

【引用文献】

1） Y. Wang, M. Gu, *Anal. Chem.*, **82**, 7055 (2010).
2） N. Ochiai, K. Sasamoto, K. MacNamara, *J. Chromatogr. A*, **1270**, 296 (2012).
3） 力石嘉人，滝沢侑子，布浦拓郎，低温科学，**79**，23（2021）.

QUESTION 95

GC/MS のデコンボリューションとはなんですか？

ANSWER

a．GC/MS のデコンボリューション[1,2]

GC/MS におけるデコンボリューション（deconvolution）とは，全イオンモニタリング（例えば四重極形の Scan モード）で採取した質量スペクトル上に観測されているイオンを使用し，共溶出するピーク群（混合波形）に対して演算処理を行い，個々の成分を分離・抽出し，それらの質量スペクトルを得る方法です．

重なっているピークの各 *m/z* のマスクロマトグラムより，同一の保持時間（RT）および同一のピーク形状を有するイオン（*m/z*）を抽出し，一つのピークの質量スペクトルとして再構築します．このスペクトルをデコンボリューション質量スペクトル（deconvoluted mass spectrum）と呼びます（図 1 の a〜d のスペクトル）．四重極形，飛行時間形，オービトラップ形など，質量分析計のデータ採取方法や特徴によって，ソフトウェアの最適化がはかられています．

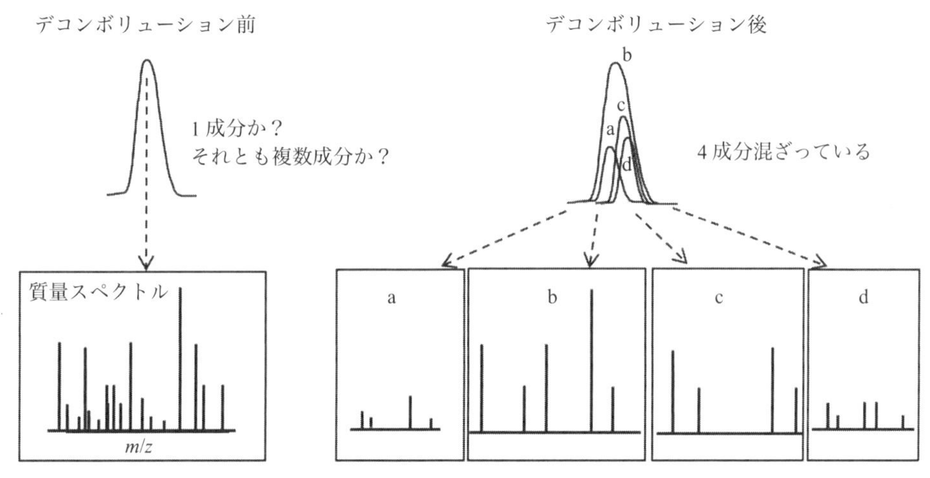

図 1　GC/MS のデコンボリューションの考え方

［M. Hada, *J. Jpn. Assoc. Odor Environ.*, **52**(4), 221(2021)］

キャピラリーカラムを用いた GC の分離能は高いですが，多成分一斉分析や，食品中の機能性成分や残留農薬の測定などでは，複数の化合物がほぼ同時に溶出しピークが重なってしまうことが多々あります．フラグメーションを起こした EI スペクトルからは，ハロゲン化合物などから生じる特別なイオンを除いて，もとの分子の構造や重なるピークの推定をするのは困難です．不分離ピークを分離する，夾雑成分と重なる微量のターゲット成分を抽出するのにデコンボリューションソフトウェアは便利で，次の手順で解析が行われます．

① 共溶出する分析種をデコンボリューションして，それぞれの単一なスペクトルに再構築する
② 保持情報とデコンボリューションスペクトルから各分析種を同定し，必要に応じて定量する
デコンボリューションに際して注意する点は，以下の 3 点です．

- 不分離ピークに対するデータ採取の間隔の最適化(内径 0.25 mm カラム昇温分析の場合 20〜30 Hz 程度)．四重極形の場合，データ採取の間隔やドゥエルタイムなどの設定で *m/z* の小さいイオンと大きいイオンで時間差が生じています（Q55 参照）．適切にデータ採取ができていれば気にする必要はありません．この時間差を補正してデコンボリューションするソフトもあります．
- デコンボリューション質量スペクトルとライブラリーに収録されているスペクトルの乖離による誤同定．ライブラリーに収録されてない分析種の場合，近い候補が提示されてしまうこともあります．
- 連続分析（バッチ処理）で，重なるピークの量比が大きく変わるときなどは，デコンボリューションスペクトルが妥当か確認する必要があります．

構造が類似している分析種の解析を行うときは，デコンボリューションだけに頼るのではなく，カラムを替える（異なる極性の固定相を用いる）など分離の改善をおすすめします．また，EI だけでなく CI などのソフトイオン化を試してみるのも，共溶出する分析種の分子イオンの情報が整理されてよいでしょう．

b．デコンボリューションの種類

デコンボリューションには，いくつかの方法が提案されています．例えば，Gauss 分布や Cauchy 分布などの既知関数を使用して，重なっているピークを誤差がもっとも小さくなるように各ピークの形状を求める処理法があります．ピークフィッティング法と呼ばれるこの方法は，あらかじめ着目する溶出域に共溶出する成分数が決まっている場合に有効です．また，使用する関数として既知の関数を用いるのではなく，実試料由来のピーク形状をそのまま利用し，最小二乗法に基づいてカーブフィッティングを行うことでデコンボリューションを行うプログラムもあり，その例として AMDIS（Automated Mass spectral Deconvolution and Identification System）があります[3]．既知の標準スペクトルを混合スペクトルから減算することで未知成分のスペクトルを抽出する“スペクトルサブトラクション法”は，対象が決まっている場合に便利です．

さらに，これらのデコンボリューションを多成分分析に応用するために，スペクトルデータベース内の既知スペクトルとの整合性に基づいて混合物の成分を同定し，分離する方法なども考案されています[4]．また，ケモメトリックス・多変量解析を利用したデコンボリューションもいくつか考案されています．この方法は，GC/MS のデータを，保持時間と *m/z* ごとにピーク強度情報が格納されたデータ行列として捉え解析することが特徴で，データ行列からの特徴の検出にケモメトリックス手法を適用した multivariate curve resolution（MCR）と呼ばれる方法もあります[5]．これらの方法論は単独または組み合わせて利用されています．

デコンボリューションは，LC/MS/MS の DIA(data independent acquisition，データ非依存的取得法）などでも活用されていますが，化合物の同定がライブラリーとのパターン一致に依存する GC/MS では“純粋な”スペクトル情報を再構築するデコンボリューションは必須なソフトウェア

といえるでしょう．分析目的やサンプルの性質に応じて，最適なデコンボリューションを選択することが大切です．Q96 で AMDIS を，Q97 で MS-DIAL，MassHunter（アジレント・テクノロジー），GC-Analyzer（MsMetrix 社），Analyzer Pro XD（SpectralWorks 社），msFineAnalysis シリーズ（日本電子），Deconvolution Plugin（サーモフィッシャーサイエンティフィック）を紹介します．

［津川裕司，古野正浩］

【引用文献】

1） 津川裕司，*J. Mass Spectrom. Soc. Jpn.*, **72**, 21(2024).
2） M. Hada, *J. Jpn. Assoc. Odor Environ.*, **52**(4), 221(2021).
3） S. E. Stein, *J. Am. Soc. Mass Spectr.*, **10**, 770 (1999).
4） E. Stancliffe, M. Schwaiger-Haber, M. Sindelar, G. J. Patti, *Nat. Methods*, **18**, 779(2021).
5） A. Smirnov, Y. Qiu, W. Jia, D. I. Walker, D. P. Jones, X. Du, *Anal. Chem.*, **91**, 9069(2019).

Question 96

AMDISってなんですか？　成り立ち，使用例について教えてください．

Answer

a.　AMDISとは

AMDISはAutomated Mass spectral Deconvolution and Identification Systemの略で，米国国防脅威削減局（DTRA）の支援を受けて主要な国際条約である化学兵器禁止条約を検証するという重要な任務のためにNISTで開発されました．2年以上の開発期間と非常に広範なテストを経て，1999年にデコンボリューションソフトウェアとして発表され，現在では一般的な分析化学コミュニティにも無償で提供されるようになりました．AMDISはGC/MSで分析した混合物中の各成分のスペクトルを抽出し，ターゲット化合物を同定するプログラムです．複雑なクロマトグラムから純粋な成分のスペクトルと関連情報を抽出し，この情報を使って，その成分が参照ライブラリーに登録される化合物の一つとして同定できるかどうかを判断する統合的な手順のセットです．実用的な目標は従来法の高い信頼性を維持しながら，GC/MSによる化合物の同定にかかる労力を削減することです．具体的には，連続したスペクトル測定と，測定範囲内の全*m*/*z*のイオンの時間的変化をモニターし，同時に上昇・下降するイオンをすべて見つけ出します．その後，それらを一つの成分に関連付け，スペクトルを再構築し，保持指標のライブラリーと比較します．

図1は，より大きな成分が共溶出するときに，単一の成分がどのように見えるかを示しています．この場合，*m*/*z* 83のイオンは，*m*/*z* 111および158のイオンと形や最大化する時間が異なります．したがって，111と158のイオンは成分の一部と見なされますが，83のイオンはそうではないことがわかります．この場合，TICCを見ただけでは，*m*/*z* 111および158が最大化する時間である9.36 minに成分があると気付けないことに注意してください．

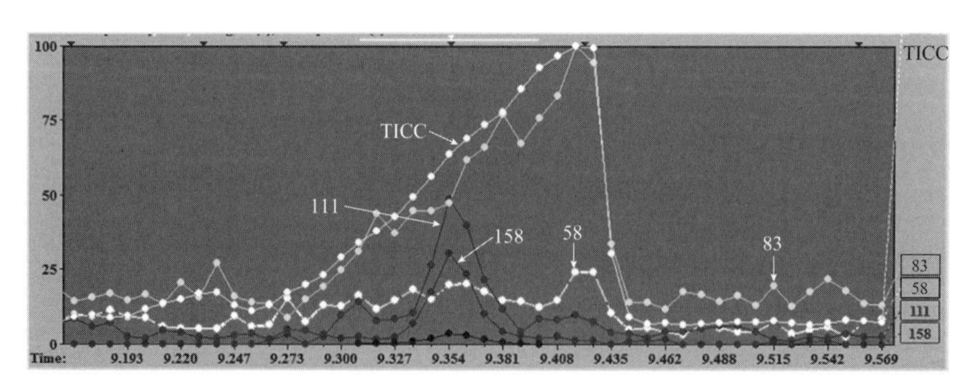

図1　大きな成分が共溶出する微量成分のマスクロマトグラムの表示例

b.　AMDIS の操作例

AMDIS では，デコンボリューションされ再構築された単一成分をコンポーネント（component）と呼び，画面では最上ウィンドウに▼印がそのピーク上部に付きます（図 2）．その各コンポーネントについて，ターゲットライブラリー（例えば，農薬のライブラリー）を用いたスペクトル検索を行い，一致率および保持指標（RI）（あるいはロッキングした RT）が設定条件を満たせば，AMDIS 画面上に T 印がそのピーク上部に付きます．この RI での制限は任意ですが（RI を設定しなくともよい），使用することで確度を高くすることができます．AMDIS 画面の最下ウィンドウに，デコンボリューションしたコンポーネントの質量スペクトル（白色）とターゲットライブラリーの質量スペクトル（黒色）が表示されます．第 2 段目のウィンドウ右横にそのコンポーネントのライブラリー検索結果として成分名，スペクトル一致率，RT のずれ幅などが表示されます．また，各コンポーネントについては，NIST ライブラリーを用いる検索が可能であり，例えばターゲットライブラリーでは特定されなかったコンポーネントについてのみ検索を行うこともできます．このように，AMDIS はデコンボリューションにより純粋な質量スペクトルを取り出し，それに対してターゲットライブラリーや NIST ライブラリーを用いる検索を行うため，不特定成分の検出，同定に際して迅速，自動で信頼性の高い結果が得られます．

AMDIS のパラメーターは“Analyze”メニューの“Settings”を選択し，設定を行います．低濃度の対象成分の見逃しを少なくするには，“Identif.”および“Deconv.”タブの設定に注意する必要があります．図 3 および図 4 にそれぞれの設定画面を示しました．とくに，設定画面に下線を付けたパラメーターに留意してください．“Identif.”タブにおいては，スペクトル検索の最小一致

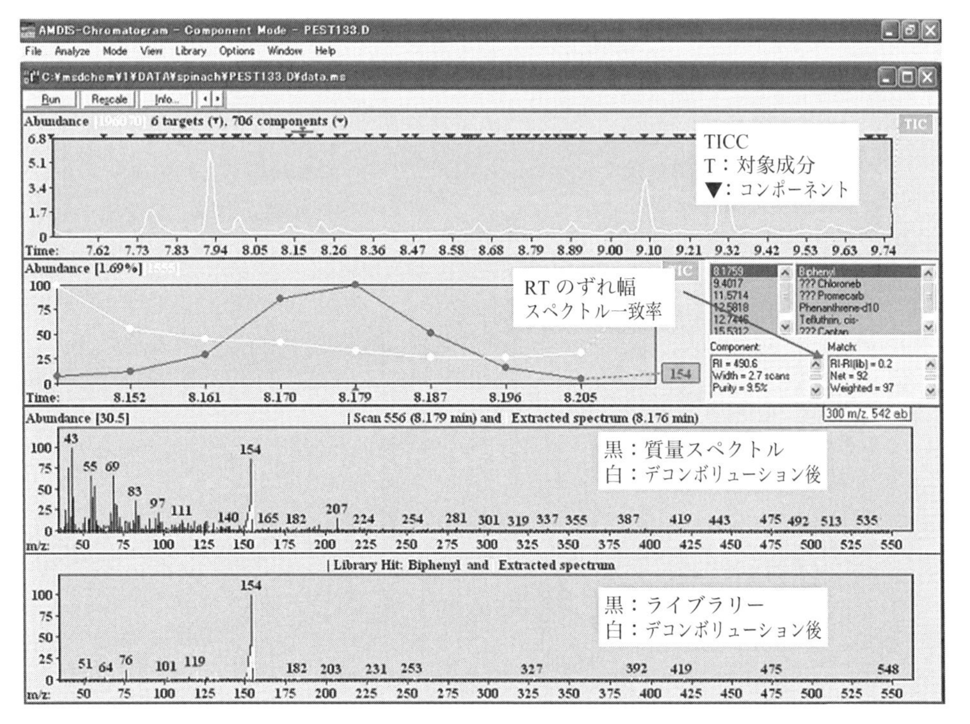

図 2　AMDIS の画面

図３　AMDIS の“Identif.”設定画面

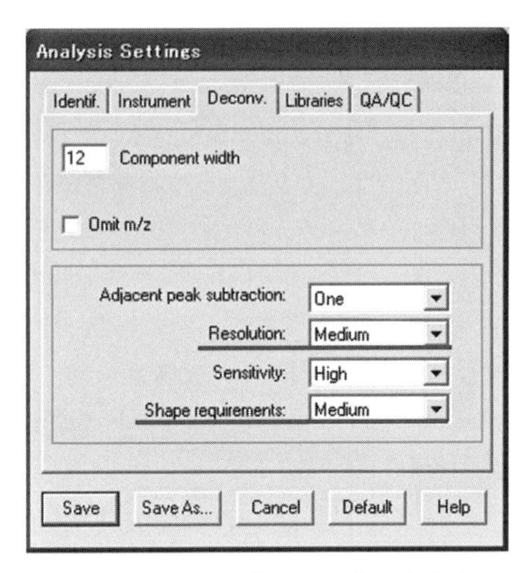

図４　AMDIS の“Deconv.”設定画面

率，RI のフィルター条件を設定します．Minimum match factor は 35～45 の間で設定します．一致率は，>80 % で検出，60～80 % で検出可能性大，40～60 % で要確認，<40 % で不検出可能性大が目安になります．“Deconv.”タブにおいては，デコンボリューションのパラメーターを設定します．Resolution，Shape requirements をデフォルトから変更します．Resolution を High，Shape requirements を Low に変更することで，低濃度の対象成分の見逃しを少なくすることができます．

c．使用例

食品試料はマトリックスを構成する成分が多いため，何が使われているか不明の農薬成分を分析するのは非常に困難を伴います．玄米抽出物の分析例について紹介します．図５に，玄米抽出物の全イオン電流クロマトグラムを示しました．強度の大きいピークは玄米の組成由来成分で，残留農薬は微小ピークの場合が多いため，通常は，対象農薬を決めて，RT および代表的な *m/z* のクロマトグラムによりピークを確認します．一方，AMDIS では，デコンボリューションにより純粋な質量スペクトルを得て，ターゲットライブラリー（質量スペクトルおよび RT を登録）を用いる検

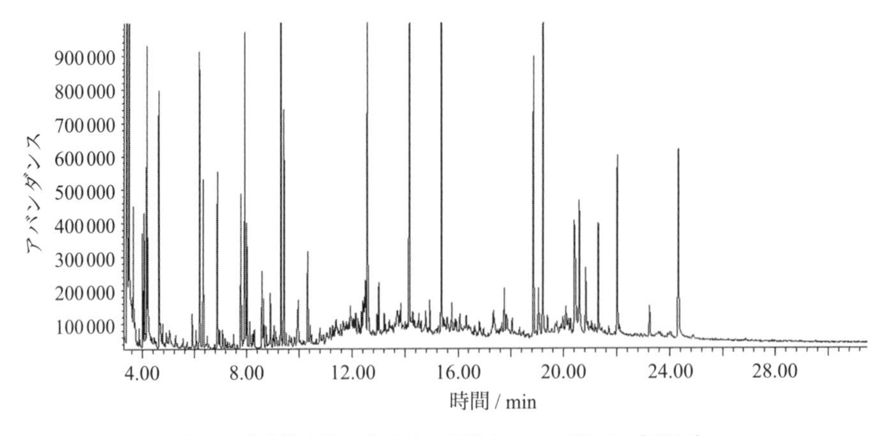

図５　玄米抽出物の全イオン電流クロマトグラム（TICC）

表1　玄米抽出物のADMISの結果および検出農薬の定量値，陽/陰性

農薬	一致率(%)	RTずれ幅/s	定量値/ppm	陽/陰性
Biphenyl	45	−0.1	0.001	陽性
Dithiopyr	67	−0.1	0.005	陽性
Esprocarb	42	0.3	0.003	陽性
Pendimethalin	40	−0.1	0.008	陽性
Tricyclazole	72	−3.2	—	陽性
Mepronil	93	−0.1	0.039	陽性
Pyriproxyfen	67	0	0.012	陽性
Ethofenprox	86	−0.1	0.026	陽性
Promecarb	43	8.5		陰性
Spiroxamine 1	44	−5.3		陰性
Metribuzin	43	7.9		陰性

索を行い，スペクトル一致率およびRTにより絞り込みを行います．表1に，玄米抽出液をGC/MSで測定し，そのデータをAMDISで処理した結果（農薬名，スペクトル一致率，RTのずれ幅）および検出農薬の定量値，陽/陰性を示しました．定量値は，標準品による検量線を用いて算出しました．陽/陰性は，マニュアル解析により確認を行いました[1]．ライブラリーは，アジレント・テクノロジー製G1675AA日本のポジティブリスト農薬用データベース（431種登録）[2] を使用しました．AMDISにより，農薬11成分が検出されましたが，マニュアル解析によりそのうち3成分（表1の下3成分）が偽陽性であることがわかりました．それら3成分については，RTのずれ幅が5 s以上，スペクトルの一致率も45 %以下で，とくに，RTのずれ幅は，陽/陰性の判断に非常に有効でした．一般に食品試料の多成分一斉分析における解析では，偽陽性が非常に多く検出されますが，AMDISでは偽陽性を大幅に減らすことができ，解析作業の効率化につながります．

［中村貞夫］

【引用文献】
1)　National Institute of Standards and Technology（NIST），Mass Spectrometry Data Center（2021）．
2)　P. L. Wylie, Agilent Technologies, 5989-7436EN（2007）．

【参考文献】
・AMDIS-USER GUIDE, https://chemdata.nist.gov/mass-spc/amdis/docs/amdis.pdf
・中村貞夫，ぶんせき，**2008**，358.

Question 97

GC/MS で用いる **AMDIS 以外のデコンボリューションソフト**について教えてください.

Answer

デコンボリューションソフトのアルゴリズムには様々な種類があり，いまも進化を続けています(Q95). 一方，分析ニーズも農薬や有害物質測定などのターゲット分析，NIST のライブラリーには登録されているかもしれないが保持情報が不明な成分の構造推定，大規模な臨床検体でのコホート研究など様々です. 目的に適したソフトウェアを導入する必要があります.

各 GC-MS メーカーのソフトウェアもデコンボリューション機能を搭載したものが充実しています. デコンボリューション後に保持指標（リテンションインデックス，RI）や質量スペクトル検索，その他の化合物予測機能を搭載するなど，各社の得意分野が色濃く反映されており，今後はソフトウェアの機能から使用する装置を選ぶ，というのも新しい時代の選択方法かもしれません.

以下，よく用いられるデコンボリューションソフトを紹介します.

a. MS-DIAL（無償）

メタボロミクス分野では人気のあるソフトウェアで，ホームページから無償でダウンロードできます[1]. ソースコードもオープンソースとして公開されており，質問や議論ができるフォーラムも整備されています[2]. また，デモデータ・使い方・機能を説明する YouTube コンテンツも充実しています[3]. さらに，年に 1 回メタボロミクスソフトウェア講習会が開催されており，そこで実践形式で学ぶことも可能です. 使い方を学習する環境は十分に整備されていますので，自分自身のデータについて最適なベンチマークを設け，パラメーターの最適化を行うとよいでしょう. 例えば，生体試料抽出液に，濃度のわかっている標準品を複数添加しておき，その標準品がしっかりとほかと区別されてアノテーション・定量できるかなどを指標に，パラメーターを検討することで誤同定が減らせます.

代謝物のスペクトルと RI などが収納されたライブラリーは無償で利用できます. もちろん，NIST のライブラリーや自身で作成した RI も利用すれば農薬や精油の解析にも使用できます.

b. MassHunter（アジレント・テクノロジー，有償）[4]

MassHunter Unknowns Analysis ソフトウェアでは，図 1 に示すように，左上ウィンドウにコンポーネント数が表示されます. その各コンポーネントを，ターゲットライブラリー（例えば，異臭のライブラリー）を用いるスペクトル検索を行い，一致率および RI（あるいはロッキングした保持時間（RT））が設定条件を満たせば，ヒット数として表示されます. この RI での制限は任意ですが（RI を設定しなくともよい），使用することで確度を高くすることができます.

Unknowns Analysis 画面の右下ウィンドウには，デフォルトでは，デコンボリューションしたコ

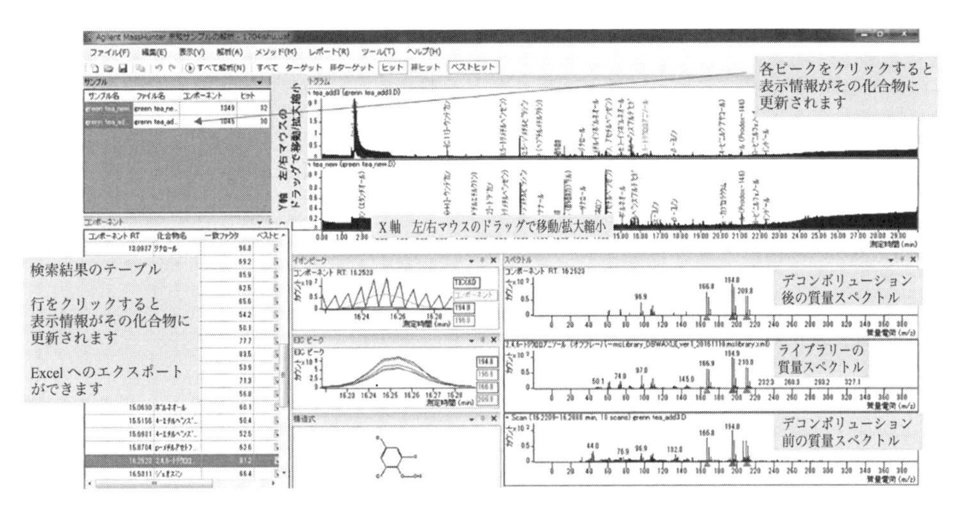

図1　MassHunter Unknowns Analysis の画面

ンポーネントの質量スペクトルとターゲットライブラリーの質量スペクトルが表示されます．さらに図1のようにデコンボリューション前の質量スペクトルを表示することも可能です．左下ウィンドウにそのコンポーネントのライブラリー検索結果として化合物名，スペクトル一致率，RT のずれ幅などを表示することができます．これらの情報は Excel 形式で簡単にエクスポートが可能です．また，各コンポーネントについては，NIST などの汎用ライブラリーを用いる検索も可能です．このように，デコンボリューションにより純粋な質量スペクトルを取り出し，それに対してターゲットライブラリーや NIST ライブラリーを用いる検索を行うため，未知成分の検出，同定に対して迅速，自動で信頼性の高い結果が得られます．

c．GC-Analyzer（MsMetrix 社，有償）[5)]

M. Ruijken が国際的な香料会社の要求により開発した GC-Analyzer（以下 GCA）は，各分野のデータ解析が可能ですが，なかでも植物抽出液や精油，また，生薬，香辛料や加工食品などの揮発性成分など，複雑なデータ解析向けに設計されています．一般的な四重極形 MS の化合物検知機能とは異なるアルゴリズムを用いることにより，ピーク検出感度が高いだけでなく，大きなピークの下で共溶出する微量の不純物を見つけることを得意とし，誤検知の問題がほとんどないようにつくられています．GCA は四重極形 MS 特有のデータ採取時に生じるイオンクロマトグラムの歪みを補正する機能があるため，四重極形 MS のデータでも TOFMS と同等，あるいはそれ以上のデコンボリューションを実施しますが，もちろん TOFMS においても高い解析能力を発揮します．実際に2種のフレグランスのわずかな違いを識別するコンテストで優勝しています．また，製品管理用にも利用されており，正常品とクレーム品の違いなどを見つける作業を得意とします．化合物検索には，NIST や Wiley など市販の質量スペクトルライブラリーを使用でき，各社で独自に作成したプライベートライブラリーも NIST フォーマットに変換して GCA 内で使用することが可能です．化合物確認にはライブラリー検索以外に RI の値を利用してフィルタリングができます．カラム選びをする際に，分離を重視するか，それとも類似スペクトルによる誤認識をなくすために無極性カラムを用いて解析の安定性を重視するかで悩むような場合は，GCA のような高機能デコンボリューションソフトウェアを使用することにより，本当に使いたい固定相のカラムを選ぶことができます．欧米を中心に利用者が急増しているGCAは，正確な化合物同定を目指すGC-MS分析者の要望を満たすためだけに設計された新世代のソフトウェアです．

d．AnalyzerPro XD（Spectral Works社，有償）[6]

GC/GC/MSなども対応．多変量解析などの様々な機能がパッケージ化されています．

e．msFineAnalysisシリーズ（日本電子，有償）[7, 8]

QMS版[7]とTOFMS版[8]があり，ともにGC/EIとソフトイオン化法により得られたデータ二つを用いた定性分析が可能です．ソフトイオン化法データを自動で確認することで誤同定を防ぎます．TOFMS版ではAIを活用した未知物質解析も可能です．

f．Deconvolution Plugin（サーモフィッシャーサイエンティフィック，無償）[9]

GC-MSスペクトルライブラリーのRI情報に対応し，フィルタリング機能を用いたサーチ結果の精査が可能です．さらに多群間比較のためにピークリストを統合するRTアライメント機能を有します．

g．その他のデコンボリューション機能を有するソフトウェア

各GC-MSメーカーのソフトウェアもデコンボリューション機能を搭載したものが充実しています．デコンボリューション後にRIや質量スペクトル検索，その他の化合物予測機能を搭載するなど，各社の得意分野が色濃く反映されており，もはや，ソフトウェアの機能から使用する装置を選ぶ，というのも新しい時代の選択方法といえるでしょう．

［生方正章，津川裕司，土屋文彦，中村貞夫，羽田三奈子］

【引用文献】

1) https://systemsomicslab.github.io/compms/index.html
2) https://github.com/systemsomicslab/MsdialWorkbench
3) https://www.youtube.com/channel/UCqenLpHsAKkEwHiFQAH1otw
4) https://www.agilent.com/Library/usermanuals/Public/G3336-96018_Qual_Familiarization.pdf
5) https://www.gen-scent.com/product/software/gc-ms-deconvolution-software
6) https://spectralworks.com/software/
7) https://www.jeol.co.jp/products/scientific/ms_software/msFineAnalysis-iq.html
8) https://www.jeol.co.jp/products/scientific/ms_software/msfineanalysis-ai.html
9) https://assets.thermofisher.com/TFS-Assets/CMD/Technical-Notes/tn-10624-gc-ms-deconvolution-plugin-tracefinder-tn10624-en.pdf

QUESTION 98

MS のデータフォーマットにはどのような形式がありますか？　ほかの装置でのフォーマットを読めない場合は，どのように処理すればよいですか？

ANSWER

a.　MS のデータフォーマット

ほとんどのユーザーにとって，データフォーマットの違いは“ファイルの拡張子が違う”，という認識でよいように思います．ただ，正確にはフォーマットという言葉と拡張子という言葉は意味が異なり，“ファイルの拡張子”とは，ファイル名の末尾にあるピリオド“.”に続く数文字のことを指します．この拡張子はファイルの種類や使用するプログラムを示す目安となっています．例えば，“document.docx”の“.docx”が拡張子であり，Microsoft Word で作成された文書ファイルであることを示しています．一方，“ファイルフォーマット”とは，データがどのようにビット（0 と 1）として格納されているか，つまりその構造と解釈の方法を定義するものです．ファイルの拡張子は通常，特定のファイルフォーマットを示すことになりますが，“フォーマット”は拡張子よりも広い概念です．例えば，島津製作所の GC-MS から出力されるデータは“*.qgd”，アジレント・テクノロジーの装置からは“*.d”，サーモフィッシャーサイエンティフィックの装置からは“*.raw”という拡張子ファイルが出力されます．このような拡張子は，装置メーカーごとに統一されていますが，実際の中身（データフォーマット）は機種ごとに異なっています．

装置のデータは通常，人間が読めるテキスト（ASCII）形式ではなく，コンピューターでの処理を意図したバイナリー形式です．そして，メーカーごとにバイナリーファイルの内部構成（フォーマット）は異なります．またメーカーによっては，そのバイナリーファイルの仕様を公開していない場合もあり，装置から出力されたデータをソフトウェアで直接読み込めない場合も出てきます．

b.　共通フォーマット

装置メーカーのデータフォーマットを“共通フォーマット”と呼ばれる形式に変換することで，いろいろなソフトウェアで読み込むことが可能となります．GC/MS では代表的なものに，NetCDF（network common data form）があり，多くのソフトウェアでサポートされている形式です[1]．一方，昨今の GC/MS/MS といったタンデム形質量分析より得られるデータは，NetCDF の規格では対応が困難です．LC/MS や LC/MS/MS では，これまで mzML という ASCII 形式の共通フォーマットが推奨されており，このフォーマットは GC/MS/MS にも対応しています．これら二つの形式は通常，メーカーのソフトウェアの出力機能としてサポートされているはずです．もし仮に出力がサポートされていない場合でも，ProteoWizard（https://proteowizard.sourceforge.io）のウェブサイトより配布されている msconvert というソフトウェアにより変換可能であることが多いですが[2]，世界的には，mzML フォーマットが標準でしょう．このような共通フォーマットの最大の利点は，有償・

無償にかかわらず，様々なソフトウェアで解析することが可能になる点です．ちなみに，mzML は ASCII（テキスト）形式のデータであることから，人間が理解できるようにデータが XML 形式格納されているため，例えば notepad++ のようなテキストエディターで開くことが可能です．

昨今では，学術論文を投稿するにあたり，計測の生データを登録する必要が出てきています．投稿は，装置メーカーフォーマットのまま行えます．装置メーカーのデータから mzML へ変換は可能ですが，mzML から装置メーカーのフォーマットへの変換はできないことから，オリジナルデータの登録が推奨されています．データの投稿先としては，メタボロミクス分野では Metabolomics Workbench[3] や MetaboLights[4] が有名です．　　［津川裕司］

【引用文献】

1） https://www.unidata.ucar.edu/

2） D. Kessner, M. Chambers, R. Burke, D. Agusand, P. Mallick, *Bioinformatics*, **24**, 2534（2008）.

3） M. Sud, E. Fahy, D. Cotter, K. Azam, I. Vadivelu, C. Burant, A. Edison, O. Fiehn, R. Higashi, K. S. Nair, S. Sumner, S. Subramaniam, *Nucleic Acids Res.*, **44**, D463（2016）.

4） N. S. Kale, K. Haug, P. Conesa, K. Jayseelan, P. Moreno, P. Rocca-Serra, V. C. Nainala, R. A. Spicer, M. Williams, X. Li, R. M. Salek, J. L. Griffin, C. Steinbeck, *Curr. Protoc. Bioinform.*, **53**, 14.13.1（2016）.

QUESTION 99

異なるメーカーのGC-MSで取ったデータを解析できるソフトウェアについて教えてください.

ANSWER

GC-MSを販売しているメーカーは多く存在します. もちろん, 装置に付属しているソフトウェアで十分な解析が行えているのであれば, 問題はありません. しかしながら, 所属機関で新しいGC-MSを購入したり, 異動先で別メーカーの装置が稼働していても多検体解析の結果を早急に求められたりするケースもあるでしょう. そのような場合, “どのようなメーカーのデータでも読み込み可能な”ソフトウェアというものを一つ知っておくと, 便利です.

異なるメーカーのデータを解析できるソフトウェアは“ベンダーフリー”なソフトウェアと呼ばれています. Q98に記載している共通フォーマットだけでなく, なかにはGC-MSメーカーの独自のフォーマットを直接読むことができるものもあります. データ取得後のスペクトル・クロマトグラムの確認は, 装置制御ソフトウェアで実行可能です. 一方, 共溶出成分のスペクトルを分離するデコンボリューションや, ライブラリー検索, 多検体データの統合（ピークアライメント), そして統計解析といった機能が実装されているケースは多くありません. あったとしても, 同一企業の別の有償ソフトウェアか, 課金の必要なオプション機能だったりします. とはいえ複数メーカーのデータを一括で解析できるメリットは大きいと思います.

計測の誤差は, 人の熟練度や装置の特性に加えて, 使用しているソフトウェアのアルゴリズムによっても異なることから, 装置間の差を検討する場合に共通のアルゴリズムで評価できると, 違いの原因となるパラメーターを一つ取り除くことが可能になります. GC/MSの無償ソフトウェアとして有名なのは, MS-DIAL[1]（2024年現在, バージョン5）とMZmine[2]（2024年現在, バージョン4）です. これらは, 上述の解析工程（生データの読み込み, ピーク検出, デコンボリューション, ライブラリー検索, ピークアライメント）すべてをカバーしており, GC/MSおよびGC/MS/MSのデータが一通り解析可能です. また, 多重反応モニタリング（MRM）で取得されたデータにおいては, MRMPROBS[3]が無償で利用可能です.

無償ソフトウェアを用いる最大のメリットは無償であることですが, メーカーサポートが得られないのが欠点です. その点, 有償ソフトウェアはサポートが充実していることから, 予算に余裕がある場合は購入を検討してもよいように思います. また, 有償ソフトウェアの購入を検討する場合は, 基本的にソフトウェアのデモを依頼し, 機能・使いやすさの観点から選定するとよいでしょう.

［津川裕司］

【引用文献】

1) H. Tsugawa *et al.*, *Nat. Biotechnol.*, **38**, 1159 (2020).
2) R. Schmid *et al.*, *Nat. Biotechnol.*, **41**, 447 (2023).
3) H. Tsugawa, M. Arita, M. Kanazawa, A. Ogiwara, T. Bamba, E. Fukusaki, *Anal. Chem.*, **85**, 5191 (2013).

QUESTION 100

GC/MS の測定結果を**統計解析ソフトウェアに入力する方法**を教えてください．

ANSWER

GC/MS から得られるデータは，それぞれの分析種（A_m, B_m, ……）の試料ごと（n 回）の測定値や定量値です．香りの分析やメタボロミクスに限らず，多成分一斉解析では図 1 に示すように，試料名と分析種それぞれの測定値や定量値が入力された行列データが最終的なアウトプットとなります．同定エラーや波形処理のミスがないことを確認してください．そしてここから，試料間の差異を解析し，化学的・生物学的な解釈を行うことになります．この差異解析やデータ解釈を行うために必要なものが，統計解析と呼ばれるものです．統計解析の中には，基本的なパラメトリック検定である Student の t 検定や，多重比較を行うための Tukey-Kramer 検定が含まれます．また多変量解析に加えて，近年盛んに研究が行われている機械学習研究にも利用されています．

統計解析ソフトウェアへの入力フォーマットは，使用するソフトウェアによって変わるため，使用するソフトウェアの仕様を事前に確認しておく必要があります．なお，入力フォーマットにより多少の違いはあれど，基本的には Excel 上で行列データを作成する必要があります．つまり，1 行目には試料名，1 列目には成分の名前（もしくはピークの m/z など），そして各セルにはイオン強度もしくは濃度が入力されている行列データを準備する必要があります．試料名の横に，一つもしくは複数のグループ名の記載が許可されている場合もあります．使用する統計解析ソフトウェアのプロトコルに従い，フォーマットの変更を行ってください．

［津川裕司］

	A	B	C	D	E	F	G	H	I	J
1	Title	Class	X1_ACar 1	X2_ACar 1	X3_BMP 2	X4_CE 16::	X5_CE 18::	X6_CE 18::	X7_CE 19:(	X8_CE 20:4
2	160824_Liver_normal_01	Control	618.5	991	296.5625	3082.75	8912.688	9925.813	8344.375	4236.313
3	160824_Liver_normal_02	Control	480.1875	373.9375	176.625	1046.438	6056.313	7959.875	6595.188	3232.688
4	160824_Liver_normal_04	Control	513.75	538.5625	243.4375	2729.438	7754.25	9486.188	10401	3662.25
5	160824_Liver_normal_05	Control	1024.438	2023.25	380.5625	3460.5	12179	11101.81	7261.5	5504.75
6	160824_Liver_AA_16	ARA	408.25	313.8125	56.5625	784.25	2731.938	4230.313	6241.313	9422.375
7	160824_Liver_AA_17	ARA	786.1875	398.625	63.1875	867.1875	3074.063	4933.75	5552.125	11822.94
8	160824_Liver_AA_19	ARA	856.5	635.5	134.8125	1073.313	4937.5	6437.125	9783.5	13973.69
9	160824_Liver_AA_20	ARA	782.6875	534.1875	130.5	2131.25	6550.875	8334.313	11120.69	13370.25
10	160824_Liver_EPA_06	EPA	462.75	397.375	1042.125	886.5	3169.375	7429.938	7246.375	1017.625
11	160824_Liver_EPA_07	EPA	1277.5	1025.688	1599.063	2012.375	7014.813	9175	11732.88	1231.063
12	160824_Liver_EPA_09	EPA	612.25	395.4375	1031.25	1135.438	4163.063	5795.625	9285.938	967.6875
13	160824_Liver_EPA_10	EPA	1436.188	715.875	1277.875	1444.375	4240.5	6661.063	10051.06	1373
14	160824_Liver_DHA_11	DHA	963.5	621.125	4141.688	1291.5	4951.125	11964.13	9472.125	1012.875
15	160824_Liver_DHA_12	DHA	1056.813	582.5625	3686.625	1684.5	7302.75	12530.63	11773.13	862.5

図 1　データ行列の例

A 列には試料名，B 列にはグループ名，C 列より代謝物名（変数名）とその発現量のデータが格納されている．

QUESTION 101

GC/MS で得られる測定結果に基づく**多変量解析のおもな手法と得られる情報**について教えてください.

ANSWER

分析化学では，一つの分子（分析種）を測定するだけでなく，一度の分析で数十を超える分析種を測定し，それらの分布や傾向，他の要因との関係性を，統計的手法を用いて解析する場合があります．例えばGC/MSを用いたメタボローム解析では，検体の種類にもよりますが，血液や植物から100種類前後の成分情報が一度に得られます．また，測定する検体が三つ以上の複数グループである場合（例えば，A，B，C，Dという飼料をそれぞれ与えたマウスの代謝物を解析する，といった場合）は，通常の有意差検定だけでなく，多変量解析と呼ばれる手法が頻用されます．多変量解析を行うことで，多数のデータの傾向や関係性を視覚的に把握できるようになります．

ここでは，多変量解析のなかでも頻用される，主成分分析（principal component analysis：PCA），階層的クラスター解析（hierarchical clustering analysis：HCA），および orthogonal partial least squares（OPLS）を用いたデータ視覚化について，実例を通じて説明します．また，ここでは説明しませんが，三つ以上のグループ間の比較やデータ視覚化においても，2群間の有意差検定と fold change による volcano plot が有用です．おもな多変量解析の手法と特徴を表1に示します．

表1　おもな多変量解析の手法と特徴

名　称	得られる情報	適用例
主成分分析（PCA）	データのパターンやトレンド，次元削減，分散を説明する主成分の抽出	健康状態と疾患状態の区別，バイオマーカーの抽出
階層的クラスター解析（HCA）	類似した実体のグルーピング，クラスター間の類似度を示す樹状図	類似した発現パターンをもつ成分の分類，成分プロファイルに基づく患者のグルーピング
orthogonal partial least squares（OPLS）	予測的および直交的変動，PCAよりも改善されたモデルの解釈可能性	成分データと臨床パラメーターとの相関，疾患状態の予測
2群間の有意差検定	二つのグループ間で統計的に有意差のある成分の抽出	治療前後のグループ間で有意に異なる代謝物の特定
volcano plot	統計的有意性（$-\log(p$ 値)）と変化の大きさ（倍率変化）の視覚的表現	異なる条件下で有意に変化する代謝物の迅速な抽出

a．デモデータの種類

ここで説明するデータは，マウスに通常食（control），アラキドン酸豊富食（ARA），エイコサペンタエン酸豊富食（EPA），ドコサヘキサエン酸豊富食（DHA）を2週間与えた後の肝臓の脂質メタボロームのデータです[1]．図1には，今回用いる代謝物発現情報の一部を示しています．例えば，ACarはアシルカルニチン，CEはコレステリルエステルの脂質クラスの略称です．また，例

	A	B	C	D	E	F	G	H	I
1	Title	Class	X1_ACar 16:0	X2_ACar 18:1	X3_BMP 22:6-22:6	X4_CE 16:1	X5_CE 18:1	X6_CE 18:2	X7_CE 19:0
2	160824_Liver_normal_Neg_01	Control	618.5	991	296.5625	3082.75	8912.6875	9925.8125	8344.375
3	160824_Liver_normal_Neg_02	Control	480.1875	373.9375	176.625	1046.4375	6056.3125	7959.875	6595.1875
4	160824_Liver_normal_Neg_04	Control	513.75	538.5625	243.4375	2729.4375	7754.25	9486.1875	10401
5	160824_Liver_normal_Neg_05	Control	1024.4375	2023.25	380.5625	3460.5	12179	11101.8125	7261.5
6	160824_Liver_AA_Neg_16	ARA	408.25	313.8125	56.5625	784.25	2731.9375	4230.3125	6241.3125
7	160824_Liver_AA_Neg_17	ARA	786.1875	398.625	63.1875	867.1875	3074.0625	4933.75	5552.125
8	160824_Liver_AA_Neg_19	ARA	856.5	635.5	134.8125	1073.3125	4937.5	6437.125	9783.5
9	160824_Liver_AA_Neg_20	ARA	782.6875	534.1875	130.5	2131.25	6550.875	8334.3125	11120.6875
10	160824_Liver_EPA_Neg_06	EPA	462.75	397.375	1042.125	886.5	3169.375	7429.9375	7246.375
11	160824_Liver_EPA_Neg_07	EPA	1277.5	1025.6875	1599.0625	2012.375	7014.8125	9175	11732.875
12	160824_Liver_EPA_Neg_09	EPA	612.25	395.4375	1031.25	1135.4375	4163.0625	5795.625	9285.9375
13	160824_Liver_EPA_Neg_10	EPA	1436.1875	715.875	1277.875	1444.375	4240.5	6661.0625	10051.0625
14	160824_Liver_DHA_Neg_11	DHA	963.5	621.125	4141.6875	1291.5	4951.125	11964.125	9472.125
15	160824_Liver_DHA_Neg_12	DHA	1056.8125	582.5625	3686.625	1684.5	7302.75	12530.625	11773.125
16	160824_Liver_DHA_Neg_14	DHA	1614.8125	1277.5	3842.125	940.5	3794.8125	8629.75	10692.75
17	160824_Liver_DHA_Neg_15	DHA	1248.625	667.6875	3575.0625	1513.4375	4787.5	7478.5	5624.875
18									

図1　代謝物発現情報（データ行列）の一例

えば18:2は脂肪酸アシル鎖の炭素数と不飽和度を表しており，CE 18:2である場合，コレステロールに炭素数が18，不飽和度が2の脂肪酸が結合したコレステリルエステルであることを示します．動物を計測している場合，18:2はリノール酸であると考えられます．それぞれの成分の発現量は，計測時に使用している内標準物質で補正されているものとします．

b．データの前処理

多変量解析に供する前に，データは前処理されるのが普通です．前処理を行う目的は，① データのスケールの違いを調整し，異なる変数間で比較可能にするため，② 外れ値の影響を緩和するため，③ データの潜在的な構造を明確にし解釈を容易にするため，といった理由があります．様々な前処理方法がありますが，メタボローム解析では変数を対数変換し，各変数を標準正規分布（zero mean / unit variance）として扱うことが多いです．対数にする理由は，変数の発現量がとる分布が対数をとることによって正規分布に近づくことが多いからです．実際に，手元にある発現量データをプロットした際，発現量のヒストグラムが変換前後でどのように変化するかを見てみるとよいでしょう．また，変数ごとにunit scaling（auto scalingとも呼ばれる）を行うこともあります．この操作を数式で記述すると以下のようになります．

$$x' = \frac{x - \bar{x}}{SD} \tag{1}$$

ここで，xはもとの変数，$\bar{x}$は全試料の平均値，SDは標準偏差です．このように新しく生成された新たな変数x'がとる分布は標準正規分布（平均値0，標準偏差1）に従います．メタボロームのような多成分分析では，その発現量のダイナミックレンジが大きいため，このような変数前処理を行うとよいでしょう．

c．主成分分析（PCA）

主成分分析（PCA）は，データ行列がもつ情報の傾向を視覚化するためにもっとも頻用される多変量解析手法です．デモデータでは，20検体それぞれに247種の化合物発現量情報が紐づいています．これを，20個のベクトルとして考え，一つのベクトルには247要素，そして一つの要素には発現量が格納されていると考えます．この20個の各ベクトルは，247次元空間におけるスカラー値と方向で表されることになりますが，これらのベクトルに対する分散が最大となる主成分軸を設定することで次元を縮尺（図2では二次元化）していくのが主成分分析です．本項では，数学的な背景ではなく，データの可視化およびその解釈方法に焦点を当てて解説します．

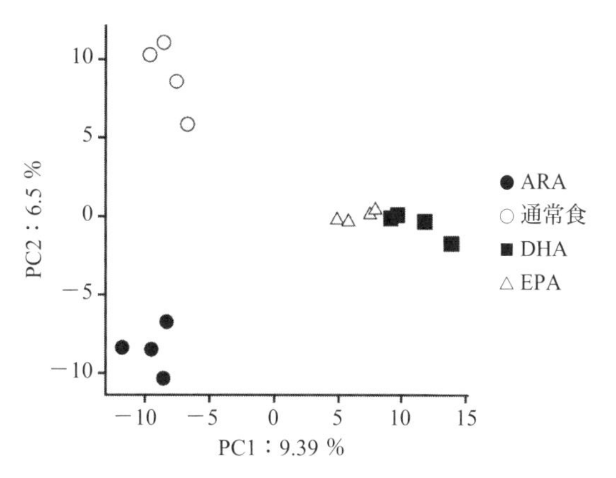

図2　デモデータを主成分分析に供した場合の第一および第二主成分得点の散布図

デモデータを auto scaling により変数前処理し，主成分分析に供した結果を図2に示します．マウスに与えた飼料の種類に応じて，代謝物の傾向が異なることが見てとれます．ここで，第一主成分軸（PC1）が，主成分得点の分散が最大になる軸への投影結果であり，第一主成分軸（PC2）が PC1 に直交し，かつ次に分散が最大になる軸への投影結果です．それぞれの主成分軸へ（今の場合 247 次元データを）投影した場合の，新たな軸における座標を主成分スコアと呼びます．各主成分軸がもつ情報量は寄与率で表され，今回の場合は PC1 が 9.39 %，PC2 が 6.5 % です．これは，全データがもつ情報量を 100 % とした場合の各主成分軸がもつ情報量で，この値が大きいほど，これらの主成分軸がもとのデータの特徴をとらえていることを意味します．各主成分軸は直交しているという定義から，各主成分軸がもつ情報の意味は独立（＝直交）しているといえます．主成分分析では，各主成分軸への意味づけは解析者が行い，その軸ごとに独立して解釈を行います．

本デモデータの場合，第一主成分軸では，通常食と ARA を食べたマウス肝臓が負の主成分スコアをもち，DHA と EPA を食べたマウス肝臓が正の主成分スコアをもっています．次に，第二主成分軸では，通常食グループが正の主成分スコア，ARA 摂取グループが負の主成分スコア，そして EPA と DHA 摂取グループがゼロ前後の主成分スコアをもっています．このような主成分軸の解釈には，ローディングの値を確認する必要があります．ローディングとは，主成分スコアを計算するうえで各変数に係る重み（係数）のことです．図3(a)と図3(b)は，それぞれ第一主成分軸，第二主成分軸のローディングの値を示します．

PC1 に寄与するローディング値を見てみると，正の値をもつローディング値として“22:6”という脂肪酸を側鎖としてもつトリアシルグリセロール（TAG）分子が上位を占めているのがわかります．22:6 は，炭素数 22 個かつ不飽和度が 6 の脂肪酸のことですが，このような分子はおおよそ DHA であると判断できます．EPA は生体内で DHA を生成します．一方，負の値を示すもので“20:4”が目立ちますが，アラキドン酸がまさに炭素数 20，不飽和度 4 の脂肪酸になります．EPA と DHA はオメガ 3 脂肪酸と呼ばれるものであり，アラキドン酸はオメガ 6 脂肪酸です．実際の主成分得点の結果と総合して考えると，PC1 の解釈を“オメガ 3 脂肪酸豊富な食餌を摂取したグループが正，そうでないグループが負の値をもつものとして区別されうる”とすることができます．

また通常食には，ARA，EPA，DHA が入っておらず，必須脂肪酸であるリノール酸と α-リノレン酸が含まれますが，オメガ 6 であるリノール酸の方が多く含まれています．別の言い方をすれば，今回のメタボローム変数の PC1 は DHA 含有脂質分子と ARA 含有脂質分子の発現量パターン

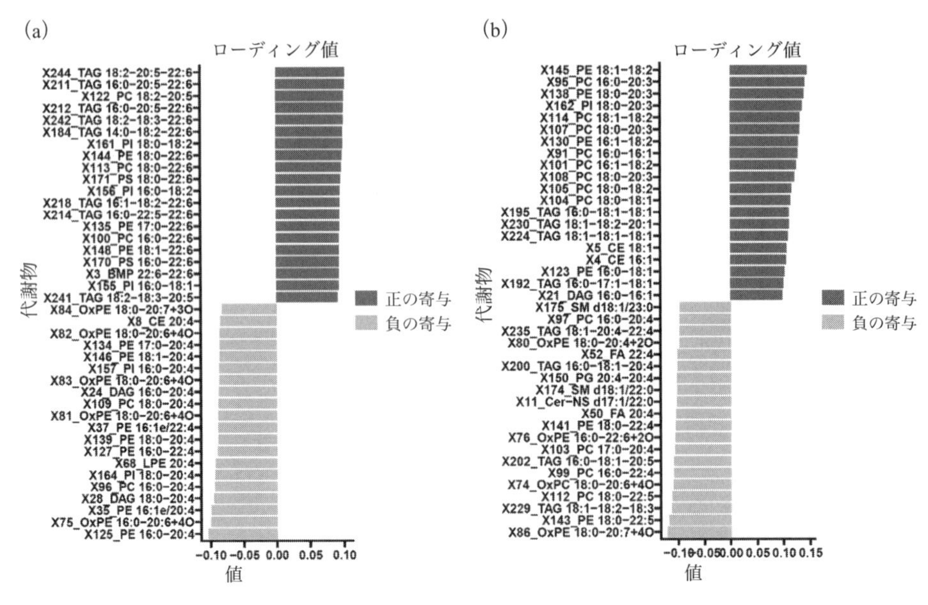

図３　主成分分析のローディング値

(a) PC1 のローディング値において最大・最小値を示すものから 20 番目まで，(b) PC2 のローディング値において最大・最小値を示すものから 20 番目まで

変動によっておもに説明づけられ，その結果が DHA / EPA 摂取グループと通常食 / ARA 摂取グループのスコアの違いとして表れていると判断できるわけです．同様に，PC2 の解釈をすると，“肝臓中のアラキドン酸量が少ないグループが正，多いグループが負の値をもつものとして区別されうる”ということができます．

d．階層的クラスター解析（HCA）

階層的クラスター解析（HCA）は PCA 同様，教師なし多変量解析の手法です．各ベクトル間の距離を計算し，その距離行列に基づいて各ベクトルの相対位置をデンドログラムの枝の長さによって表現する方法です．距離計算には Euclid 距離や Pearson 相関係数などが用いられます．本項ではデータ可視化をわかりやすくするため，247 成分あるうちのホスファチジルコリン（PC）という脂質分子のみを対象としてみます．各変数は PCA 同様，auto scaling によって前処理を行っています．距離計算には Pearson 相関係数を用い，デンドログラム（グルーピング）の方法としては Ward 法を用いました（図 4）．

デモデータでは，クラスタリングを試料軸（食餌条件：縦軸に配置）および変数軸（成分：横軸に配置）両方に対して行っています．Pearson 相関係数（距離）が近いと同じクラスターに属することになりますが，このデモデータでは食餌条件によって明確なクラスタリングが行われているといえます．また，成分軸でのクラスタリングの結果により，成分の発現パターンにより明確なクラスターが形成されています．例えば，ARA を摂取したマウス肝臓データでは 20:4 を含有する PC が，EPA を摂取したものでは 20:5（EPA は炭素数 20，不飽和度 5 の脂肪酸），DHA では 22:6 を含む PC の発現量が多い傾向にあることがわかります．さらに，通常食では 18:2 や 20:3（リノール酸が Δ6 デサチュレースによる不飽和化，および脂肪酸伸長サイクルを経て生成する脂肪酸とし

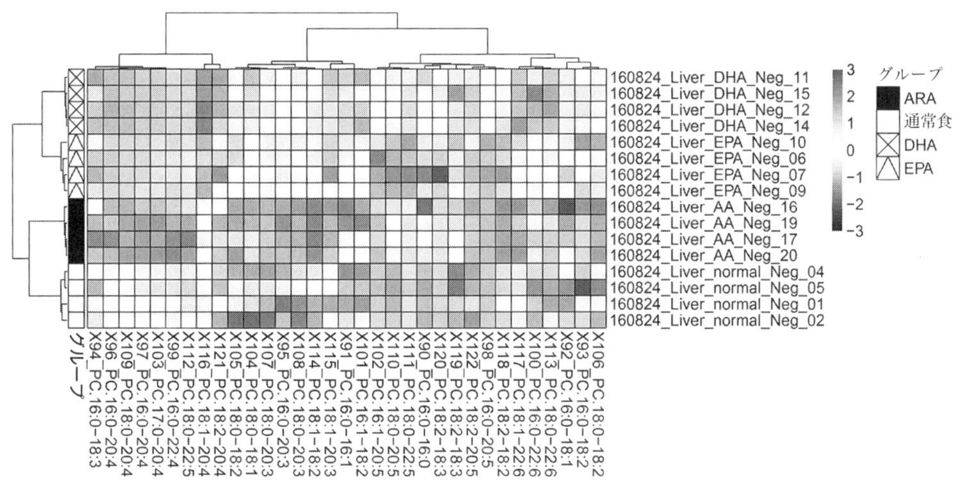

図4　階層的クラスタリングの例

て炭素数 20，不飽和度 3 のジホモγ-リノレン酸が知られる）といった脂肪酸が比較的多い傾向にあることがわかります．

e.　orthogonal partial least squares（OPLS）

OPLS は教師あり機械学習法の一つであり，メタボローム解析で頻用されている手法です．OPLS のおもな目的は，① 目的変数を高精度に予測するモデルの作成，② 目的変数推定に重要と考えられる説明変数の調査，の二つです．なお最近では，同様の目的を解決する教師あり機械学習法として，ランダムフォレストや XGBoost，さらには深層学習といったものも多く用いられています．

GC/MS を用いたメタボローム解析では，目的変数としては食品の品質や産地特定，病気の診断などが設定されてきた実績があります．目的変数（応答変数）は，クラス分類である場合（例えば，品種 A と品種 B を識別したい場合）と，連続変数である場合（予後予測や健康寿命推定といった場合）が想定されます．クラス分類の場合は判別分析，連続変数の場合は回帰分析であり，OPLS ではそれぞれ OPLS-DA（discriminant analysis）と OPLS-R（regression）として区別されます．

例として，通常食と ARA を給餌されたマウス肝臓のデータを OPLS-DA により解析した結果を図 5 に示します．OPLS-DA では，目的変数との経分散が最大になる軸を第一潜在変数軸と定義します（図 5 の横軸：t1）．今回の場合，通常食と ARA の判別に重要な変数を調査するためには第一潜在変数軸のローディングを調べるだけでよく，結果の解釈が容易という利点があります．また，この第一潜在変数と直交した（つまり，目的変数と独立した）潜在変数軸を

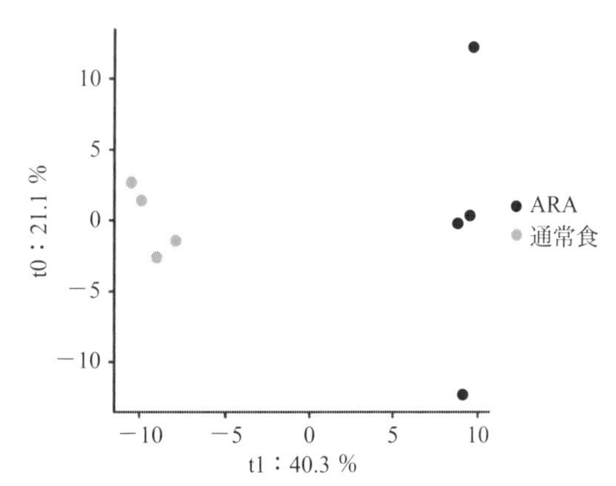

図5　OPLS-DA を使用した場合の第一潜在変数軸とそれに直交する軸のスコアプロット

orthogonal な潜在変数軸として定義します（図 5 の縦軸：t0）．多くの場合，t0 の値は個体のばらつきを示します．

OPLS モデルを作成した際に，その判別分析に寄与した重要変数を抽出するためのローディング以外の基準として，古くから variable importance for prediction（VIP）が広く用いられています（図 6）．VIP はもともと，OPLS ではなく通常の PLS（partial least squares）によって生成されるモデルを検討するうえで考案された重要変数抽出方法です．つまり，通常の PLS では，目的変数に関連する潜在変数空間が一つではなく，二つや三つなど複数抽出されることが多いためです．そのため，複数の潜在変数軸のローディング値を統合した指標が求められ，この一例が VIP です．OPLS を使う場合は，VIP でもローディングでも，重要変数の指標としては遜色ない結果が得られます．　［津川裕司］

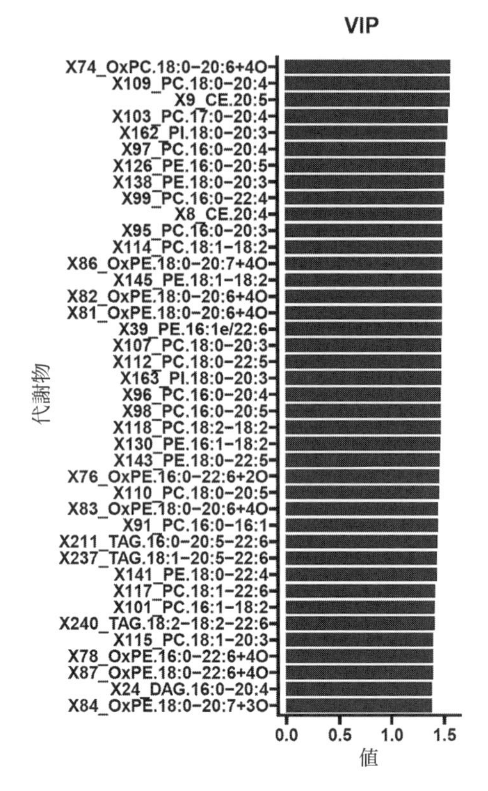

図 6　OPLS-DA のモデルの重要変数を評価する使用としての VIP の一例（図 5 のモデルをもとにしている）

【引用文献】

1）S. Naoe, H. Tsugawa, M. Takahashi, K. Ikeda, M. Arita, *Metabolites*, **9**, 241（2019）.

索　　引

数　字

A

B

C

D

E

F

G

え

お

か

き

く

け

こ

さ

し

す

せ

そ

た

へ

ほ

ま

み

む

め

も

や

ゆ

よ

ら

り

る

れ

ろ

わ

ガスクロ自由自在 Q&A GC/MS 編

令和 6 年 9 月 30 日　発　行

編　者　公益社団法人 日本分析化学会
ガスクロマトグラフィー研究懇談会

発行者　池　田　和　博

発行所　丸善出版株式会社
〒101-0051 東京都千代田区神田神保町二丁目17番
編集：電話(03)3512-3263／FAX(03)3512-3272
営業：電話(03)3512-3256／FAX(03)3512-3270
https://www.maruzen-publishing.co.jp

組版印刷・中央印刷株式会社／製本・株式会社 松岳社

ISBN 978-4-621-31004-5　C 3043　Printed in Japan